普通物理实验

主　编　刘　芬　王爱芳
副主编　杨田林　吕英波　丛伟艳
编　者　宋淑梅　尹红星　孙明哲
刘维新　邢赞扬　李　勃
张　江

中国海洋大学出版社
·青岛·

图书在版编目(CIP)数据

普通物理实验 / 刘芬，王爱芳主编. —青岛:中国海洋大学出版社,2015.8（2022.1 重印）
ISBN 978-7-5670-0955-4

Ⅰ.①普… Ⅱ.①刘… ② 王… Ⅲ.①普通物理学—实验—高等学校—教材 Ⅳ.①O4-33

中国版本图书馆 CIP 数据核字(2015)第 188334 号

出版发行 中国海洋大学出版社
社　　址 青岛市香港东路 23 号　　邮政编码 266071
出 版 人 杨立敏
网　　址 http://www2.ouc.edu.cn/cbs
电子信箱 coupljz@126.com
订购电话 0532-85902573(传真)
责任编辑 李建筑　　电　　话 0532-85902505
印　　制 日照报业印刷有限公司
版　　次 2015 年 8 月第 1 版
印　　次 2022 年 1 月第 4 次印刷
成品尺寸 185mm×260mm
印　　张 16
字　　数 370 千
定　　价 42.00 元

前　言

普通物理实验是理工科专业学生进入大学后接触的第一门独立开设的基础实验课程，通过对本课程的学习可以掌握基本的实验方法和操作技能，在观察、测量与分析中，加深对物理学的认识，同时能够领会物理学家的物理思想和实验设计方法，为今后探索专业问题奠定一定的基础。

在参考其他普通物理实验教材的基础上，我们根据实验室的实际状况，结合仪器说明书，编写了本书。全书共分四个部分，第一部分为数据处理及误差理论，第二部分为力学和热学实验，第三部分为电磁学实验，第四部分为光学实验。为了更好地适应物理实验教学，本版在前一版的基础上进行了修订，删去了个别实验内容也增加了部分新的实验项目。

本书由物理实验中心多名从事实验教学的教师集体编写而成。杨田林老师负责教材的整体规划，刘芬老师负责全书的统稿，王爱芳老师和刘芬老师审阅和校对了全书。王爱芳、杨田林老师编写了第一部分，刘芬作了修订。王爱芳、杨田林、付辉编写了第二部分，王爱芳、尹红星、宋淑梅、张江、邢赞扬、杜桂强作了修订。丛伟艳、胡绍明、王爱芳、杨田林、刘芬编写了第三部分，丛伟艳、刘芬作了修订。吕英波、王爱芳编写了第四部分，王爱芳、孙明哲、刘维新、尹红星、李勃、宋淑梅作了修订。在本书编写过程中，学院的领导和老师们都给予了大力支持，在此表示感谢。

由于编者的水平及经验有限，书中难免存在一些缺点或错误，希望从事物理实验教学的老师和使用本书的读者提出宝贵意见或建议，以便我们在下次修订时更正。

编者

2015 年 6 月

目　次

绪　论

第一部分　误差理论与数据处理

第二部分　力学、热学实验

第三部分 电磁学实验

第四部分 光学实验

绪　论

第一节　实验在物理学中的地位

物理学是一门实验科学。实验是在人工控制的条件下使现象反复重演并进行观测研究,在实验中常把复杂的条件加以简化,突出主要因素,降低或排除次要因素的作用,以便得到比较准确的观测结果。从现代科学的观点来看,实验是研究自然规律与改造客观世界的基本手段。

第一,物理学是在实验基础上发展起来的,离开物理实验,物理学的发展就无从谈起。从某种程度上说物理学从包罗万象的自然哲学中分离出来,其基本标志就是实验方法的引入。伽利略的实验研究,尤其是他把实验方法和数学方法结合起来研究物理规律,使物理学开始走上真正的科学道路。而实验手段的不断完善和发展又为物理学最终形成自然科学中的一个独立学科奠定了坚实的基础。实验方法的使用不仅促进了物理学的产生而且是物理学发展的动力。物理学的每一次重大进展都离不开实验的推动。正是 19 世纪末,黑体辐射、光电效应、原子光谱等实验的结论接二连三地向经典物理学提出挑战,导致了经典理论的危机,特别是放射性和 X 射线的发现和研究,有力地冲击了原子不可分、质量不可变的传统物质观念,动摇了经典力学和经典物理学的神圣地位,最终导致了近代物理学的诞生。

第二,物理学理论的正确与否,归根结底必须用实验检验。在物理学研究中,为了寻找事物的规律,对某些现象的本质会提出一些说明方案和逻辑推演,这些理论探索还不能视为定论只能称之为假说。只有经过不断的实验检验,证明是正确的假说才能上升为物理学定律。物理定律一般是指实验定律,是实验事实的总结。物理学发展过程中,许多关键问题最后都要诉诸实验。例如,托马斯·杨的双缝干涉实验证实了光的波动说;赫兹的电磁波实验证实了麦克斯韦的电磁场理论;密立根所做的光电效应实验证实了爱因斯坦的光量子假说。

第三,实验和理论的对立统一是物理学发展的根本动力。在科学进步日新月异、各种学说层出不穷的今天,现有理论体系之间的矛盾固然可以成为建立新理论的突破口,但是,实验结果仍然对理论研究具有直接的指导作用。首先,现有的理论体系是建立在大量实验基础上的,要纠正、推翻现有理论就必须对它的实验过程、方法和结果进行认真的考察。其次,新理论往往是受到新的实验结果的启发而提出来的。物理学发展的历史表明,从来就没有一个真正有用和深入的理论是由纯粹思辨而发现的。以高度抽象的相对论而言,狭义相对论固然主要是着眼于力学和电动力学之间关于运动相对性的不对称,但也不能忽视光行差现象和斐索实验给爱因斯坦的启迪。广义相对论虽然是基于将相对性原理贯彻到底的信念,但等效原理的提出显然是受到了厄缶实验的启示。无数事实证明,物理学各个领域的进步无一不是理论和实验结合的产物。

第四，实验是理论付诸应用的桥梁。人类认识自然界的目的是为了改造自然，理论研究的价值就在于它能被用来指导实践。然而，物理理论尤其是现代物理理论能够直接转换为生产技术应用于生产领域的情况还很少见。例如，热核巨变可以产生巨大的能量，这在理论上已没有多大问题，但至今这种能量还没有得到开发利用，要使它产生应有的经济效益，还必须经过大量的实验研究。所以，任何一种新技术、新材料、新产品的产生都要经过大量的实验才能获得。原子能、半导体、激光等科技成果，不仅其理论的提出来源于实验事实的总结，而且它的产生、开发、应用都离不开实验室。因此，实验是物理科学用于其他学科和生产领域的必由之路，是物理学转化为生产力的桥梁。

物理学的发展史是理论和实验相辅相成的历史。作为培养高级工程技术人员的高等院校，要使学生不仅具有深广的基础理论知识，而且要有从事现代化科学实验的较强能力以适应将来工作的需要。

第二节 物理实验课的教学目的和任务

物理学教科书上的理论都是经过抽象概括、公式化表述出来的。理论产生的经过一般不作介绍，这样的教学内容很容易使学生认为这些定律、理论是纯数学推导出来的或者是唾手可得的，从而认识不到实验的重要意义，丧失观察实验的兴趣，不利于培养和提高学生观察问题、提出问题、分析问题和解决问题的能力。因此，加强实验教学是学生学好物理学重要的一环。

普通物理实验课是理科各专业的一门必修课，是学生在大学四年中受到系统实验技能训练的开端。物理实验的理论、方法、手段是所有实验中最基本、最普遍的理论、方法和手段，是其他专业实验的基础。因此对于大学理科学生来说，物理实验技能的培养是不可少的。

总体而言，实验的任务主要包括以下三方面，第一，选用合适的仪器，采用正确的测量和运算方法，将测量误差减至最小；第二，在测量条件下，求出被测量的最近真值；第三，估算最近真值的可靠程度，即估算近真值的不确定度并科学表达出来，没有给出不确定度的实验结果是无价值的。围绕实验的任务，普通物理实验课的教学目标是：

(1)学习和掌握如何运用实验原理和方法去研究某些物理现象并进行具体测试，主要是训练学生具有一定的运用测试手段的技能。

(2)熟悉常用仪器的基本原理、结构性能、调整操作、观察和故障排除，着重训练学生操作、调整实验仪器的基本技能。

(3)培养学生如何从测量目的出发，依据适用的原理、方法，利用合适的仪器，确定合理的实验程序。

(4)测量、读取并记录数据。

(5)处理数据，分析结果。

(6)写出实验报告或论文。

在培养学生掌握这些专门知识和技能、提高科学实验素养的同时，培养学生理论联系实际、实事求是的科学作风,严肃认真的工作学习态度以及主动钻研和探索未知世界的创新精神。

第三节 实验课进行的过程与要求

无论做什么科学实验,大体经历以下过程:

(1)实验任务的提出。

(2)实验的构思与设计。

(3)实验仪器的安装调试。

(4)测量、读取并记录数据。

(5)处理数据,分析结果。

(6)写出实验报告或论文。

实验课的进行大体也是如此,只是所做的实验不是开创性的实验,而大多是重复前人的成功实验。学生主要是通过教师的指导,亲自动手学习实验技能,重点不是追求成果和发明,而是通过严格训练提高各方面的能力。

在每一次实验课中,应重视以下几个学习环节:

(1)课前预习。为保证做好实验,每次实验课前都要仔细阅读此次实验的教材和有关资料,弄清学习要求、实验原理,明确实验条件和实验的主要步骤、测量方法及注意事项等。并根据实验内容,画好记录数据的表格,准备好实验中所需自备的纸、笔、尺等工具。

(2)认真听讲。进入实验室后,要认真听指导教师有关实验的原理、仪器的使用、应掌握的重点和注意的问题等方面的讲授,尤其要注意听指导教师所讲的自己在预习中没有弄懂或书上没有介绍的内容以及有关仪器的调试技巧和人身安全等方面的特殊规定。

总之,通过预习和听讲,于实验开始前,在脑子里较清楚地形成如何进行此次实验的大体轮廓,做到心中有数。带着问题和办法进行实验,会收到良好的效果。

(3)仔细操作。实验开始前应检查核对实验仪器,如有缺少或损坏,及时向指导教师提出,不允许擅动其他组的仪器。

实验操作过程是整个实验的核心,正确布置和调试仪器是实验成败的关键。一般调试需占整个实验的大部分时间,所以同学们要有耐心,像科学工作者那样认真对待调试中的每一步。调试中遇到仪器有故障,要在指导教师的指导下排除,并把遇到问题看成是学习的好机会,直至将仪器调到最佳状态为止。同学们在记录数据时,要如实记录从仪器上直接读出的原始数据,不应是经过计算后的数据。也不能为了得到一个好的测量结果,而随便更改不符合已知结果的某些数据,更不能为了结果而凑数据。

(4)做好善后。做完实验后,数据记录要经过指导教师审阅,以免发生有大的数据错误或漏测数据的情况。数据记录和实验仪器设备经指导教师检查无误后,关好仪器电源,整理仪器并恢复原位,打扫实验室卫生,待指导教师签字后,才可离开实验室。

(5)写出完整的实验报告。这一步一般应在课后完成,下周交上实验报告。

第四节 实验报告的书写格式与要求

实验报告是对自己实验工作的一个总结。写实验报告是整个实验的一部分，是对实验内容、实验原理深入理解的过程。写好实验报告也是为将来进行科学研究、写科学论文打好基础。实验报告要求使用本校印刷的实验报告纸来写，文字叙述要简练，字迹要清晰整洁，作图要规范，数据表格要齐全。

实验报告包括以下几方面内容：

(1)院、系、年级、姓名、学号、组别、同组者、日期。

(2)学科名称、实验题目。

(3)实验目的。

(4)实验仪器。

(5)实验原理(包括实验的理论根据、重要的公式及实验原理示意图等)。

(6)实验内容。可简述实验过程中的几大步骤和实验项目。

(7)数据记录列表。将原始数据整理后重新在报告中列表，间接测量结果和最终计算结果也可记录在表中。指导教师签字的原始数据记录要附在报告后面交上。

(8)数据处理。将测得数据按实验内容要求进行运算，求出最终结果和误差。数据处理中要注意有效数字和单位。在表达实验结果时，一般包括不可分割的三部分，即结果的测量值 $\overline{x}$、绝对不确定度 U 和相对不确定度 E，综合起来可表示为

$$x=\overline{x}\pm U(\text{单位})$$

$$E_x=\frac{U}{\overline{x}}\times 100\%$$

如果实验是观察某一物理现象或验证某一物理规律，则只需扼要地写出实验结论。

(9)思考题的讨论。根据实验过程中所观察的现象，特别是异常现象，以及实验结果，讨论分析此实验内容中所给出的思考题。也可提出自己的疑问和见解，特别是对实验的改进建议，这些最能反映同学们观察和分析问题的能力。

第一部分　误差理论与数据处理

第一节　测量及其分类

一、测量与国际单位制

物理实验的目的就是要定性地观察、定量地测量有关的物理量，通过对测量数据的误差分析和数据处理，揭示和探索自然界物质和现象的本质，以便更真实合理地掌握自然界物质和现象的内部规律性。因此，测量是人类认识自然界的最基本的手段。

所谓测量，就是一种把待测量和代表标准计量单位的量具作比较的过程。经过比较得出待测量相当于计量单位的多少倍，这个倍数值称为读数。读数加上单位就称为测量数据。一个数值只有加上单位才有具体的物理意义，如 4.85 是一个数值，若加上单位“米”便成了一个表示长度的数据 4.85 米；若加上单位“秒”就成了一个表示时间的数据 4.85 秒。所以在一个测量数据中，数值和单位两者都不可缺。

七个基本国际单位：长度为米，质量为千克，时间为秒，温度为开尔文，物质的量为摩尔，电流为安培，发光强度为坎德拉。

二、测量的分类

物理实验的过程就是测量各种物理量的过程。根据所获得数据的方法不同，测量可分为直接测量和间接测量两类。按测量条件的不同，这两类测量又都有等精度测量和非等精度测量之分。

1. 直接测量和间接测量

直接测量是指在测量中用标准量具或仪表直接读数获得数据。如用米尺测量金属丝的长度、用秒表测量复摆周期、用温度计测量温度等等，都属直接测量，可见直接测量是最基本的量度。

对于无法用标准量具和仪器直接读出数据的物理量，可以找出与这些物理量有函数关系的某些可直接测量的量，待测出直接测量值后，通过函数关系计算间接得出结果，这种测量称间接测量。例如，要测量某物体的运动速度 v，只有直接测量出该物体移动的距离 s 和所用时间 t，才能用公式 $v=s/t$ 算出速度。所以对 s 和 t 的测量是直接测量，其值为直接测量值；对 v 的测量是间接测量，其值为间接测量值。在实验中，除直接测量外，大多数间接测量的内容、实验原理、方法、步骤、数据处理等大都与直接测量有关。但要注意，区分直接和间接测量与单位制中的基本量和导出量没有直接联系。

2. 等精度测量和非等精度测量

等精度测量是指在测量过程中，影响测量值的诸多因素都是一样的，即在相同的条件下进行的测量。例如，同一个人在同一台仪器上采用同样的测量方法对同一物理量进行多次测量，每次测量的环境条件都一样，可信程度都相同，这种测量就是等精度测量，这一系列测量值称为等精度测量列。

非等精度测量是指在对同一物理量的测量中，采用了不同的仪器，不同的方法，或由不同的人测量了不同的次数，即测量的条件完全不同或部分不同，那么每个测量结果的可信程度也就不相同。测量所得的一组数据，称为非等精度测量列。以后的误差理论分析中，将分别讨论这些不同测量的处理方法。

第二节 误差的分类与表示法

一、误差的基本概念

1. 绝对误差

测量误差可简称为误差，即测量结果减去被测量的真值。记某被测量 X 的测得值为 x，其真值为 x_0，则误差 Δx 为

$$\Delta x = x - x_0 \tag{1-2-1}$$

上述误差与被测量的单位相同，所以也称为绝对误差。

2. 相对误差

在相同的测量中，用绝对误差或相对误差评价测量结果的优劣都是可行的，但是在具有可比性的不同测量中，只有采用相对误差才能进行合理评价。如表 1-2-1 所示。显而易见，相对误差能更好地反映测量结果的好坏，所以引入相对误差 E。

$$E = \frac{\Delta x}{x_0} \times 100\% \tag{1-2-2}$$

表 1-2-1

测量值	绝对误差	相对误差
1 m	2 mm	$E=0.2\%$
100 m	5 cm	$E=0.05\%$

测量工具、人员等相同的情况下，对两个长度的测量情况见表 1-2-1。比较两次测量的相对误差值可以知道，第二次测量较第一次测量准确。

3. 真值

由于真值是一个客观的理想概念，一般不可能准确知道，所以绝对误差将无法计算，因此有必要对真值的概念作以下的变通和规定，以便计算绝对误差。

(1)理论真值。理想条件下的理论导出值可以作为真值。例如，三角形的内角之和为 180°；理想的 LC 回路中电压与电流位相差为 90°。

(2)约定真值。公认的一些常数，如阿伏伽德罗常数 $6.022\,136\,7\times10^{23}\ \mathrm{mol^{-1}}$ 等。

(3)相对真值。用精确度高一个数量级的仪器校准的值可看作相对真值。

(4)近真值。多次测量量的算术平均值，可视为真值的最佳近似值。即

$$x_0 = \frac{1}{n}\sum_{i=1}^{n} x_i = \overline{x} \tag{1-2-3}$$

可以证明，在理想条件下当 $n \to \infty$ 时，测量值的算术平均值即为真值。即

$$\lim \frac{1}{n}\sum_{i=1}^{\infty} x_i = x_0 \tag{1-2-4}$$

二、误差的分类

误差产生的原因很多，且性质也不相同，概括起来可分为系统误差、随机误差和粗大误差三类。在实际测量中，这三类误差常常是混在一起的。下面分别讨论其产生原因和规律。

1. 系统误差

在相同条件下多次测量同一物理量时，测量结果的误差总是偏向一个方向或按一定规律变化，这类误差称为系统误差。

系统误差产生的原因有以下几方面：

(1)仪器误差，指所用量具和装置本身固有的误差。如螺旋测微器因长期使用磨损而使零刻度不能对准，不测量时电表指针不在零值，天平的两臂不等及仪器的准确度、灵敏度、最小分度值不标准，从而使得每次测量结果都存在一定规律的偏离。

(2)理论误差，指所依据的实验理论、实验方法或理论公式本身存有近似性，或忽略了一些在测量过程中实际在起作用的因素而产生的误差。

(3)环境误差，指因为周围环境因素对测量的影响而产生的误差。如地心引力、机械振动、电场、磁场、大气压和空气的温湿度都可能对实验装置产生不同程度的影响。

(4)人员误差，指由于测量者感觉器官的分辨能力差或反应不灵敏，有习惯性不当操作或实验技术水平不高等因素而引起的观测误差。如测长度时，脑袋习惯歪向一边，眼睛总是斜对量具刻度；使用秒表时反应总是滞后，以致数据总比真值大。

对于因器具不准引起的系统误差，只要在使用前对其进行校正处理便可基本消除。如螺旋测微器，游标尺及电流表、控温仪等一切指针式表头，测量前应注意校正其零点。

2. 随机误差

随机误差(也称偶然误差)是指在测量过程中，因存在许多不可预测的随机因素的影响使测量值带有大小和方向都难以预测的测量误差。如测量时待测物与量具对得不准，平衡点确定得不准，读数不准确，实验仪器由于环境、温度、湿度、电源电压的起伏不稳而产生诸多微小量度的变化及实验室地面的微振动等。虽然这些因素的影响是很微小的，但是经常混杂出现，没有规律，无法控制，因而难以确定是哪种因素在影响着测量结果，也就不可能像对待系统误差那样较易找出原因加以排除。但随机误差并非毫无规律，它的规律性是在大量的测量数据中显现出来的一种统计规律。在实验中，对同一条件下的同一物理量进行大量重复测量，在极力排除和改正一切明显的有规律的偏差之后，其测量误差会表现出以下

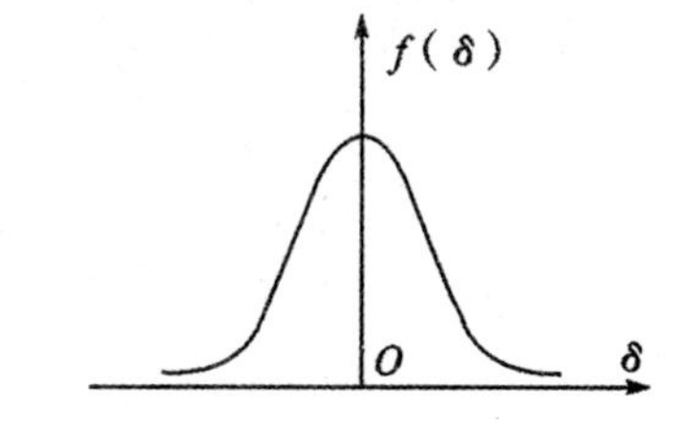

图 1-2-1　随机误差正态分布曲线

规律性，如图 1-2-1 所示：

(1)对称性。绝对值相等的正、负误差出现的概率相同，即当测量次数 n 相当大时，绝对值相等、符号相反的随机误差出现的机会相同。

(2)有界性。绝对值很大的误差出现的概率为零，即在一定的条件下，随机误差的绝对值不会超过某一界限。

(3)单峰性。绝对值小的误差比绝对值大的误差出现的概率大，并在真值附近形成一个集中密集区，且只有一个密集区。

(4)抵偿性。随着测量次数 n 的增加，随机误差 δ_i 的代数和趋于零，即

$$\lim_{n\to\infty}\sum_{i=1}^{n}\delta_i = 0$$

实际上抵偿性也可由单峰性及对称性所确定。抵偿性是随机误差最本质的统计特性，一般来讲，凡是具有抵偿性的误差，原则上都可按随机误差处理。

3. 粗大误差

粗大误差是指明显偏离大多数测量值的误差，产生粗大误差的原因主要是操作上的错误或粗心读错数据。如游标尺与待测物之间没卡紧、歪斜，或使用测长显微镜忽视了螺距差的影响，读数就会有较大的误差。对这种反常的粗大误差，仔细判断确信是由操作错误或粗心造成的应舍掉。如果不是因操作错误或粗心造成的，就应如实记录下来，待数据处理时按统计原则进行处理。

三、测量的精密度、准确度和精确度

误差理论中，为定性地描述测量结果与其真值的接近程度常引用“精确度”这个概念，精确度概念中包括“精密度”和“准确度”两层含义。为形象表述它们，以打靶时弹着点的情况为例说明。

图 1-2-2 表示打靶时的三种弹着点情况。若把靶子的中心比喻为待测物的真值，则不同的弹着点情况就表示测量时测量值在真值周围不同的分布情况。我们应该如何评价射击(测量)的质量呢?

精密度、准确度和精确度都是用来评价测量结果好坏的，但这三个词的含义不同，使用时应加以区别。

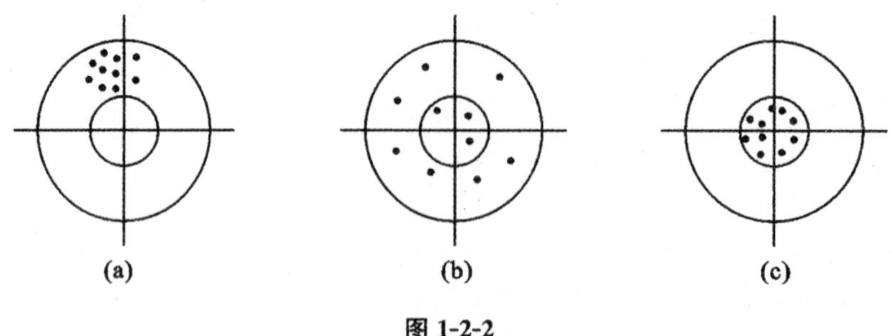

图 1-2-2

(1)测量结果的精密度高，通常是指测量数据比较集中，多次测量重复性好，表示随机误差小，但系统误差不一定没有。如图 1-2-2(a)所示的情况就表示弹着点在一个区域内

比较密集，但都离中心有一距离。

(2)测量结果的准确度高，是指测量数据的平均值偏离真值较少，测量结果的系统误差小，但数据的分散情况，即随机误差的大小不明确。如图 1-2-2(b)所示，射击的准确度较高，但精密度较差，即系统误差小，随机误差大。

(3)测量结果的精确度高，是指测量数据比较集中在真值附近，即测量的系统误差和随机误差都比较小。所以，精确度是对测量结果的随机误差和系统误差的综合评定。图 1-2-2(c)表示精密度和准确度皆高，即精确度高。

综上所述，不难看出精密度是用来定量描述测量数据的随机误差或数据离散程度的。准确度是用来定量描述测量数据的系统误差或数据平均偏离真值程度的。精密度和准确度都只能从单一方面去评价测量质量的好坏，精确度才是对两方面的综合评价。

第三节　随机误差的估算

对随机误差的研究，是误差理论的一个重要部分，它的产生和处理符合统计规律，属于国际计量委员会所定义的两类不确定度中的 A 类，即用统计方法计算的那些分量，是一个比较复杂的课题。在此只简单介绍随机误差应用于实际实验中的公式和定理。

一、随机误差的估算

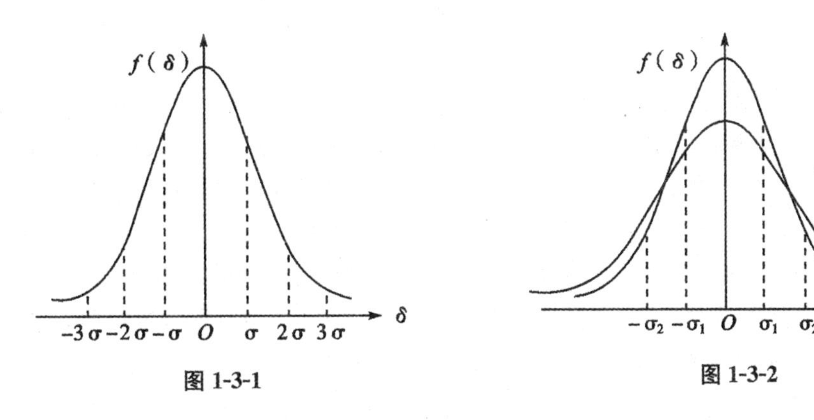

图 1-3-1　　图 1-3-2

随机误差具有统计规律，其中最常见的是高斯分布，其分布曲线如图 1-3-1 所示。这一统计规律在数学中可用高斯误差分布函数来描述，其概率密度函数为(其中绝对误差 $\delta = x - x_0$)

$$f(\delta) = \frac{1}{\sigma\sqrt{2\pi}}\exp\left[\frac{-(x-x_0)^2}{2\sigma^2}\right] = \frac{1}{\sigma\sqrt{2\pi}}\exp\left[\frac{-\delta^2}{2\sigma^2}\right] \tag{1-3-1}$$

σ 是式(1-3-1)中的唯一参量，是高斯分布的特征量。在一定测量条件下 σ 是一个常量，从而分布函数就确定下来。测量条件不同造成随机误差大小不同，反映在分布函数上就是 σ 大小不同。如图 1-3-2 所示，σ 大随机误差离散程度大，测量精密度低，大误差出现的次数多，即各次测得值的分散性大、重复性差，分布曲线低而平坦。反之，σ 小随机误差离散程度小，测量精密度高，小误差占优势，即各测量值的分散性小、重复性好，分布曲线陡而峰值高。因此在重复测量中,对于一组测量值可用特征量 σ 来描述测量的精密度。式(1-3-2)是 σ 的数学表达式。σ 称为标准误差,又称方均根误差。对同一固定量进行无限多次测量,各次测得值 x_i 与被测量真值 x_0 之差的平方和的算术平均值,再开方所得的数值即为标准误差。

$$\sigma = \sqrt{\frac{1}{n}\sum_{i=1}^{n}(x_i - x_0)^2}_{n\to\infty} = \sqrt{\frac{1}{n}\sum_{i=1}^{n}\delta_i{}^2}_{n\to\infty} \quad (n \to \infty) \tag{1-3-2}$$

注意:σ 并不是一个具体测量误差值,它表示在相同条件下进行多次测量后的随机误差概率分布情况,是按一定置信概率给出的随机误差变化范围的一个评定参量,具有统计意义。σ 是评定所得测量列精密程度高低的指标。

图 1-3-1 归一化曲线下的总面积表示各种误差出现的总概率为 100%,给定区间(即随机误差大小的变化范围)不同,误差出现的概率也就是测量值出现的概率不同。这个给定的区间称为置信区间,相应的概率称为置信概率,用 P 表示。

$$P = \int_{-\infty}^{+\infty} f(\delta)\mathrm{d}\delta = 1 \tag{1-3-3}$$

$$P = \int_{-\sigma}^{+\sigma} f(\delta)\mathrm{d}\delta = 0.683 \tag{1-3-4}$$

由 $-\sigma$ 到 σ 之间曲线下的面积是总面积的 68.3%,它表示测量列中任一测量值的随机误差落在区间 $[-\sigma,\sigma]$ 内的概率。或者说,当测量次数无限多时测量值落在区间 $[\overline{x}-\sigma,\overline{x}+\sigma]$ 内的次数占总测量次数的 68.3%。也就是说,在区间 $[\overline{x}-\sigma,\overline{x}+\sigma]$ 内包含真值的可能性是 68.3%。在区间 $[-3\sigma,3\sigma]$ 内的置信概率为 99.7%,也就是大约在 1 000 次测量中,只有 3 次测量值落在该区间之外,而一般测量次数为 5～10 次,几乎不可能出现在区间之外,所以将 3σ 称为极限误差,也称误差限。这也是剔除具有粗大误差数据的依据。区间为 $[-2\sigma,2\sigma]$ 的置信概率为 95%。为了比较测量列的精密程度,常用在同一置信概率下区间的大小来表示,置信区间越小则测量列的精密程度越高。

由于真值不能确定,所以 σ 也无法计算。前面讨论过,测量列的算术平均值 $\overline{x}$ 是测量结果的最佳值,也叫近真值,所以标准误差常用 $v_i = x_i - \overline{x}$ 来计算,称为标准偏差或标准差,用 s 表示,可以推导出

$$s = \sqrt{\frac{1}{n-1}\sum_{i=1}^{n}(x_i - \overline{x})^2} = \sqrt{\frac{1}{n-1}\sum_{i=1}^{n}v_i{}^2} \tag{1-3-5}$$

上式称为贝塞尔公式,s 是测量列中任何一次测得值的标准偏差。

应该指出,用贝塞尔公式表示的标准偏差只是对标准误差 σ 的一个近似,本身也有误差存在,只有当 $n\to\infty$ 时,它才趋向理论上的 σ。

至此,在实际实验中,我们有了算术平均值 $\overline{x}$ 作真值的近真值,又根据各种误差公式算出了这列数据的误差值(如用 $s=\sqrt{\frac{1}{n-1}\sum_{i=1}^{n}v_i{}^2}$ 算出的标准偏差)来表示其精密度。那么可否用

$$x = \overline{x} \pm s$$

来表示测量结果呢？回答是不行的。其原因就在标准偏差 s 上。因为我们用了测量列的

平均值 $\overline{x}$ 作近似真值，对这个近似真值的近似程度需要用反映平均值对于真值的离散度的平均值标准误差来评价。而 s 和其他误差都不能反映平均值对于真值的离散度。下面我们分析讨论平均值的标准偏差如何计算。

平均值 $\overline{x}$ 相对于真值 x_0 也有离散性，这很容易理解，因为 $\overline{x}$ 并不是真值 x_0。对于一个物理量先测得一组 50 个数据，求得平均值 $\overline{x_1}$，再对这一物理量测量 50 个数据，又求得一个平均值 $\overline{x_2}$，甚至可以再测出多组数据（N 组），求出 N 个平均值 $\overline{x_i}$，这 N 个平均值的大小不会完全相同。多个平均值的不同就表示 $\overline{x_i}$ 本身对于真值也存在离散性，即也有随机误差。我们在测量结果中，不但应给出平均值 $\overline{x}$，还要指出它的离散程度如何，即用

$$x = \overline{x} \pm s_{\overline{x}} \tag{1-3-6}$$

表示测量结果。式中 $s_{\overline{x}}$ 为用残差计算的平均值标准偏差。平均值标准偏差 $s_{\overline{x}}$ 与标准偏差 s 的关系为

$$s_{\overline{x}} = \frac{s}{\sqrt{n}} = \sqrt{\frac{\sum_{i=1}^{n} {v_i}^2}{n(n-1)}} \tag{1-3-7}$$

二、测量次数的确定

在实际测量中，为使测量结果更准确，往往要求增加测量次数，但测量次数的增加，要求在人力、物力和时间方面付出更高的代价，而且在测量中工作时间的延长难以保证环境条件不变化。在物理教学实验中，更因受条件及时间的限制，不能进行多次重复测量。因此，有必要确定合适的测量次数。对于这个问题，有多种确定测量次数的方法，其中最直观易理解的一种方法是根据平均值的标准误差 $s_{\overline{x}}$ 来确定测量次数。

从测量列标准误差 $s = \sqrt{\frac{1}{n-1}\sum_{i=1}^{n} {v_i}^2}$ 中可以看出：随着测量次数 n 的增加，会使 s 趋于稳定，s 的数值大小主要取决于测量仪器本身的精密度，它不会因 n 的增大而减小。当 n 较大时 s 是一个基本不随 n 变动的较稳定的值，一般在 $n > 30$ 时，s 值便不再明显变动了。而从测量列平均值的标准误差 $s_{\overline{x}} = \frac{s}{\sqrt{n}}$ 中可以看出，在 s 趋于稳定情况下，$s_{\overline{x}}$ 的值有随 n 增加而减少的趋势。$s_{\overline{x}}$ 随 n 的变化曲线如图 1-3-3 所示。从图中可以看出，当 $n < 8$ 次时，$s_{\overline{x}}$ 减小得比较快；当 $n = 10 \sim 15$ 次时，$s_{\overline{x}}$ 减小得就比较慢了；当测量次数超过 10 以后，$s_{\overline{x}}$ 的下降已很缓慢了，这样只用提高测量次数的手段来提高测量精度的做法已很不可取。一般选 n 为 8 或 10，欲进一步提高测量精度应从除增大 n 以外的其他方面入手。最根本的办法还是提高测量仪器本身的精度和提高测量仪表的灵敏度。

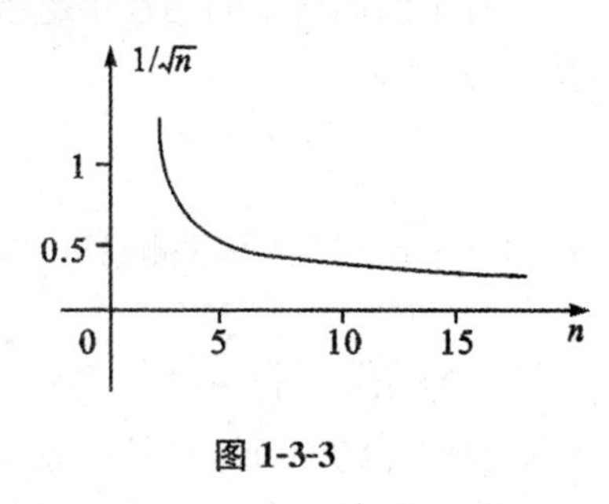

图 1-3-3

三、仪器灵敏阈

在实验中，当我们用数字毫秒计的 0.1 ms 挡（显示读数为 0.000 1 s）多次测量钢球

下落同一高度所用的时间时，发现得到的数据很分散：0.765 3、0.766 0、0.765 7、0.765 7、0.765 0、0.765 2、0.766 0、0.765 8。由此可以算出标准误差及平均值标准误差。但当我们改用 10 ms 挡（显示读数为 0.01 s）多次测量同一钢球下落同一高度所用时间时，却出现测量数据多次完全相同的情况：0.76、0.76、0.76、0.76、0.76、0.76、0.76、0.76、0.76，这时计算的平均值的标准误差几乎为零。这难道说明精度低的挡反而精度高吗？显然不是。这种结果恰恰表明了精度低的一挡反映不出数据在小于 0.01 s 内的变化，而不能说明没有误差或误差很小。所以在确定直接测量结果的置信区间时，首先应考虑所使用仪器的灵敏阈问题。仪器灵敏阈实际上就是能够引起仪器示值可觉察改变的最小变量，比这个最小可觉察的变化量小的变化，仪器是没有反应或者显示不出来。仪器的灵敏阈也就是仪器的最小灵敏度。

如上所述，多次测量一个固定值，测量值都相同或基本相同，这并不表示不存在随机误差，而是因为误差较小，仪器灵敏度较低，不能反映其微小差异，这时一般取测量仪器最小分度的 1/3 到 1/2 作为测量值的标准误差。

数字式仪表的灵敏阈就是最末一位数所代表的量。指针式仪表的灵敏阈为人眼所能觉察到的指针改变的分度值所代表的量。仪器本身的误差，在出厂检定书或仪器上有标注，用 $\Delta_{仪}$ 表示。仪器的标准误差可由 $\sigma=\frac{\Delta_{仪}}{2}$ 来计算，如果仪器没有标注 $\Delta_{仪}$，则可用仪器的最小刻度值来代替，则 $\sigma=\frac{1}{2}\times$仪器最小刻度值或 $\sigma=\frac{1}{3}\times$仪器最小刻度值，或根据仪器的级别进行计算，公式为

$$\Delta_{仪}=量程\times级别(\%)$$

对于前面所举的用数字毫秒计测时间的例子，用 10 ms 挡所测得的测量列的标准误差应为

$$\sigma=\frac{1}{2}\times 10\ \text{ms}=5\ \text{ms}=0.005\ \text{s}$$

而用 0.1 ms 挡测得的测量列的标准误差为

$$s_{\bar{x}}=\sqrt{\frac{1}{n(n-1)}\sum_{i=1}^{n}{v_i}^2}=\sqrt{\frac{99\times 10^{-8}}{8(8-1)}}=\sqrt{\frac{99\times 10^{-8}}{56}}=1.329\times 10^{-4}=0.000\ 2(\text{s})$$

可见精度低的 10 ms 挡的误差比精度高的 0.1 ms 挡的误差大得多。

常用实验器具的量程与仪器误差 $\Delta_{仪}$，见表 1-3-1。

表 1-3-1

器具	最小分度	最大量程	出厂误差
游标卡尺/mm	0.02	125	±0.02
螺旋测微器/mm	0.01	25	±0.004
钢板尺/mm	1	150	±0.10
		500	±0.15
		1 000	±0.20

(续表)

器具	最小分度	最大量程	出厂误差
木板尺/mm	1	30～50 60～100	±1.0 ±1.5
钢卷尺	1 mm	1 m 2 m	±0.8 mm ±1.2 mm
普通温度计	1℃	0～100℃	±1℃
精密温度计	0.1℃	0～100℃	±0.2℃
7 级物理天平	0.05 g	500 g	满量程 0.08 g 1/2 量程 0.06 g 1/3 量程 0.04 g
3 级分析天平	0.1 mg	200 g	满量程 1.3 mg 1/2 量程 1.0 mg 1/3 量程 0.7 mg

第四节　系统误差的处理

系统误差的处理较之偶然误差要复杂得多。这主要是由于在一个测量过程中，系统误差与偶然误差是同时存在的，而且实验条件一经确定，系统误差的大小和方向也就确定了。在此条件下，进行多次重复测量并不能发现系统误差的存在。可见，发现系统误差的存在并不是一件容易的事，再进一步寻找其原因和规律以至进一步消除和减弱它就更为困难了。因此在实验过程中，就没有像处理偶然误差那样的简单数学过程来处理系统误差，而只能靠实验工作者坚实的理论基础、丰富的实践经验及娴熟的实验技术，遇到具体的问题进行具体的分析和处理。

在物理实验中，可以把系统误差分为两种：一种是可定系统误差，另一种是未定系统误差。下面介绍处理系统误差的方法。

一、可定系统误差的处理

这种系统误差的特点是大小和方向是确定的，因此可以消除、减弱和修正。实验方法和理论的不完善引起的系统误差以及实验仪器的零点发生偏移等都属于这种类型。

例 1　伏安法测电阻

由于实验所用的电流表和电压表都具有内阻，因此，只用电压表的读数 V 和电流表的读数 I，通过计算公式来计算电阻，就会引入系统误差。这个误差主要是由于测量方法引起的，是一种可定系统误差。为了消除、减小或修正这一误差，可采取下面几种处理方法。寻找其他的测量方法，如电桥平衡法测电阻，这样就可以消除由于方法不当所引起的系统误差。如果方法不变，仍采用伏安法测电阻，那就要将待测电阻的阻值与有关电表的内阻进行比较，决定采用电流表内接还是外接以减小系统误差。除此之外，还可以从实验结果上加以修正，来消除由于系统误差存在对测量结果的影响。

例 2 单摆测重力加速度

用单摆测重力加速度所依据的公式为

$$T=2\pi\sqrt{\frac{l}{g}} \tag{1-4-1}$$

但这一公式是在摆角 θ 很小时近似成立的，若在实验中 θ 较大，就会明显地出现系统误差。如果不使实验带来明显的系统误差，就应使用单摆运动方程求解得到准确公式

$$T=2\pi\sqrt{\frac{l}{g}}\left(1+\frac{1}{4}\sin^2\frac{\theta}{2}+\frac{9}{64}\sin^4\frac{\theta}{2}+\cdots\right) \tag{1-4-2}$$

从上式可见，只有当 $\theta=0$ 时才可得到公式(1-4-1)。在 $\theta\neq0$ 时而采用式(1-4-1)，实验结果都会存在误差。但在 θ 很小(如 $\theta<5^\circ$)时使用式(1-4-1)引起的系统误差很小，可以使用。

二、未定系统误差的处理

实验中使用的各种仪器、仪表，各种量具，在制造时都有一个反映准确度的极限误差指标，习惯上称之为仪器误差，用 $\Delta_{仪}$ 来表示。这个指标在产品说明书中有明确的说明。例如，50 g 的三等砝码，计量部门规定其极限误差为 2 mg，即 $\Delta_{仪}=2$ mg。再如，电学实验中常用的电表，如果量程为 X_n，准确度等级为 K，则有 $\Delta_{仪}=X_n\cdot K\%$。

未定系统误差的含义很广，远不止仪器误差一种。至于其他的未定系统误差，以后讨论。

第五节 测量结果的评定

在测量过程中，测量误差是普遍存在的，测量结果中包含有多种误差因素，如器具误差、人员误差、环境误差、方法误差、调整误差、观测误差、读数误差等。在很多情况下，人们对于各种误差的信息不能全面了解和掌握，特别是在那些重复测量中，不能充分反映测量出来的是随机误差还是系统误差，使得测量结果存在一定程度的不确定性。测量的目的不但要得到待测量的近真值，而且要对近真值的可靠性作出评定，即评定测量结果的不确定度。具体说，不确定度是指测量值(近真值)附近的一个范围，真值以一定的概率落在其中。不确定度小，测量结果的可靠程度高；不确定度大，测量结果的可靠性低。不确定度近似于不确知，不明确，不可靠，有质疑。

一、不确定度的表示

1. A 类不确定度

凡是可以通过统计方法来计算的不确定度称为 A 类不确定度，由于这一特点，故又称为统计不确定度，在大学物理实验里就是前面讲过的偶然误差里的标准偏差 $s_{\bar{x}}$，用 u_A 表示。

$$u_A = s_{\bar{x}} = \frac{s}{\sqrt{n}} = \sqrt{\frac{1}{n(n-1)}\sum_{i=1}^{n}(x_i - \bar{x})^2} \tag{1-5-1}$$

用贝塞尔公式计算 A 类不确定度，可以用函数计算器直接读取，十分方便。

如果有若干个 A 类不确定度 $u_{A1}, u_{A2}, u_{A3}, \cdots$，这些分量彼此独立，那么分量的“方和根”就是 A 类不确定度：

$$u_A = \sqrt{u_{A1}{}^2 + u_{A2}{}^2 + u_{A3}{}^2 + \cdots}$$

2. B 类不确定度

凡是不能用统计方法计算，而只能用其他方法估算的不确定度称为 B 类不确定度，又称为非统计不确定度，用 u_B 表示。

由于误差来源不同，一个直接测量量可能存在若干个 B 类不确定度 $u_{B1}, u_{B2}, u_{B3}, \cdots$，我们把它称为 B 类不确定度分量。如果这些分量彼此独立，则有

$$u_B = \sqrt{u_{B1}{}^2 + u_{B2}{}^2 + u_{B3}{}^2 + \cdots}$$

如果只有一个分量则 $u_B = u_{B1}$。

本书只讨论仪器不准对应的 B 类不确定度，一般取 $u_B = \Delta_{仪}/k$，$\Delta_{仪}$ 为仪器最大误差或仪器的基本误差，k 是极限误差对应的置信因数。如果 $\Delta_{仪}$ 是均匀分布，k 取 $\sqrt{3}$；如果 $\Delta_{仪}$ 是正态分布，k 取 3。

在本实验课中为了提高测量数据的可信度，使置信概率 $P>95\%$，我们规定 $u_A = 3s_{\bar{x}}$，由于我们的测量次数一般为 5～10 次，那么 $u_A = 3s_{\bar{x}} = \frac{3s}{\sqrt{9}} = s$，我们一般取 $k=3$，那么 $u_B = 3\Delta_{仪}/k = \Delta_{仪}$。

3. 不确定度的合成

对同一个量进行多次重复测量，测量结果含 A 类不确定度和 B 类不确定度，若它们是相互独立的，则合成不确定度为

$$u = \sqrt{u_A{}^2 + u_B{}^2} \tag{1-5-2}$$

当直接测量量是单次时，合成不确定度等于 B 类不确定度。

二、测量结果的表示

科学实验中要求表示的测量结果，必须包含待测量的近真值 $\bar{x}$、不确定度 u、单位，三者缺一不可。并写成如下形式：

$$测量结果\begin{cases} x = \bar{x} \pm u\text{(单位)} \\ E = \dfrac{u}{\bar{x}} \times 100\% \end{cases}$$

式中，x 为待测量，$\bar{x}$ 是待测量的近真值，u 是合成不确定度。u 一般保留一位有效数字，修约时遵守“只进不舍”的原则。

直接测量时若不需要对被测量进行系统误差的修正，一般取多次测量的算术平均值 $\bar{x}$ 作为近真值；实验中有时只需测一次或只能测一次，该次测量值就为被测量的近真值。若要求对被测量进行已定值系统误差的修正，通常是将已定系统误差从算术平均值 $\bar{x}$ 或

一次性测量值中减去,从而求得被修正后的直接测量结果的近真值。例如,螺旋测微器测长时,从被测量结果中减去螺旋测微器的零差。

测量结果的表达式中,给出了一个范围 $\overline{x}\pm u$,表示待测量的真值在这个范围的置信概率 $P>95\%$,那种认为真值一定在 $\overline{x}\pm u$ 之间的想法是错误的。同时近真值 $\overline{x}$ 的尾数应与不确定度的所在位对齐,其后一位按“四舍五入整五凑偶”的原则进行取舍。近真值与不确定度的数量级、单位要保持一致。

三、直接测量量的评定

1. 单次测量

实际测量中,遇到不能(或不需要)进行多次测量的量,把测量值作为该物理量的近真值,取仪器误差作为测量的不确定度,即 $u=u_B=\Delta_{仪}$。结果表示为

$$\begin{cases} x=\overline{x}\pm\Delta_{仪}(单位) \\ E=\dfrac{\Delta_{仪}}{\overline{x}}\times 100\% \end{cases} \tag{1-5-3}$$

2. 多次测量

用算术平均值 $\overline{x}=\dfrac{1}{n}\sum\limits_{i=1}^{n}x_i$ 作为真值,$u_A=s=\sqrt{\dfrac{1}{n-1}\sum\limits_{i=1}^{n}(x_i-\overline{x})^2}$,$u_B=\Delta_{仪}$,合成不确定度为 $u=\sqrt{u_A{}^2+u_B{}^2}$。结果表示为

$$\begin{cases} x=\overline{x}\pm u(单位) \\ E=\dfrac{u}{\overline{x}}\times 100\% \end{cases} \tag{1-5-4}$$

例1 用千分尺测量10次钢球的直径 d,数据如下:

d_i(mm):11.998,12.005,11.998,12.007,11.997,11.995,12.005,12.003,12.000,12.002

试估算 d 的近真值和合成不确定度,正确表示测量结果。千分尺的最小分度值为0.01 mm。

解 (1)近真值:

$$\overline{d}=\frac{1}{10}\sum_{i=1}^{n}d_i=12.001\ \text{mm}$$

(2)计算A类不确定度:

标准误差

$$s_d=\sqrt{\frac{\sum\limits_{i=1}^{10}(d_i-\overline{d})^2}{10-1}}=\sqrt{\frac{144\times 10^{-6}}{9}}=0.004\ \text{mm}$$

A类不确定度为 $u_A=s_d=0.004$ mm。

(3)计算B类不确定度:

千分尺的仪器误差为 $u_B=\Delta_{仪}=0.005$ mm。

(4)合成不确定度:

$$u=\sqrt{u_A{}^2+u_B{}^2}=\sqrt{0.004^2+0.005^2}=0.0064\approx0.007\ \text{mm}$$

测量结果为

$$\begin{cases} d=(12.001\pm0.007)\ \text{mm} \\ E_d=\dfrac{0.0064}{12.001}\times100\%=0.0533\%\approx0.054\% \end{cases}$$

在计算合成不确定度求“方和根”时，若某一平方值小于另一平方值的$\frac{1}{9}$，则该项就可略去不计，这叫微小误差准则，利用该准则可减少不必要的计算。

不确定度的计算结果，一般保留一位有效数字，按“只进不舍”的修约规则取舍。相对不确定度一般保留两位有效数字。此外，有时需将测量结果的近真值 $\overline{x}$ 和公认值 $x_{公}$ 进行比较，得到的测量结果的百分偏差 B，定义为 $B=\frac{|\overline{x}-x_{公}|}{\overline{x}}\times100\%$，其结果取两位数。

四、间接测量量的不确定度

物理实验的中间结果或最后结果，通常是将几个独立的直接测量结果代入相关公式计算而间接得来的，即间接测量。所以直接测量结果的不确定度，必然影响间接测量的结果，也就是有不确定度的传递。

设间接测量量的函数式为

$$N=f(x_1,x_2,\cdots,x_n) \tag{1-5-5}$$

式中，N 是间接测量结果，$x_1,x_2,\cdots,x_n$ 是直接测量结果，它们都是互相独立的量，每一直接测量量为多次等精度测量，测量结果分别为 $x_1=\overline{x_1}\pm u_{x1}$，$x_2=\overline{x_2}\pm u_{x2}$，$\cdots$，$x_n=\overline{x_n}\pm u_{xn}$，那么间接测量量 N 的最可信赖值为

$$\overline{N}=f(\overline{x_1},\overline{x_2},\cdots,\overline{x_n}) \tag{1-5-6}$$

即将各测量量的算术平均值代入函数式中，便可求出间接测量量的最近真值。

由于误差均为微小量，类似于数学中的微分量，所以可以借助全微分求出误差传递公式。

对式(1-5-5)求全微分有

$$\mathrm{d}N=\frac{\partial f}{\partial x_1}\mathrm{d}x_1+\frac{\partial f}{\partial x_2}\mathrm{d}x_2+\cdots+\frac{\partial f}{\partial x_n}\mathrm{d}x_n \tag{1-5-7}$$

上式表示，当 $x_1,x_2,\cdots,x_n$ 有微小改变 $\mathrm{d}x_1,\mathrm{d}x_2,\cdots,\mathrm{d}x_n$ 时，N 有相应的微小改变 $\mathrm{d}N$，通常误差远小于测量值，故可把 $\mathrm{d}x_1,\mathrm{d}x_2,\cdots,\mathrm{d}x_n$ 看作误差，$\mathrm{d}N$ 的改变由各测量量的改变决定，把微分符号“d”改为不确定度符号“u”，并对微分式中的各项求“方和根”，即为间接测量量的合成不确定度：

$$u_{\overline{N}}=\sqrt{\left(\frac{\partial f}{\partial x_1}\right)^2u_{x1}{}^2+\left(\frac{\partial f}{\partial x_2}\right)^2u_{x2}{}^2+\cdots+\left(\frac{\partial f}{\partial x_n}\right)^2u_{xn}{}^2} \tag{1-5-8}$$

当间接测量量的函数式为积商(或含和差的积商形式)，为运算简便起见，可以先将函数式两边同时取自然对数，然后再求全微分。即

$$\frac{\mathrm{d}N}{N}=\frac{\partial\ln f}{\partial x_1}\mathrm{d}x_1+\frac{\partial\ln f}{\partial x_2}\mathrm{d}x_2+\cdots+\frac{\partial\ln f}{\partial x_n}\mathrm{d}x_n$$

同样改微分号为不确定度符号，并求其“方和根”，即为间接测量的相对不确定度：

$$E_N=\frac{u_N}{N}=\sqrt{(\frac{\partial \ln f}{\partial x_1}\mathrm{d}x_1)^2+(\frac{\partial \ln f}{\partial x_2}\mathrm{d}x_2)^2+\cdots+(\frac{\partial \ln f}{\partial x_n}\mathrm{d}x_n)^2} \quad (1\text{-}5\text{-}9)$$

已知 E_N 和 $\overline{N}$，由定义式即可求出合成不确定度：

$$u_N=\overline{N}\cdot E_N$$

这样计算 u_N 较直接求全微分简便得多，特别对函数式复杂的情况，尤其显示它的优越性。

以后在计算间接测量的不确定度时，对函数式仅为“和差”形式，可以直接用式(1-5-8)求出间接测量的合成不确定度 u_N，若函数式是积商(或积商和差混合)等较为复杂的形式，可直接采用式(1-5-9)，先求相对不确定度，再求合成不确定度。合成不确定度保留一位有效数字，相对不确定度保留两位有效数字。

例 2 测量金属环的内径 $D_1=(2.880\pm0.004)$ cm，外径 $D_2=(3.600\pm0.004)$ cm，厚度 $h=(5.575\pm0.004)$ cm，求环的体积 V。

解 环的体积公式为

$$V=\frac{\pi}{4}h(D_2{}^2-D_1{}^2)$$

(1)环体积的近真值：

$$V=\frac{\pi}{4}h(D_2{}^2-D_1{}^2)=\frac{3.1416}{4}\times5.575\times(3.600^2-2.880^2)=9.436\ \mathrm{cm}^3$$

(2)先对环的体积公式两边同时取自然对数后，再求全微分：

$$\ln V=\ln\frac{\pi}{4}+\ln h+\ln(D_2{}^2-D_1{}^2)$$

$$\frac{\mathrm{d}V}{V}=0+\frac{\mathrm{d}h}{h}+\frac{2D_2\mathrm{d}D_2-2D_1\mathrm{d}D_1}{D_2{}^2-D_1{}^2}=\frac{\mathrm{d}h}{h}+\frac{2D_2\mathrm{d}D_2}{D_2{}^2-D_1{}^2}-\frac{2D_1\mathrm{d}D_1}{D_2{}^2-D_1{}^2}$$

则相对不确定度为

$$E_V=\frac{U_V}{V}=\sqrt{\left(\frac{U_h}{h}\right)^2+\left(\frac{2D_2U_{D_2}}{D_2{}^2-D_1{}^2}\right)^2+\left(-\frac{2D_1U_{D_1}}{D_2{}^2-D_1{}^2}\right)^2}$$

$$=\sqrt{\left(\frac{0.004}{5.575}\right)^2+\left(\frac{2\times3.600\times0.004}{3.600^2-2.880^2}\right)^2+\left(-\frac{2\times2.880\times0.004}{3.600^2-2.880^2}\right)^2}$$

$$=0.0081=0.81\%$$

(3)合成不确定度：

$$U_V=V\cdot E_V=9.436\times0.0081=0.08\ \mathrm{cm}^3$$

(4)环体积的测量结果：

$$\begin{cases}V=(9.44\pm0.08)\ \mathrm{cm}^3\\E_V=0.81\%\end{cases}$$

注意：V 的计算结果有效数字位数的多少，应当根据合成不确定度所在的位置决定。

第六节　有效数字及其运算

一、有效数字的一般概念

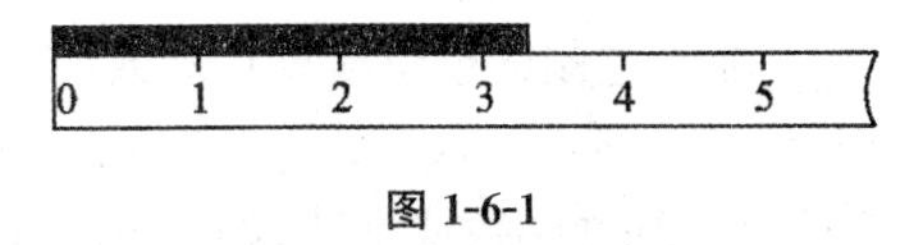

图 1-6-1

实验的基础是测量，测量的结果是用一组数字和单位表示的。如图 1-6-1 所示，用厘米分度（最小分格的长度是 1 cm）的尺子测量一根铜棒的长度，从尺子上看出其长度大于 3 cm，再用目测估计，大于 3 cm 的部分是最小分度的 3/10，所以棒的长度为 3.3 cm。最末一位的估计值不同的观测者会有所不同，称为存疑数字，但它还是在一定程度上反映了客观实际。而前面的“3”是从尺子上的刻度准确读出的，即由测量仪器明确指示的，称为可靠数字。这些数字都有明确的意义，都有效地表达了测量结果，所以，我们把测量结果中所有的可靠数字和一位估计的存疑数字的全体称为有效数字。有效数字的最末一位是误差所在的一位，即是有误差的数字。上面的测量结果是两位有效数字。

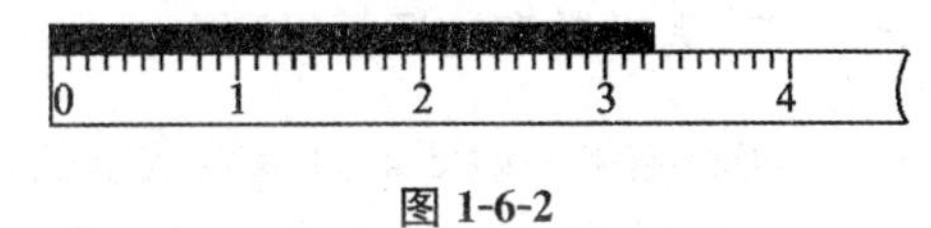

图 1-6-2

如果换用毫米分度的尺子测量这个棒的长度，如图 1-6-2 所示，可以从尺子上准确读出3.2 cm，再估读到最小分度的十分位上，测量结果为 3.25 cm。同样，最末一位的估计值不同观测者可能不同，但都是三位有效数字。由此可见，有效数字的位数多少取决于所用量具或仪器的精确度的高低。

如果被测铜棒的长度是几十厘米，那么，用厘米分度的尺子测得的结果是三位有效数字，而用毫米分度的尺子测得的结果是四位有效数字，所以，有效数字位数的多少还与被测量本身的大小有关。总之，有效数字位数的多少是测量实际的客观反映，不能随意增减。测量结果有效数字位数的多少与其相对误差的大小有一定的对应关系，有效数字的位数多，相对误差小，测量结果的准确度高。

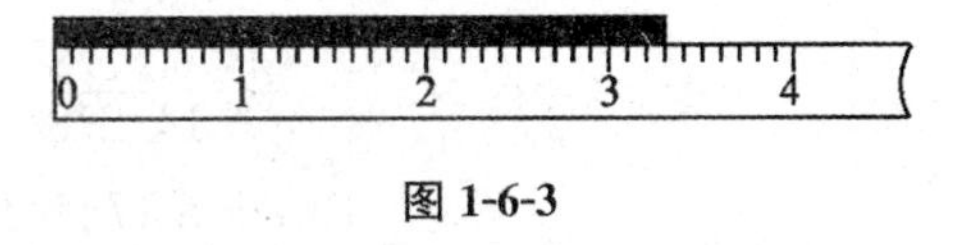

图 1-6-3

如果用毫米分度的尺子测量一个棒长，恰好与 3 cm 后的第三条毫米刻线对齐，如图 1-6-3 所示，则测量结果为 3.30 cm，百分位上的“0”表示最末一位估计值读数为 0，是存疑数字，这个“0”不能省去。如果写成 3.3 cm，则别人会认为是用厘米分度的尺子测量的，十分位的“3”是存疑数字，这与测量的实际情况不符。所以在物理实验中 3.30 cm$\neq$3.3 cm，因为它们的内涵是截然不同的。

对于有效数字还应该注意下列几种情况：

(1)有效数字中“0”的性质。非零数字前的“0”只起定位作用，不是有效数字。数字中间和数字后面的“0”都是有效数字。如果一个测量值的数很小或很大，常用标准形式来表示，即用 10 的幂来表示其数量级，前面的数字是测得的有效数字，通常在小数点前只写一位数字，这种数值的表达方式称为科学记数法。例如，0.000 508 m 写成 5.08×10^{-4} m，2 020 080 m 写成 $2.020\ 080\times10^{6}$ m。这样不仅可以避免写错有效数字，而且便于定位和计算。

(2)十进制的单位换算不能增减有效数字位数，即有效数字的位数与小数点的位置或单位换算无关。例如，$4.30\ \mathrm{cm}=4.30\times10^{4}\ \mu\mathrm{m}=4.30\times10^{-2}\ \mathrm{m}=4.30\times10^{-5}\ \mathrm{km}$，而$4.30\ \mathrm{cm}\neq43\ 000\ \mu\mathrm{m}$，它们的量值虽然相等，但是有效数字增加了两位，这就错了！$4.30\ \mathrm{cm}=0.043\ 0\ \mathrm{m}=0.000\ 043\ 0\ \mathrm{km}$，该式虽然相等，但看起来很不直观，运算起来很不方便，所以要采用科学记数法书写。

非十进制的单位换算有效数字会有一位变化，应由误差所在位确定。如$(1.8\pm0.1)\ \mathrm{h}=(108\pm6)\ \mathrm{min}$，$(1.50\pm0.05)\ \mathrm{min}=(90\pm3)\ \mathrm{s}$等。

(3)纯数学数或常数，如 1/6、π、e 等，不是由测量得到的，有效数字可以认为是无限的，需要几位就取几位，一般取与各测得值位数最多的相同或再多取一位。给定值不影响有效数字位数。运算过程的中间结果可适当多保留几位，以免因舍入引进过大的附加误差。

(4)直接测量读数时应估读到仪器最小分度以下的一位，是存疑数字。间接测量运算结果的有效数字由绝对误差来决定，间接测得值的末位应与绝对误差所在的一位对齐。由误差确定有效数字，是处理一切有效数字问题的基本依据。如不估算误差，则按有效数字运算规则确定有效数字的位数。

二、有效数字的运算规则

实验结果一般要通过有效数字的运算才能得到，有效数字四则运算根据下述原则确定运算结果的有效数字：①可靠数字间的运算结果为可靠数字；②可靠数字与存疑数字或存疑数字间的运算结果为存疑数字，但进位为可靠数字；③运算结果只保留一位存疑数字。其后的数字按后面讲的“四舍五入整五凑偶”的规则处理。

1. 加减法

首先统一各数值的单位，然后列竖式进行运算。为了区别存疑数字，下面画一道横线。

例如：

$$\begin{array}{r} 10.\underline{1} \\ +\ \ 4.17\underline{8} \\ \hline 14.\underline{2}\underline{7}\underline{8} \end{array} \qquad\qquad \begin{array}{r} 10.\underline{1} \\ -\ \ 4.17\underline{8} \\ \hline 5.\underline{9}\underline{2}\underline{2} \end{array}$$

$$10.\underline{1}+4.17\underline{8}=14.\underline{3} \qquad 10.\underline{1}-4.17\underline{8}=5.\underline{9}$$

结论为：有效数字加减运算时，所得结果的小数位的位数与所有参与运算的数字中小数位最少的相同。

2. 乘除法

规则：乘除运算，最后结果的有效数字一般与各数中有效数字位数最少的相同。乘法运算，若两数首位相乘有进位时则多取一位。除法是乘法的逆运算，由此可知两数相除，商的位数与被除数或除数中有效数字位数最少的相同或少一位。因此，也可将各分量先作截尾处理再进行乘除运算。

在数据运算中，常有一些数学常数(如 1/2，2，5 等)参与运算，这些常数的有效数字位数应是无穷，不是一位有效数字，即 $5=5.000\cdots$，它们与有效数字进行运算时，结果应以有效数字的位数为准，而不应只取一位数。另外还有一些物理常量如 π，参加运算时，位数应比其他有效数字的位数多取一位，如 $5.786\times\pi=5.786\times3.1416$，$8.52\times\pi=8.52\times3.142$。

例如：

$$\begin{array}{r} 4.17\underline{8} \\ \times\ 10.\underline{1} \\ \hline \underline{4}\,\underline{1}\,\underline{7}\,\underline{8} \\ 4178\underline{8} \\ \hline 42.\underline{1}\,\underline{9}\,\underline{7}\,\underline{8} \end{array}$$

$4.17\underline{8}\times10.\underline{1}=42.\underline{2}$

$$\begin{array}{r} 4.17\underline{8} \\ \times\ 90.\underline{1} \\ \hline \underline{4}\,\underline{1}\,\underline{7}\,\underline{8} \\ 3760\underline{2} \\ \hline 376.\underline{4}\,\underline{3}\,\underline{7}\,\underline{8} \end{array}$$

$4.17\underline{8}\times90.\underline{1}=376.\underline{4}$

$$\begin{array}{r} 2.4\underline{1}\,\underline{7} \\ 4.17\underline{8}\overline{)\,10.\underline{1}\,\underline{0}\,\underline{0}} \\ 835\underline{6} \\ \hline 1\underline{7}\,\underline{4}\,\underline{4}\,\underline{0} \\ 1671\underline{2} \\ \hline \underline{7}\,\underline{2}\,\underline{8}\,0 \\ \underline{4}\,\underline{1}\,\underline{7}\,\underline{8} \\ \hline \underline{3}\,\underline{1}\,\underline{0}\,\underline{2}\,\underline{0} \\ 2\underline{9}\,\underline{2}\,\underline{4}\,\underline{6} \\ \hline \underline{1}\,\underline{7}\,\underline{7}\,\underline{4} \end{array}$$

$10.\underline{1}\div4.17\underline{8}=2.4\underline{2}$

3. 乘方、开方运算

乘方、开方运算结果的有效数字位数与其底的有效数字位数相同。也可以按乘除存疑数字画线的方法确定。例如：

$$225^2=5.06\times10^4$$

$$\sqrt{225}=15.0$$

4. 函数运算

函数运算不能照搬四则运算规则。严格地说，函数运算结果的有效数字位数应根据误差来确定。在物理实验中，为了简便作如下规定。

三角函数：角度的有效数字位数，即以仪器的准度来确定，如能读到 $1'$，一般取四位有效数字。例如：

$$\sin30^\circ00'=0.5000$$

$$\cos9^\circ24'=0.9866$$

$$\tan45^\circ05'=1.003$$

对数函数：首数不计，对数小数部分的数字位数与真数的有效数字位数相同。例如：

$$\ln19.83=2.9872\qquad(\text{首数不计})$$

$$\lg1.983=0.2973\qquad(\text{首数不计})$$

$$\lg0.1983=\bar{1}.2973\qquad(\text{首数不计})$$

指数函数：把 e^x，10^x 的运算结果用科学记数法表示，小数点前保留一位，小数点后面保留的位数与 x 在小数点后的位数相同，包括紧接小数点后的“0”。例如：

$$e^{9.24}=1.03\times10^4$$

$$e^{52}=4\times10^{22}$$

$$10^{6.25}=1.78\times10^6$$

$$10^{0.0035}=1.0081$$

三、数字截尾的舍入规则

数字的舍入过去采用四舍五入法，这就使入的数字比舍的数字多一个，入的概率大于舍的概率，经过多次舍入，结果偏大。为了使舍入的概率基本相同，现在采用的规则是"四舍五入整五凑偶"，即对保留的末位数字以后的部分，小于5则舍，大于5则入，整5的则把末位数凑为偶数。例如，将下列数据取为四位有效数字，则为

4.327 49→4.327；　　3.141 59→3.142

4.327 51→4.328；　　4.510 50→4.510

4.327 50→4.328；　　3.126 50→3.126

4.328 50→4.328；　　46.425→46.42

对于误差或不确定度的估算，其尾数的舍入规则可采用四舍五入或只进不舍。

在物理实验中处理数据时，有人以为运算结果的数字位数越多越准确，其理由是一点儿都没有舍去，这种没有误差及有效数字概念的错误想法，应特别注意！

第七节　实验数据处理的常用方法

物理实验的目的是为了找出物理量之间的内在规律或验证某种理论。实验得到的数据必须进行合理的处理分析，才能得到正确的实验结果和结论。数据处理是指从原始数据通过科学的方法得出实验结果的加工过程，它贯穿于物理实验的全过程中，应该熟悉和掌握它。在一篇完整的科学论文或科研报告中，往往是先列出各种数据，再用图线表示出物理量之间的变化关系，最后用严格的数学解析方法，如最小二乘线性回归等，得出数值上的定量关系，并给出实验结果和不确定度。物理实验常用的数据处理方法有列表计算法、作图法、逐差法、最小二乘线性回归法等。

一、列表计算法

在记录和处理数据时，常把数据排列成表格，这样既可以简单而明确地表示出被测物理量之间的对应关系，又便于及时检查和发现测量数据是否合理，有无异常情况。列表计算法就是将实验数据中的自变量、因变量的各个数据及计算过程和最后结果按一定的格式，有秩序地排列出来。列表法是科技工作者经常使用的基本方法。为了养成习惯，每个实验中所记录的数据必须列成表格，因此在预习实验时，一定要设计好记录原始数据的表格。

列表的要求如下：

(1)根据实验内容合理设计表格形式，栏目排列的顺序要与测量的先后和计算的顺序相对应。

(2)各栏目必须明确表示物理量的名称和单位，量值的数量级也写在标题栏中。

(3)原始数据处理过程中的一些重要中间结果均要列入表中，且要正确表示各量的有效数字。

(4)要充分注意数据之间的联系，要有主要的计算公式。

列表法的优点是简单明了，形式紧凑，各数据易于参考比较，便于表示有关物理量之间的对应关系，便于检查和发现实验中存在的问题及分析实验结果是否合理，便于归纳总结，从中找出规律性的联系。缺点是数据变化的趋势不够直观，求取相邻两数据的中间值

时，还需要借助插值公式进行计算等。

要注意，原始数据记录表格与实验数据处理表格是有区别的，不能相互代替，原始数据表格中不必包含需进行计算的量。要动脑筋，设计出合理完整的表格。

例 1　用测量显微镜测量小钢球的直径，用列表法计算其表面积及不确定度（可将原始数据和运算数据都在表格中体现，平均值和 A 类不确定度用函数计算器算出），直径 D 的 A 类不确定度的估算列表如下。

表 1-7-1

仪器精度 $\Delta x=0.01$　　单位：mm

次序 n	初读数	末读数	直径		$U_A/\times 10^{-3}$
			D_i	$\overline{D}$	
1	10.441	11.437	0.996		
2	12.285	13.287	1.002		
3	15.417	16.409	0.992		
4	18.639	19.632	0.993	0.997	$U_A=s_D=\sqrt{\frac{\sum(\Delta D_i)^2}{n-1}}=4.3$
5	21.364	22.360	0.996		
6	25.474	26.474	1.000		
7	11.458	12.460	1.002		

二、作图法

作图法是在坐标纸上用曲线或几何图形描述有关物理量之间的关系，它是一种被广泛用来处理实验数据的方法，特别是在还没有完全掌握物理量之间的变化规律或还没有找到适当函数表达式时，用作图法来表示实验结果，常常是一种很方便、有效的方法。为了使图线能清晰、定量地反映出物理量的变化规律，并能从图线上准确地确定物理量值或求出有关常量，必须按照一定的规则作图。

1. 作图规则

(1)图纸选择。作图一定要用坐标纸，根据需要选用直角坐标纸、单对数或双对数坐标纸等。坐标纸的大小以不损失实验数据的有效数字和能包括全部数据为原则。图纸上的最小分格一般对应测量数据中可靠数字的最末一位。作图时不要增减有效数字位数。

(2)确定坐标轴的比例和标度。通常以横轴表示自变量，纵轴表示因变量。用粗实线画出两个坐标轴，注明坐标轴代表的物理量的名称（或符号）和单位。选取适当的比例和坐标轴的起点，使图线比较对称地充满整个图纸，不要偏在一边或一角。坐标轴的起点不一定要从零开始，可选小于数据中最小值的某一个整数作为起点。坐标轴的比例，即坐标分度值要便于数据点的标注和不用计算就能直接读出图线上各点的坐标，最小分格代表的数字应取 1、2、5 等。轴上要每隔一定的相等间距标上整齐的数字。横轴和纵轴的比例和标度可以不同。

(3)标点和连线。用削尖的铅笔尖，以＋、⊙、⊗等符号在坐标纸上准确标出数据点的位置。除校正图线要连成折线外，一般应根据数据点的分布和趋势连接成细而光滑的直线或曲线。连线时要用直尺或曲线板等作图工具。图线的走向，应尽可能多的通过或靠近各实验数据点，即不是一定要通过每一个数据点，而是应使处于图线两侧的点数相近。如一张图上要画几条图线，则要选用不同的标记符号。

(4)写图名和图注。图名的字迹要端正，最好用仿宋体，位置要明显。简要写出实验的条件，必要时还要写注释或说明。

2. 作图举例

设 x 为自变量，y 为因变量，测得一组组合测量值如表 1-7-2 所示，作图如图 1-7-1 所示。

表 1-7-2

x/cm	30.0	40.0	50.0	60.0	70.0	80.0	90.0	100.0
y/cm	48.7	55.1	61.0	67.2	73.1	78.3	85.8	92.0

(1)求斜率。当组合测量的物理量之间的关系系数是一常数时，图线呈直线形，关系式为 $y=a+bx$，斜率为 b，截距为 a。在直线上任选两点(最好在直线两端附近)，或者选用正好落在直线的两个实验点，设两点的坐标分别为(x_1,y_1)，(x_2,y_2)，可求斜率 b(一般常用 k 表示斜率)：

$$k=b=\frac{y_2-y_1}{x_2-x_1} \tag{1-7-1}$$

计算过程中应注意 x 和 y 的单位。

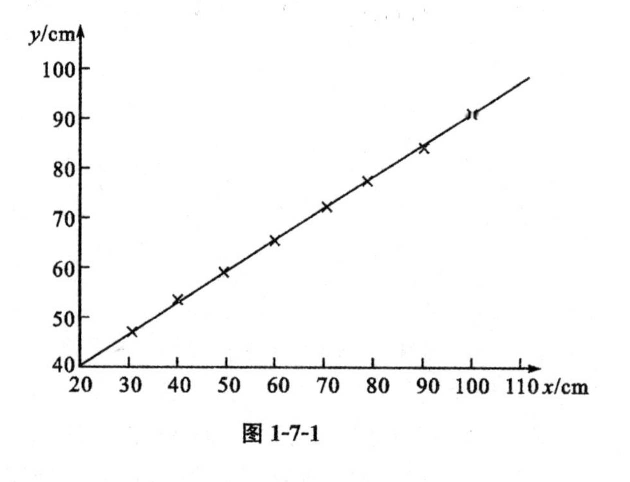

图 1-7-1

(2)求截距。截距 a 的值即为 $x=0$ 的 y 值。可直接将直线延长与纵轴相交，由图中直接读出相交点的 y 值，此为外推法求截距 a。

但有时 x 轴的零点位置不在图中，如果要在图上直接读出截距，需将直线延长出坐标轴外，而且在延长直线的过程中其斜率难免有一定的变化，因此可从图线上找出一点(x_3,y_3)，利用点斜式求出截距 a：

$$a=y_3-\frac{y_2-y_1}{x_2-x_1}x_3 \tag{1-7-2}$$

(3)内插法求未知物理量。对于那些没有直接测量到的 x 值和 y 值，如 $x=55$ 时 y 值是多少？画出图线后，便可直接从图上读出 $x=55$ 时的 y 值来。这即为内插法。

3. 曲线改直

因为直线是作图中最容易绘制的图线，用起来也最方便，所以常将许多函数形式，经过适当变换，得到线性关系，再绘出直线图。如 $y=ax^b$，其中 a、b 为常量，可变换成对数形式 $\lg y=b\lg x+\lg a$，$\lg y$ 为 $\lg x$ 的线性函数，斜率为 b，截距为 $\lg a$。

常用的可以线性化的函数列举如下：

(1)$y=ae^{-bx}$，a、b 为常量，两边取自然对数后变换为

$$\ln y=-bx+\ln a$$

$\ln y$-x 图的斜率为$-b$，截距为 $\ln a$。

(2)$y=a\cdot b^x$，a、b 为常量，两边取常用对数后变换为

$$\lg y=\lg b\cdot x+\lg a$$

$\lg y$-x 图的斜率为 $\lg b$，截距为 $\lg a$。

(3)$xy=c$，c 为常量，则有

$$y=c\cdot\frac{1}{x}$$

y-$\frac{1}{x}$图的斜率为 c。

(4)$y^2=2px$，p 为常量，则 y^2-x 图的斜率为 $2p$。

(5)$x^2+y^2=a^2$，a 为常量，则有

$$y^2=a^2-x^2$$

y^2-x^2 图的斜率为-1，截距为 a^2。

(6)$y=\frac{x}{a+bx}$，a、b 为常量，则有

$$y=\frac{1}{(a/x)+b},\frac{1}{y}=\frac{a}{x}+b$$

$\frac{1}{y}$-$\frac{1}{x}$图的斜率为 a，截距为 b。

三、逐差法

逐差法是数值分析中使用的一种方法，也是物理实验中常用的数据处理方法。所研究的物理过程中，当变量之间的函数关系呈现多项式形式时，即

$$y=a_0+a_1x+a_2x^2+a_3x^3+\cdots$$

且自变量 x 是等间距变化的，则可以采用逐差法处理数据。

逐差法是把实验测得的数据进行逐项相减，以验证函数是否是多项式关系；或者将数据顺序分成前、后两半，后半与前半对应项相减后求其平均值，以得到多项式的系数。由于测量准确度的限制，逐差法仅用于一次和二次多项式。为了说明这种方法，仍用伏安法测电阻的实验数据，对其逐项相减及分半等间隔相减的结果，列于表 1-7-3 中。

表 1-7-3

次序 i	1	2	3	4	5	6	7	8	9	10
U_i/V	0.00	1.00	2.00	3.00	4.00	5.00	6.00	7.00	8.00	9.00
I_i/mA	0	24	48	70	94	118	141	164	187	209
$\delta_1 I=I_{i+1}-I_i$/mA	24	24	22	24	24	23	23	23	22	
$\delta_5 I=I_{i+5}-I_i$/mA	118	117	116	117	115					

表中 $\delta_1 I$ 一栏是相邻两项逐项相减的结果，为一次逐差，其数值基本相等，说明电流 I 与电压 U 存在线性关系。$\delta_5 I$ 一栏是间隔五项依次相减，也是一次逐差，其平均值为 $\overline{\delta_5 I}=\frac{1}{5}(118+117+116+117+115)=117\ \text{mA}$，那么电阻值为 $R=\frac{5\delta U}{\delta_5 I}=\frac{5\times 1.00}{117\times 10^{-3}}=42.7\ \Omega$，与图解法处理数据所得的结果基本相同，函数式为 $I=\frac{1}{42.7}U$ 或 $U=42.7I$。

1. 验证多项式

如果函数逐项相减，依次逐差结果是常量时，则函数是线性函数，即

$$y=a_0+a_1x$$

成立，如上例。如果函数值逐项相减后，再逐项相减，即二次逐差的结果是常量时，则

$$y=a_0+a_1x+a_2x^2$$

成立。如自由落体运动的路程 s 与时间 t 的关系为 $s=s_0+v_0t+\frac{1}{2}gt^2$。

2. 求物理量的数值

用逐差法可以求出多项式中自变量的各次项系数，如前例伏安法测电阻。需要指出，在用逐差法求系数值时，要计算逐差值的平均值，不能逐项逐差，而必须把数据分成前、后两半，后半与前半对应项逐差，才有对数据取平均值的效果。如果逐项逐差后再平均，则有

$$\overline{\delta_1 I}=\frac{1}{9}[(I_2-I_1)+(I_3-I_2)+\cdots+(I_{10}-I_9)]=\frac{1}{9}(I_{10}-I_1)$$

这里最终只用了第一个和最后一个数据，中间的其余数据均被正负抵消，相当于只测了两个数据，这显然是不合理的。

3. 逐差法的优点和局限性

逐差法的优点是方法简单，计算方便，充分利用测量数据，具有对数据取平均和减小相对误差的效果，最大限度地保证不损失有效数字，绕过一些具有定值的未知量求出实验结果，发现系统误差或实验数据的某些变化规律等等。

局限性是有较严格的使用条件：函数必须是一元函数，且可写成自变量的多项式形式。自变量必须是等间距变化，一般测量偶数次，以便逐差。

四、最小二乘法与线性回归

1. 最小二乘法

最小二乘法是一种解决怎样从一组测量值中寻求最可靠值或者最可信赖值的方法。对于等精度测量，所得的测量误差是无偏(无粗差，也排除了测量的系统误差)，服从高斯分布且相互独立，则测量结果的最可靠值是各次测量值相应的偏差平方和为最小时的那个值，即算术平均值。因为最可靠值是在各次测量值的偏差平方和为最小的条件下求得的，当时(18 世纪初)把平方叫二乘，故称最小二乘法。最小二乘法是以误差理论为依据的严格、可靠的方法，有准确的置信概率。按最小二乘法处理测量数据能充分地利用误差的抵偿作用，从而可以有效地减小随机误差的影响。

2. 回归分析

相互关联的变量之间的关系可以分成两类。一类是变量之间存在着完全确定的关系叫作函数关系；一类是变量之间虽然有联系，但由于测量中随机误差等因素的影响，造成了变量之间联系的不同程度的不确定性，但从统计上看，它们之间存在着规律性的联系，这种关系叫相关关系。相关变量之间既相互依赖，又有某种不确定性。回归分析法是处理变量间相关关系的数理统计方法。回归分析就是通过对一定数量的观测数据所作的统计处理，找出变量间相互依赖的统计规律。如果存在相关关系，就要找出它们之间的合适的数学表达式，由实验数据寻找经验方程称为方程的回归或拟合，方程的回归就是要用实验数据求出方程的待定系数。在回归分析中为了估算出经验方程的系数，通常利用最小二乘法。得到经验方程后，还要进行相关显著性检验，判定所建立的经验方程是否有效。回归分析所用的数学模型主要是线性回归方程，根据相关变量的多少，回归分析又可分为一元回归和多元回归。回归处理法的优点，在于理论上比较严格，在函数形式确定后，结果是唯一的。

3. 用最小二乘法进行一元线性回归（直线拟合）

（1）回归方程系数的确定。

一元线性回归方程为

$$y=a+bx \tag{1-7-3}$$

最小二乘法一元线性回归的原理是：若能找到一条最佳的拟合直线，那么各测量值与这条拟合直线上各对应点的值之差的平方和，在所有拟合直线中应该是最小的。利用最小二乘法就是要由一组实验数据 $x_i,y_i(i=1,2,3,\cdots,k)$ 找出一条最佳的拟合直线来，也就是要求出回归方程的系数 a 和 b 的值。

在经典的回归分析中，总是假定：①自变量 x 不存在测量误差，是准确的；②因变量 y 是通过等精度测量得到的只含有随机误差的测得值，误差服从高斯分布；③在因变量 y 的测得值中，粗大误差和系统误差已被排除。

在实际应用时，要把相对来说误差较小的变量作为自变量，实验过程中不要改变测量方法和条件，首先剔除粗差，存在系统误差的要对测得值进行修正。这样就能满足上述假定的要求。

式(1-7-3)表示的是一条直线，如图 1-7-2 所示，由于 y 存在测量误差，实验点不可能全部重合在该直线上。对于与某个 x_i 相对应的测量值 y_i，与用回归法得到的直线式(1-7-3)在 y 方向的偏差为

$$\varepsilon_i=y_i-y=y_i-(a+bx_i) \quad (i=1,2,3,\cdots,k) \tag{1-7-4}$$

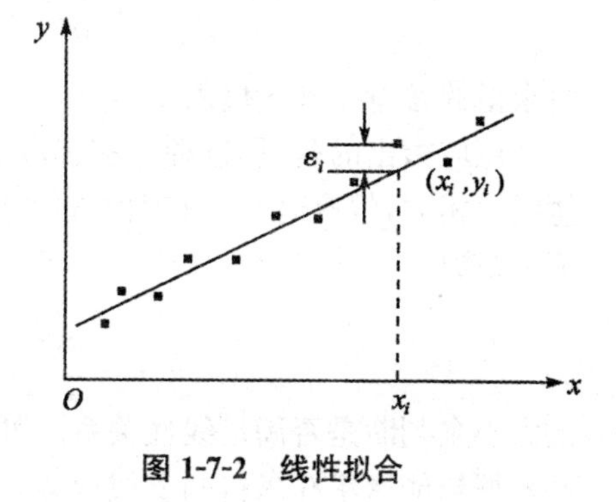

图 1-7-2　线性拟合

ε_i 的正负和大小表示实验点在直线两侧的离散程度。ε_i 的值与 a、b 的取值有关。为使偏差的正

值和负值不发生抵消，且考虑到全部实验值的贡献，根据最小二乘法原理，应当计算 $\sum_{i=1}^{k}\varepsilon_i^2$ 的大小。如果 a 和 b 的取值使 $\sum_{i=1}^{k}\varepsilon_i^2$ 最小，将 a 和 b 的值代入式(1-7-3)，就得到这组测量数据所拟合的最佳直线。

$$\sum_{i=1}^{k}\varepsilon_i^2 = \sum_{i=1}^{k}(y_i - a - bx_i)^2 \tag{1-7-5}$$

为求其最小值，把上式分别对 a、b 求一阶偏导数，并令其等于零，得

$$\frac{\partial\sum_{i=1}^{k}\varepsilon_i^2}{\partial a} = -2\sum_{i=1}^{k}(y_i - a - bx_i) = 0$$

$$\frac{\partial\sum_{i=1}^{k}\varepsilon_i^2}{\partial b} = -2\sum_{i=1}^{k}(y_i - a - bx_i)x_i = 0$$

将上式两边同除以 k，整理后得

$$\begin{aligned} \overline{x}b + a &= \overline{y} \\ \overline{x^2}b + \overline{x}a &= \overline{xy} \end{aligned} \tag{1-7-6}$$

式中，

$$\overline{x} = \frac{1}{k}\sum_{i=1}^{k}x_i$$

$$\overline{y} = \frac{1}{k}\sum_{i=1}^{k}y_i$$

$$\overline{x^2} = \frac{1}{k}\sum_{i=1}^{k}x_i^2$$

$$\overline{xy} = \frac{1}{k}\sum_{i=1}^{k}\overline{x_i y_i}$$

式(1-7-6)的解为

$$\begin{aligned} b &= \frac{\overline{x}\cdot\overline{y} - \overline{xy}}{\overline{x}^2 - \overline{x^2}} \\ a &= \overline{y} - b\,\overline{x} \end{aligned} \tag{1-7-7}$$

将求得的参量 a 和 b 代入 $y=a+bx$，即可得经验方程。

还应指出的是，用这种方法求常数项 a、一次项系数 b 的前提条件是假设 x、y 两个变量线性相关，但有时并没有太大的把握判断它们一定线性相关，在这种情况下，还要根据相关系数

$$r = \frac{\overline{xy} - \overline{x}\cdot\overline{y}}{\sqrt{(\overline{x^2} - \overline{x}^2)(\overline{y^2} - \overline{y}^2)}} \tag{1-7-8}$$

的大小来判断是否满足线性关系。可以证明，r 总在 0 和 ±1 之间，r 越接近 ±1，说明实验数据越能密集在求得的直线近旁，x 与 y 两个变量线性相关，用线性函数进行回归比较合理。当 r 越接近 0 时，说明实验数据对求得的直线很分散，两个变量彼此独立，此时用线性回归不妥，必须用其他函数重新试探。

4. 最小二乘法处理数据——Origin 软件使用简介

关于实验数据的处理及分析，还可以使用 Excel 或者 Origin 软件帮助分析，二者均是基于最小二乘法原理对数据进行拟合，Excel 对数据的处理界面比较容易学习和掌握，在此不再详述。接下来我们介绍一下 Origin8.0 版本的基本使用方法。

首先，软件安装完成后，双击软件名称即可打开。图 1-7-3 为含有数据 Book1 *t*-*s* 的 Origin 打开界面，软件中最常用的按钮包括 File、Plot、Column 和 Analysis 等，图中标出了它们的位置和主要功能。实验数据处理之前，需要将数据填入表格 Book 中，如图中所填两列数据 *A*(*X*)和 *B*(*Y*)分别为时间 *t* 和位移 *s*，对应单位是 s 和 cm。当有多组数据时可增加数据列或者新建表格。"选中"表格中两列需要画图的数据后，利用图中⑦指示选择"点线"图标就可自动画图，生成如图 1-7-4 所示的 Graph 界面。为了使曲线图更完整和规范，可分别对图中数据轴(*X*,*Y*)、测量量名称和单位、曲线图标及线型作相应的修改，图 1-7-5 给出了相对规范的结果，而且标明了曲线的图名。

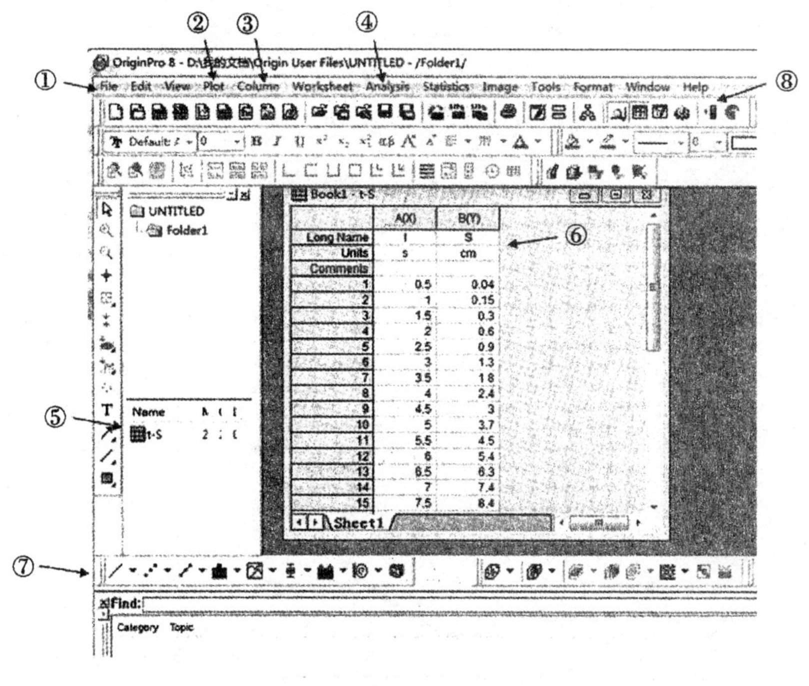

图 1-7-3

图 1-7-3 各部分介绍如下：

①File：包含文件的新建、另存及数据的导入和导出。

②Plot：画图形式的选择——散点、点线、柱形或三维等。

③Column：选中 Book1 后，可对数据列设定 *X* 或 *Y* 轴。

④Analysis：主要会用到其中的拟合功能(线性、多项式和自定函数)，另有积分和求导等功能。

⑤Book 表的重命名。

⑥Book1 中"Long Name"为测量量名称，"Units"为其单位。

⑦数据画图时的快捷画法——线型、散点、点线、柱形或三维。

⑧每次点击后可增加当前打开的数据表 Book1 中的数据列一项。

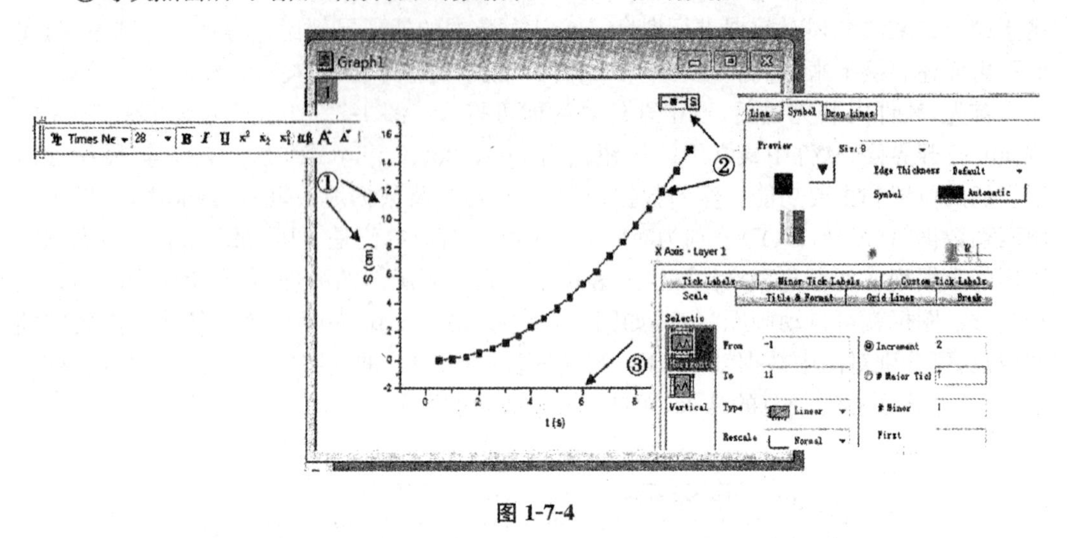

图 1-7-4

图 1-7-4 各部分介绍如下:

①自变量和因变量的名称(或符号)、单位及坐标轴的标度值被鼠标双击后,即可在操作界面的左上方对字体、字号和位置进行调整。

②鼠标双击“点线”后,可出现对线型和点标的尺寸、符号及颜色等进行选择。

③坐标轴被双击后,对坐标轴的范围、步长、四周坐标轴形式(线性、指数或对数)等进行调整。

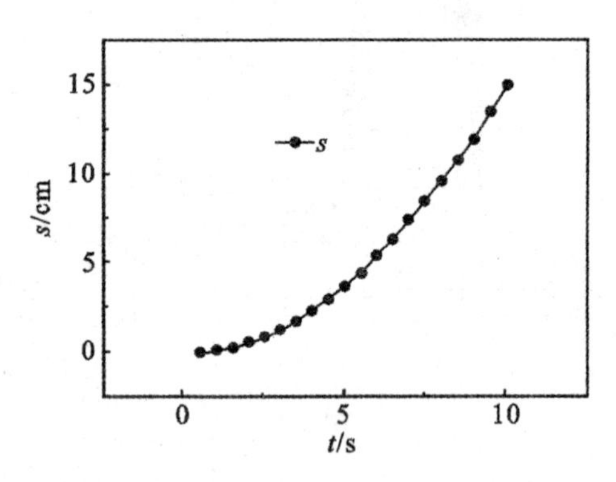

图 1-7-5 位移 s 随时间 t 的变化曲线

对实验数据进行拟合分析就需要用到 Origin 软件中的数据分析功能,选中对应的实验数据所在的图 Graph1,然后点击“Analysis”按钮,选择下拉菜单中的“Nonlinear Curve Fit”,可弹出如图 1-7-6 所示的拟合方式选择及对应的拟合方程形式及参数,然后根据“校正决定系数”(Adj. R-square,描述非线性或者两个及两个以上自变量的相关关系,其值范围是[0,1],数值越大相关程度越大)判断拟合方程的优劣。图 1-7-7 给出了图 1-7-4 中示例曲线的拟合结果,由此可以确定位移与时间二者之间的关系符合初速度为零的匀加速直线运动方程。如果数据符合线性关系，则在点击“Analysis”按钮后，选择下拉菜单中的“Linear Fit”直接进行拟合即可。

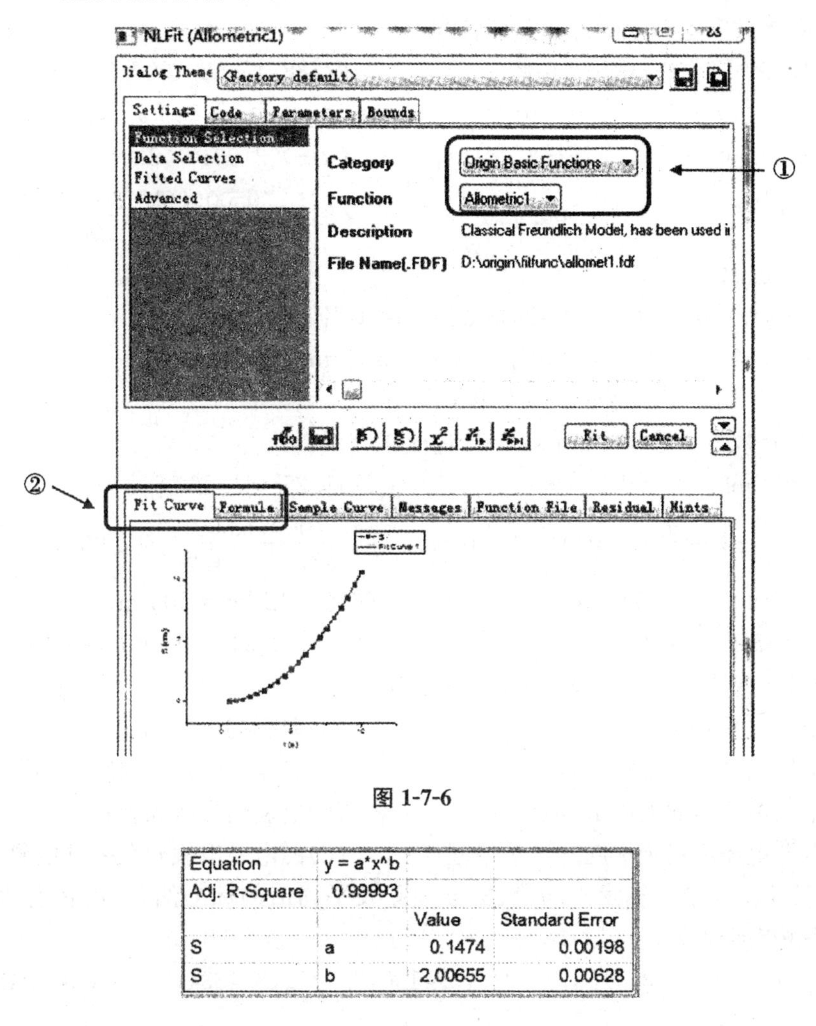

图 1-7-6

Equation	y = a*x^b		
Adj. R-Square	0.99993		
		Value	Standard Error
S	a	0.1474	0.00198
S	b	2.00655	0.00628

图 1-7-7

以上是大学阶段批量处理实验数据时常使用的几个方法，关于 Origin 软件更深入系统的使用方法，大家可以通过网络查询更多详细的介绍。

习　题

1. 下列各量是几位有效数字？

(1)地球平均半径 $R=6\ 371.22$ km；

(2)地球到太阳的平均距离 $s=1.496\times10^{8}$ km；

(3)真空中的光速 $c=299\ 792\ 458\ \mathrm{m\cdot s^{-1}}$；

(4)$l=0.000\ 4$ cm；　　　　(5)$T=1.000\ 5$ s；

(6)$E=2.7\times10^{25}$ J；　(7)$\lambda=339.223\ 140$ nm；

(8)$d=0.080\ 80$ m。

2. 按有效数字运算规则计算下列各式：

(1)$343.37+75.8+0.638\ 6=$　(2)$88.45-8.180-75.54=$

(3)$6.92\times10^5-5.0+1.0\times10^2=$　(4)$91.2\times3.715\ 5\div1.0=$

(5)$(8.42+0.052-0.47)\div2.001=$　(6)$\pi\times3.001^2\times3.0=$

(7)$(100.25-100.23)\div100.22=$　(8)$\dfrac{50.00\times(18.30-16.3)}{(103-3.0)\times(1.00+0.001)}=$

3. 单位变换：

(1)$m=(1.750\pm0.003)$ kg，写成以 g、mg、t(吨)为单位；

(2)$h=(8.54\pm0.04)$ cm，写成以 m、mm、m、km 为单位；

(3)$t=1.8\pm0.1$ 分，写成以秒为单位。

4. 按照有效数字运算规则和误差理论改正错误：

(1)2 000 mm=2 m；　(2)$1.25^2=1.562\ 5$；

(3)$V=\dfrac{1}{6}\pi d^3=\dfrac{1}{6}\pi(6.00)^3=1\times10^2$；　(4)$\dfrac{400\times1\ 500}{12.60-11.6}=600\ 000$；

(5)$d=10.435\pm0.02$ cm；　(6)$L=12$ km±100 m；

(7)$T=85.00\pm0.35$ s；　(8)$Y=(1.94\times10^{11}\pm5.79\times10^9)$ N·m^{-2}。

5. 指出下列情况是系统误差还是随机误差：

(1)千分尺零点不准；　(2)游标的分度不均匀；

(3)水银温度计毛细管不均匀；　(4)忽略空气浮力对称量的影响；

(5)不良习惯引起的读数误差；　(6)电表的接入误差；

(7)电源电压不稳定引起的测量值起伏；　(8)磁电系电表永久磁铁的磁场减弱。

6. 计算下列误差的算术平均值、标准偏差及平均值的标准偏差，正确表达测量结果(包括计算相对误差)。

(1)l_i/cm：3.4298，3.4256，3.4278，3.4190，3.4262，3.4234，3.4263，3.4242，3.4272，3.4216；

(2)t_i/s：1.35，1.26，1.38，1.33，1.30，1.29，1.33，1.32，1.34，1.29，1.36；

(3)m_i/g：21.38，21.37，21.37，21.38，21.39，21.35，21.36。

7. 改写成正确的误差传递式(算术合成法)。

(1)$E=\dfrac{4\rho l^3}{\lambda ab^3}$，　$\dfrac{\Delta E}{E}=\dfrac{\Delta\rho}{\rho}+\dfrac{\Delta l}{l^3}-\dfrac{\Delta\lambda}{\lambda}-\dfrac{\Delta a}{a}-\dfrac{\Delta b}{b^3}$；

(2)$V=\dfrac{1}{6}\pi d^3$，　$\dfrac{\Delta V}{V}=\dfrac{1}{2}\pi\dfrac{\Delta d}{d}$；

(3)$N=\dfrac{1}{2}x-\dfrac{1}{3}y^3$，　$\Delta N=\Delta x+3\Delta y$；

(4)$\eta=\dfrac{(\rho-\rho_0)gd^2}{18v_0}$，　$\dfrac{\Delta\eta}{\eta}=\dfrac{\Delta\rho}{\rho}+\dfrac{\Delta\rho_0}{\rho_0}+\dfrac{\Delta g}{g}+2\dfrac{\Delta d}{d}+\dfrac{\Delta v_0}{v_0}$；

(5)$N=x^2-2xy+y^2$，　$\Delta N=2\Delta x+2\Delta x\Delta y+2\Delta y$；

(6) $L=b+\frac{d}{D^2}$，　$\Delta L=\Delta b+\Delta d+\frac{1}{2}\Delta D$；

(7) $R=\sqrt[n]{x}$，　$\frac{\Delta R}{R}=n\frac{\Delta x}{x}$；　(8) $N=k\sin x$，　$\Delta N=\Delta K+\tan x$。

8. 求出下列函数的算术合成法误差传递公式(等式右端未经说明者均为直接测量量，绝对误差或相对误差任写一种)。

(1) $N=x+y-2z$；　(2) $Q=\frac{k}{2}(A^2+B^2)$，k 为常量；

(3) $N=\frac{1}{A}(B-C)D^2-\frac{1}{2}$；　(4) $f=\frac{ab}{a-b}(a\neq b)$；

(5) $f=\frac{A^2-B^2}{4A}$；　(6) $I_2=I_1(\frac{r^2}{r_1})^2$；

(7) $V_0=\frac{V}{\sqrt{1+at}}$，$a$ 为常量；　(8) $n=\frac{\sin i}{\sin r}$。

9. 改正标准偏差传递式中的错误。

(1) $L=b+\frac{1}{2}d$，$s_L=\sqrt{s_b^2+\frac{1}{2}s_d^2}$；

(2) $L_0=\frac{L}{1+at}$，a 为常量；$\frac{s_{L_0}}{L_0}=\sqrt{\left(\frac{s_L}{L}\right)^2+\left(\frac{as_t}{t}\right)^2}$；

(3) $v=\frac{1}{2L}\sqrt{\frac{mgl_0}{m_0}}$，$g$ 为常量；$\frac{s_v}{v}=\sqrt{\left(\frac{s_L}{L}\right)^2+\frac{1}{2}\left(\frac{s_m}{m}\right)^2+\frac{1}{2}\left(\frac{s_{l_0}}{l_0}\right)^2+\frac{1}{2}\left(\frac{s_{m_0}}{m_0}\right)^2}$。

10. 计算下列各式，并估算不确定度。

(1) $N=A+B-\frac{1}{3}C$，$A=(0.576\ 8\pm0.000\ 2)$ cm

$B=(85.07\pm0.02)$ cm，$C=(3.247\pm0.002)$ cm

(2) $V=(1\ 000\pm1)$ cm^3，求 $\frac{1}{V}=?$

(3) $R=\frac{a}{b}x$，$a=(13.65\pm0.02)$ cm，$b=(10.871\pm0.005)$ cm，$x=(67.0\pm0.8)$ Ω

(4) $v=\frac{h_1}{h_1-h_2}$，$h_1=(45.51\pm0.02)$ cm，$h_2=(12.20\pm0.02)$ cm

11. 用一级千分尺(示值误差为±0.004 cm)测量某物体的厚度10次，数据为14.298，14.256，14.278，14.290，14.262，14.234，14.263，14.242，14.272，14.216(mm)。求厚度及其不确定度，正确表示测量结果。

12. 利用单摆测定重力加速度 g，当摆角很小时有 $T=2\pi\sqrt{\frac{l}{g}}$ 的关系。式中，T 为周期，l 为摆长，它们的测量结果分别为 $T=1.984\ 2\pm0.000\ 2$ s，$l=98.81\pm0.02$ cm，求重力加速度及其不确定度，写出结果表达式。

13. 已知某空心圆柱体的外径 $D=3.800\pm0.004$ cm，高 $h=6.276\pm0.004$ cm，求体积 V 及其不确定度，正确表示测量结果。

讨论题

1. 测量结果都存在误差的原因是什么？
2. 服从高斯分布的随机误差有哪些统计规律？
3. 单次测量结果如何表示？
4. 如何计算多次等精度测量的标准偏差及平均值的标准偏差？
5. 如何推导误差传递公式？
6. 如何发现实验中存在系统误差？怎样消除或减小系统误差？举例说明。
7. 什么是仪器的灵敏度？
8. 测量不确定度如何分类？直接测量的不确定度如何估算？怎样合成？
9. 间接测量不确定度的传递公式如何求得？
10. 如何正确完整表示测量结果？
11. 什么是有效数字？直接测量结果有效数字位数的多少与什么有关？
12. 使用有效数字要注意些什么？
13. 数字截尾的舍入规则是怎样规定的？
14. 列表法处理数据有哪些要求？
15. 实验作图有哪些要求？怎样求直线的斜率和截距？
16. 如何用逐差法求物理量的数值？举例说明。
17. 用最小二乘法进行一元线性回归的原理是什么？

第二部分　力学、热学实验

实验一　测长仪器的使用

长度是最基本的物理量之一。长度的测量方法有很多种，例如，可以用米尺、游标卡尺等工具直接测量物体长度，也可以采用干涉法等间接测量。在实际测量中通常会根据被测对象及对测量精度的要求选择合适的测量方法和测量仪器。

[实验目的]

(1)掌握游标卡尺、螺旋测微器、测量显微镜的测量原理和使用方法。

(2)学习一般测长仪器的读数规则。

(3)掌握有效数字的基本概念与等精度测量误差的估算方法。

[实验仪器及介绍]

1. 实验仪器

游标卡尺、螺旋测微器、测量显微镜、圆垫片、学生用三角板。

2. 仪器介绍

(1)游标卡尺。为了提高测量精度，利用游标原理对米尺改进以后的测长仪器称为游标卡尺。其构造如图 2-1-1 所示，主要由主尺和游标构成。游标可以沿着主尺左右滑动，当游标沿主尺滑动时，量爪之间的距离随之改变，从而可以对不同的长度进行测量。

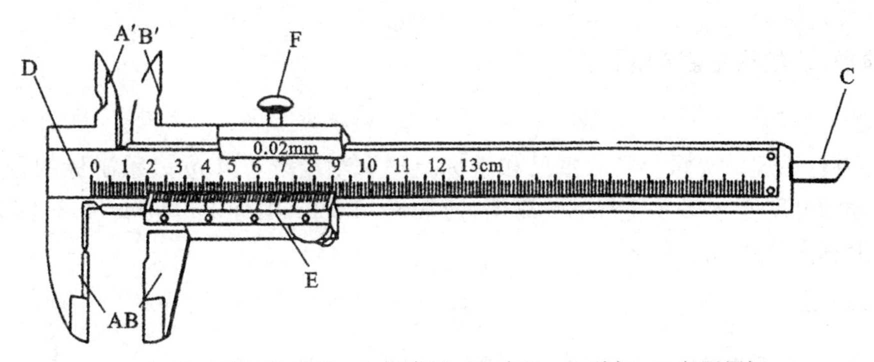

A, B, A′, B′. 量爪　C. 深度尺　D. 主尺　E. 游标　F. 紧固螺钉

图 2-1-1

(2)螺旋测微器。应用螺旋测微原理制成的测长仪器叫作螺旋测微器，因为其读数可读到 0.001 mm，又叫作千分尺，构造如图 2-1-2 所示。螺旋测微器主要由一根加工精密的螺旋杆、带有刻度的螺母套筒(固定套筒＋微动套筒)及支架组成。固定套筒固定在支

架上，微动套筒套于固定套筒外面并可绕固定套筒旋进。微动套筒绕固定套筒旋进时会带动螺旋杆沿套筒轴向移动，从而对不同的长度进行高精度测量。

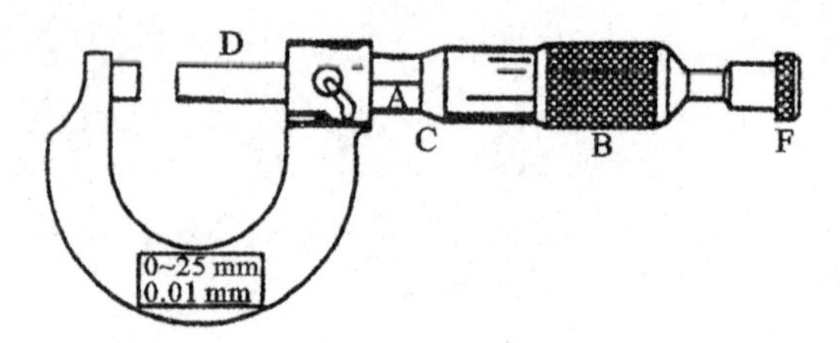

A.固定套管 B.微动套筒 C.微分筒 D.测量面 F.棘轮

图 2-1-2 螺旋测微器

(3)测量显微镜。测量显微镜是将测微螺旋、游标和显微镜组合而成的仪器，可精确测量不能用夹持量具测量的微小长度。如图 2-1-3 所示，测量显微镜的主要构造可分为光学部分和机械部分。光学部分是一个长焦距的显微镜。机械部分主要是底座、由丝杆带动的滑台以及读数标尺等。

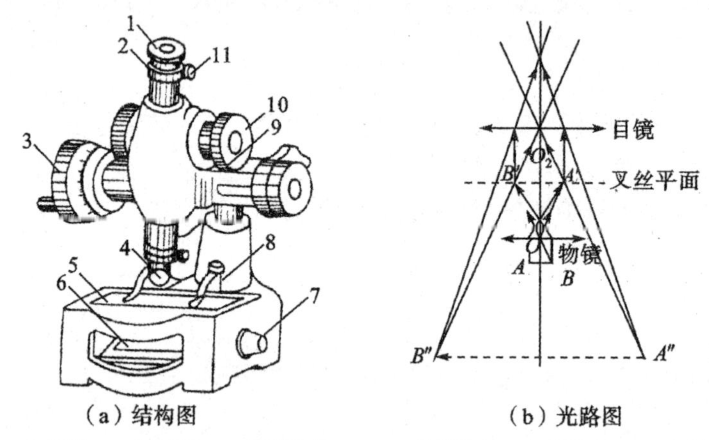

(a) 结构图　　(b) 光路图

1. 目镜 2. 锁紧圈 3. 测微鼓轮 4. 45°反射物镜 5. 载物台 6. 反光镜 7. 反光镜调节手轮 8. 弹簧压片 9. 标尺和读数准线 10. 调焦手轮 11. 锁紧螺钉

图 2-1-3 测量显微镜

[仪器原理、读数及注意事项]

1. 游标卡尺

(1)游标原理。游标卡尺的主尺和游标上均有刻度。若以 m 表示游标的分度数，x 表示游标的分度值，y 表示主尺的分度值，通常 $y=1$ mm，则有 $mx=(m-1)y$，因此，主尺与游标上每个分度值之差为

$$\delta_x = y - x = \frac{1}{m}y \qquad (2\text{-}1\text{-}1)$$

一般称 δ_x 为游标常量，是游标的最小读数值，即游标的测量精度。

游标的刻度一般有 10 分度、20 分度或 50 分度，当主尺的最小分度值为 1 mm 时，对应的游标常量分别为 0.1 mm、0.05 mm 或 0.02 mm。游标卡尺的工作原理也可以理解为：为了提高精度，又对主尺上的 1 mm，做了 10 分度、20 分度或 50 分度的等分。50 分度的游标卡尺比较常用。

(2)读数原理。使用游标卡尺测量长度时，整毫米的长度从主尺上读取，1 mm 以内

的长度从游标上读取。

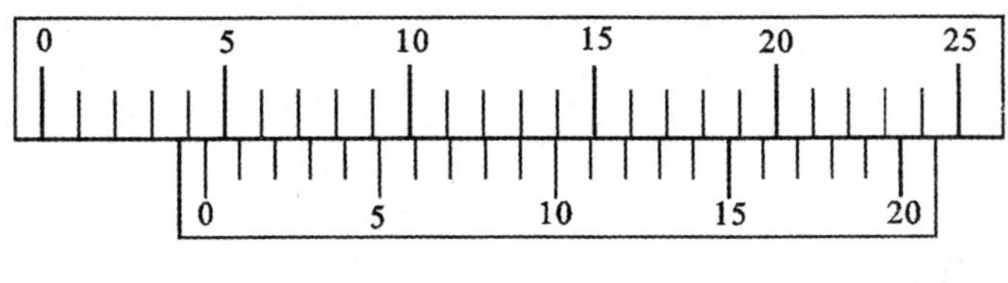

图 2-1-4

如图 2-1-4 所示，是 20 分度的游标卡尺，根据公式(2-1-1)可知其游标常量为 0.05 mm，主尺上读得 4 mm，超过的部分，在游标上读得。仔细寻找游标与主尺上对的最齐的那条刻线，并读取该刻线在游标上的读数，记为 k，那么游标上读取的测量长度为 $\delta_x \times k$。图 2-1-4 中游标上对得最齐的刻线的读数为 9，则有 0.05×9=0.45 mm。所以被测物体的长度为 $L=4+0.45=4.45$ mm。

(3)注意事项。使用游标卡尺测量时，要注意校正零点。即在测量前，将量爪 A、B 合拢检查游标上的"0"线与主尺上的"0"线是否重合，如果不重合，应记下相应的读数，即零点读数，以备测量时对结果进行修正。

另外，在使用游标卡尺时，要特别注意保护量爪。测量时，只要把物体轻轻卡住即可，特别强调不允许把夹紧的物体乱摇动，以免损坏量刃。

2. 螺旋测微器

(1)螺旋测微原理。螺旋测微器固定套筒上的刻度实际是沿轴向的刻度标尺，最小分度值为 0.5 mm(或 1 mm)，正好等于螺杆的螺距(螺距：微动套筒绕固定套筒旋转一周，微动套筒沿轴向移动的距离，也是测微螺杆沿套筒轴向移动的距离)。微动套筒的周边均匀刻有 50 分度(或 100 分度)，微动套筒转动一周，它(连同螺杆)沿轴向刚好移动 0.5 mm(或 1 mm)。这样，微动套筒每转动一个分度，螺杆前进 0.01 mm，测量长度精确改变 0.01 mm，即利用螺旋测微器进行长度测量时，其测量精度可达到 0.01 mm。根据一般仪器读数原则，估读最小分度的 1/10，即可读数到 0.001 mm。上述测量长度的原理被称为螺旋测微原理。

(2)螺旋测微器的读数。与游标卡尺类似，测量结果的读取分为两部分。首先从固定套筒的标尺上读取 0.5 mm 整数倍的长度，即露出微动套筒边缘的固定套筒主尺上刻线读数。不足 0.5 mm 的长度从微动套筒上读取。

如图 2-1-5(a)所示露出微动套筒边缘的固定套筒标尺上刻线读数是 6 mm；微动套筒与主尺横刻线对准的读数是 45.3，则微动套筒的读数是 45.3×0.01=0.453 mm，所以图 2-1-5(a)所示的测量结果为 6+0.453=6.453 mm。图 2-1-5(b)的主尺读数是 6.5 mm，微动套筒的读数是 45.3×0.01=0.453 mm，那么图 2-1-5(b)所示的测量结果为 6.5+0.453=6.953 mm。

(3)注意事项。在正式测量之前要先测量空物体的读数，即零点读数，以备对测量数据作零点修正。如图 2-1-6(a)所示，对测量结果影响偏大，零点读数是+0.003 mm；图 2-1-6(b)所示，对测量结果影响偏小，零点读数是−0.012 mm。物体的实际长度应从测量值中减去零点读数。

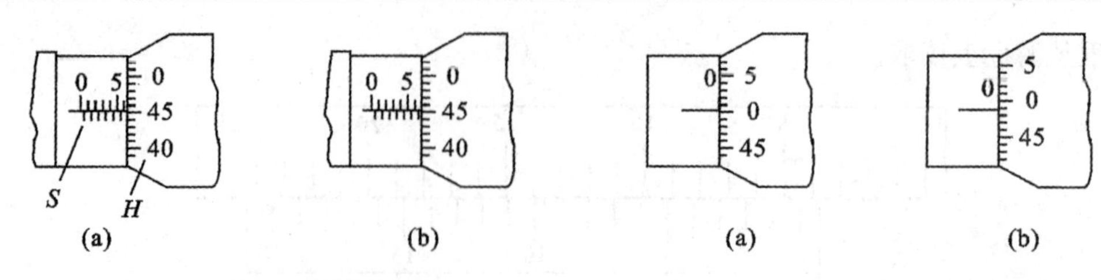

图 2-1-5 螺旋测微器的刻度　　　图 2-1-6 螺旋测微器的零点读数

测量时，待测物体放在测量面之间，转动微动套筒，当螺杆测量面非常接近待测物，但还没有接触时，停止转动微动套筒，改为转动棘轮，测量面与物体接触并达到一定的压力时，仪器发出“咔、咔”的提示音，此时即可读取测量结果。绝对不能直接转动微动套筒使螺杆前进到夹住物体，这样容易用力过大，使被测物品夹得太紧，影响测量结果，甚至损坏仪器。

提示：设置棘轮是为了保证每次测量的压力标准一致，保证每次的测量条件一定，同时保护精密的螺纹。

螺杆和螺母之间有空隙，因此，使用此类仪器时，在单次测量中不能多次往返，必须保证微动套筒单方向前进。

3. 测量显微镜

(1)测量显微镜的工作原理。测量显微镜的测量原理及读数原理与螺旋测微器均相似，在此不再赘述。

(2)测量显微镜的操作：

1)将测量显微镜安放平稳、适当，大致对准被测物体。

2)反复调整显微镜目镜，直到能看清楚里面的十字叉丝。

3)调节物镜与被测物体之间的距离，看清被测物体。

提示：操作过程为先将物镜降到最低位置(非常接近但没有接触被测物体)，然后从目镜观测，缓缓转动调节螺丝由下向上移动镜筒(不许降低，以防损坏物镜或物体)，直到清楚地看到物体，并且尽可能消除视差(消除视差的判断：当眼睛左右移动时，通过显微镜看去，叉丝与待测物的像之间无相对移动)。

4)先让叉丝对准被测点，记下读数。转动手柄，移动显微镜，使叉丝对准另一个被测点，再记下读数，两次读数之差便是两点的间距。

(3)注意事项。显微镜的移动方向和被测两点间连线要保持平行。

防止回程误差。移动显微镜使其对准同一目标的两次读数，似乎应当相同，与中途路线没有关系，实际上由于丝杆和螺套不可能完全密接，螺旋转动方向改变时，它们的接触状态也将改变，两次读数将不同，由此产生的测量误差称为回程误差。为了防止回程误差，测量过程中，手柄必须向同一方向转动。

[实验内容]

(1)测量并计算出圆垫片的体积。厚度用千分尺测 10 次，内径、外径用卡尺分别测 10 次。

(2)用测量显微镜对学生刻度尺进行校准。测量至少10条等间隔刻线的读数，并用逐差法处理数据。

[数据记录及处理]

1. 测量并计算圆垫片的体积

(1)将圆垫片的相关测量结果记入表2-1-1相应位置。

(2)进行相关量运算，并按要求记录运算结果。

表 2-1-1

游标卡尺的精度 $\Delta x=$　　零点读数 $l_0=$　　千分尺的精度 $\Delta x=$　　零点读数 $l_0=$　　单位:mm

次数 项目	1	…	10	平均值	修正值	U_A	U_B	$U_合$
垫片厚度 d								
内径 $2r_1$								
外径 $2r_2$								

圆筒的体积 $\overline{V}=\pi(\overline{r_2}^2-\overline{r_1}^2)\overline{d}=$

体积的不确定度估算：

1)先对 $V=\pi(r_2{}^2-r_1{}^2)d$ 取自然对数得 $\ln V=\ln\pi+\ln d+\ln(r_2{}^2-r_1{}^2)$。

2)两边求导数得 $\frac{\mathrm{d}V}{V}=\frac{\mathrm{d}d}{d}+\frac{\mathrm{d}(r_2{}^2-r_1{}^2)}{r_2{}^1-r_1{}^2}=\frac{\mathrm{d}d}{d}+\frac{2r_2\mathrm{d}r_2}{r_2{}^2-r_1{}^2}+(-\frac{2r_1\mathrm{d}r_1}{r_2{}^2-r_1{}^2})$。

3)转换为不确定计算公式得 $E=\frac{U(\overline{V})}{\overline{V}}=\sqrt{\frac{U_d^2}{d^2}+\frac{4r_2{}^2U_{r2}^2}{(r_2{}^2-r_1{}^2)^2}+\frac{4r_1{}^2U_{r1}^2}{(r_2{}^2-r_1{}^2)^2}}=$

4)体积 V 的绝对不确定度为 $U(\overline{V})=E\times\overline{V}=$

$$\text{测量结果为}\begin{cases}V=\overline{V}\pm U(\overline{V})=\\ E=\frac{U(\overline{V})}{\overline{V}}\times100\%=\end{cases}$$

2. 用测量显微镜对学生刻度尺进行校准

(1)测量学生刻度尺上相邻10个等间隔刻线的读数，并记入表2-1-2相应位置。

(2)按要求进行相关运算。

表 2-1-2

测量显微镜的精度 $\Delta x=$　　单位:mm

次数 项目	1	2	3	4	5	6	7	8	9	10
显微镜读数 x_i										
$\Delta x=x_{i+5}-x_i$						$\Delta\overline{x}=\frac{1}{5}\sum_{i=1}^{i=5}\Delta x_i$		U_A	U_B	$U_合$

$\bar{\delta}=\frac{1}{5}\Delta\bar{x}=$

显微镜对刻度尺 1 mm 的不确定度估算：

对 $\delta=\frac{1}{5}\Delta x$ 求导得 $d\delta=\frac{1}{5}d\Delta x$。

转换为不确定度计算公式为 $U_{\delta}=\frac{1}{5}U_{合}=$ $\qquad E=\frac{U_{\delta}}{\bar{\delta}}=$

显微镜对刻度尺 1 mm 的校准结果为

$$\begin{cases}\delta=\bar{\delta}\pm U_{\delta}= \\ E=\dfrac{U_{\delta}}{\bar{\delta}}\times 100\%=\end{cases}$$

[思考题]

(1)游标卡尺的构造及游标原理是什么？精度为$\frac{1}{20}$ mm 的卡尺如何读取测量结果？

(2)测角度的游标，主尺分度值为 0.5°，主刻度盘 29 个分格与游标 30 个分格等长，则该角游标的测量精度是多少？

(3)测量一直径约 2 cm 的小球直径，若要求相对误差不超过 0.4%，则该选用哪种仪器测量，并说明理由。如果要求测量精度达到 0.001 cm，则该选用哪种仪器测量，并说明理由(按一次测量的误差考虑)。

实验二 示波器的原理和使用

电子示波器(阴极射线示波器)简称为示波器，它可显示电信号变化过程的图形(又称波形)，又可显示两个相关量的函数图形。由于电学量、磁学量和各种非电学量转换来的电信号均可利用示波器进行观察和测量，所以示波器是现代科学技术各领域中应用非常广泛的测量工具。本实验主要练习用示波器观察李萨如图形，并对电压、时间、脉冲宽度、频率和相位等多个物理量进行测量。

[实验目的]

(1)了解示波器主要组成部分和显示波形的原理。

(2)掌握示波器的使用方法。

(3)测量信号的电压和频率值，并观察和调节李萨如图形。

[实验仪器及介绍]

1. 实验仪器

V-252 双踪示波器，低频信号发生器。

2. 仪器介绍

不同型号示波器面板上各旋钮的位置有所不同，但是操作的基本方法是相同的。以V-252 型示波器前面板(图 2-2-1)为例，对上面的各部分进行详细介绍。

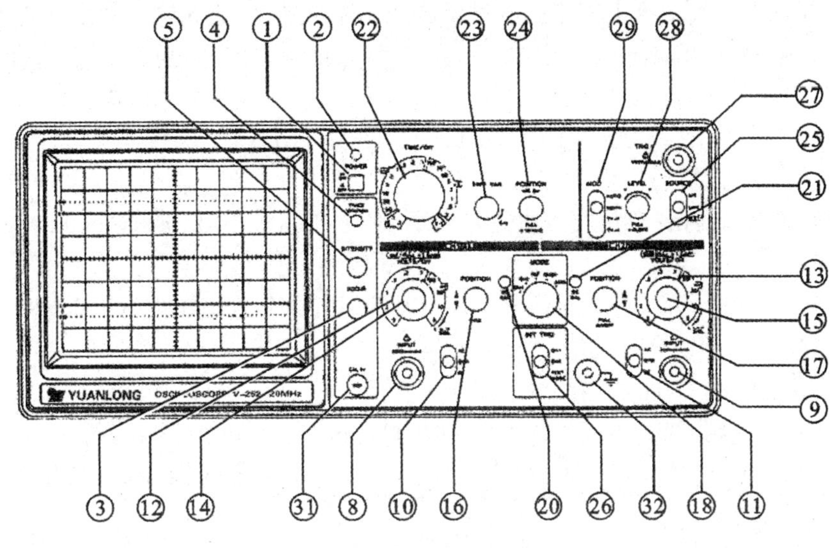

图 2-2-1　示波器前面板

(1)电源和示波管系统的控制件

①电源开关：电源开关按进为电源开，按出为电源关。

②电源指示灯：电源接通后该指示灯亮。

③聚焦控制：当辉度调到适当的亮度后，调节聚焦控制至扫描线最佳。虽然聚焦在调节亮度时能自动调整，但有时有稍微漂移，应当手动调节以获得最佳聚焦状态。

④基线旋转控制：用于调节扫描线和水平刻度线平行。

⑤辉度控制：此旋钮用来调节辉度电位器，改变辉度。顺时针方向旋转，辉度增加；反之，辉度减小。

⑥电源保险丝插座：用于放置整机电源保险丝(示波器后面板)。

⑦电源插座(示波器后面板)。

(2)垂直偏转系统的控制件

⑧CH1 输入：BNC 端子用于垂直轴信号的输入。当示波器工作于 X-Y 方式时，输入到此端的信号变为 X 轴信号。

⑨CH2 输入：类同 CH1，但当示波器工作于 X-Y 方式时，输入到此端的信号变为 Y 轴信号。

⑩和⑪输入耦合开关(AC-GND-DC)：此开关用于选择输入信号送至垂直轴放大器的耦合方式。

AC：在此方式时，信号经过电容器输入，输入信号的直流分量被隔离，只有交流分量被显示。

GND：在此方式时，垂直轴放大器输入端接地。

DC：在此方式时，输入信号直接送至垂直轴放大器输入端而显示，包含信号的直流成分。

⑫和⑬伏/度选择开关：该开关用于选择垂直偏转因数，使显示的波形置于一个易于观察的幅度范围。当10∶1探头连接于示波器的输入端时，荧光屏上的读数要乘以10。

⑭和⑮微调：拉出×5扩展控制，当旋转此旋钮时，可小范围连续改变垂直偏转灵敏度，顺时针旋转到底为校准位置；逆时针方向旋转到底时，其变化范围应大于2.5倍。

⑯CH1位移旋钮：此旋钮用于调节CH1信号垂直方向的位移。顺时针方向旋转波形上移，逆时针方向旋转波形下移。

⑰CH2位移、倒相控制：位移功能同CH1，但当旋钮拉出时，输入到CH2的信号极性被倒相。

⑱工作方式选择开关(CH1，CH2，ALT，CHOP，ADD)：此开关用于选择垂直偏转系统的工作方式。

CH1：只有加到CH1通道的输入信号能显示。

CH2：只有加到CH2通道的输入信号能显示。

ALT：加到CH1和CH2通道的信号能交替显示在荧光屏上。此方式用于扫描时间短的两通道观察。

CHOP：加到CH1和CH2通道的输入信号受约250 kHz自激振荡电子开关的控制，同时显示在荧光屏上。此方式用于扫描时间长的两通道观察。

ADD：加到CH1、CH2通道的信号的代数和或代数差在荧光屏上显示。

⑲CH1信号输出端(示波器后面板)：此输出端输出CH1通道信号的取样信号。

⑳和㉑直流平衡调节控制：用于直流平衡调节。

(3)水平偏转系统的控制件

㉒TIME/DIV选择开关：扫描时间范围从0.2 μs·DIV^{-1}到0.2 s·DIV^{-1}，按1-2-5进制共分19挡和X-Y工作方式。当示波器工作于X-Y方式时，X(水平)信号连接到CH1输入端；Y(垂直)信号连接到CH2输入端，偏转灵敏度从1 mV·DIV^{-1}到5 V·DIV^{-1}，此时带宽缩小到500 kHz。

㉓扫描微调控制：旋转此旋钮时，可小范围连续改变水平偏转因数，顺时针到底为校准位置；逆时针方向旋转到底时，其变化范围应大于2.5倍。

㉔位移：拉出扩展×10控制，此旋钮用于调节扫描线在水平方向的位移。顺时针方向旋转扫描线右移，逆时针方向旋转扫描线左移。此旋钮拉出时，扫描因数扩展10倍，即TIME/DIV开关指示的是实际扫描时间因数的10倍。这样可以观察所需信号在水平方向放大10倍的波形，并可将屏幕外的所需观察信号移到屏幕内。

(4)触发系统

㉕触发源选择开关：此开关用于选择扫描触发信号源。

INT(内触发)：加到CH1或CH2的信号作为触发源。

LINE(电源触发)：取电源频率的信号作为触发源。

EXT(外触发)：外触发信号加到外触发输入端作为触发源。外触发用于垂直方向上的特殊信号的触发。

㉖内触发选择开关：此开关用于选择扫描的内触发信号源。

CH1：加到 CH1 的信号作为触发信号。

CH2：加到 CH2 的信号作为触发信号。

VERT MODE（组合方式）：用于同时观察两个波形，触发信号交替取自 CH1 和 CH2。

㉗外触发输入插座：此插座用于扫描外触发信号的输入。

㉘触发电平控制旋钮：此旋钮通过调节触发电平来确定扫描波形的起始点，亦能控制触发开关的极性；按进为“+”极性，拉出为“−”极性。

㉙触发方式选择开关。

AUTO（自动）：示波器始终自动触发扫描，显示扫描线。有触发信号时，获得正常触发扫描，波形稳定显示。无触发信号时，扫描线将自动出现。

NORM（常态）：当触发信号产生，获得触发扫描信号，实现扫描；无触发信号时，应当不出现扫描线。

TV-V：此状态用于观察电视信号的全场信号波形。

TV-H：此状态用于观察电视信号的全行信号波形。

注：只有当电视同步信号是负极性时，TV-V 和 TV-H 才能正常工作。

（5）其他

㉚外增辉输入插座：此输入端用于外增辉信号输入。它是直流耦合：加入正信号辉度降低，加入负信号辉度增加。

㉛校正 0.5 V 端子：此输出端输出 1 kHz，0.5 V 的校正方波；用于校正探头的电容补偿。

㉜接地端子：示波器的接地端子。

[仪器原理]

电子示波器主要由四部分组成：阴极射线示波管系统，扫描及触发系统，放大系统，电源系统。

1. 示波管的基本结构

示波管的实物及内部结构如图 2-2-2 所示，它主要包括电子枪、偏转系统和荧光屏三部分，封闭于高真空玻璃管内。电子枪由灯丝、阴极、控制栅极组成。灯丝通电后给阴极加热，阴极被加热后发射出大量的电子，经聚焦阳极聚焦，再经过加速阳极加速后高速轰击荧光屏发出荧光。靠近阴极处设置控制栅极，调节其电位以控制电子束流强度，使荧光“辉度”改变。

2. 电偏转

如图 2-2-2 所示示波器内有两对平行板电极。竖直放置的一对平行板电极为水平（或 x）偏转板，简称横偏板。水平放置的一对平行电极为垂直（或 y）偏转板，简称纵偏板。在 x、y 偏转板上加电压时，其电场使高速运动的电子束沿水平、垂直方向发生偏移，称为电偏转。

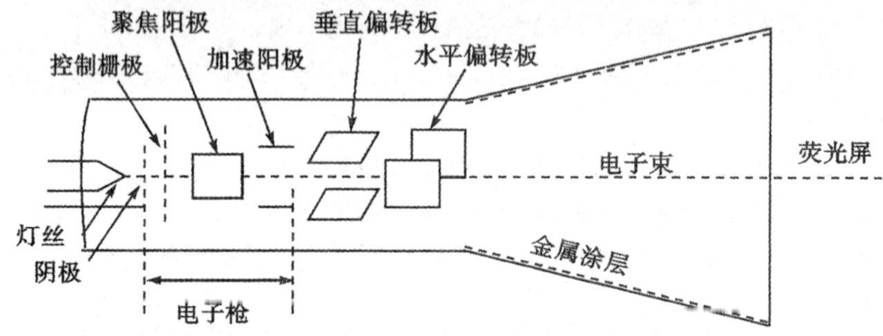

图 2-2-2 示波管的实物和内部结构示意图

若幅度为 U(V)的电压使电子束沿纵向(或横向)偏转 y(cm),则定义 U/y 为偏转因数,记作 k,即 $k=U/y$(V · cm^{-1},读作:伏每厘米)。偏转因数(也称"伏/格"值)表示:使电子束纵向(或横向)偏转 1 cm(即 1 格)的电压幅度,显然,偏转因数为 k(V · cm^{-1})时,使电子束偏转 y(cm)的电压幅度为

$$U=ky(\text{V}) \tag{2-2-1}$$

根据电子束的偏转厘米数,利用(2-2-1)式,可得出被测电压值。

3. 扫描

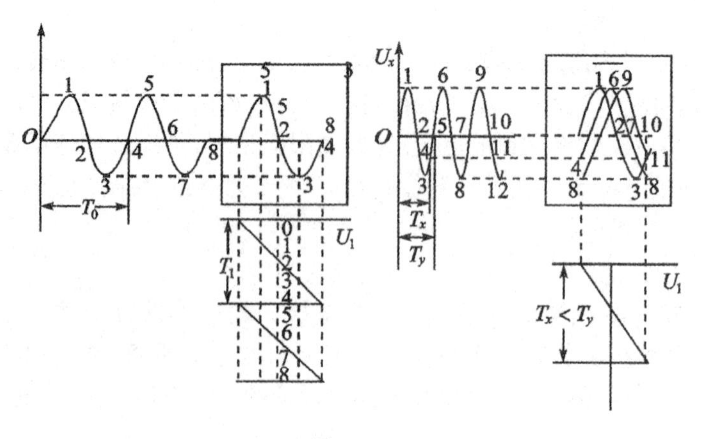

图 2-2-3

若仅在横偏极板上加周期性变化的电压 $U_x(t)$,则电子束(或光点)沿水平方向做周

而复始的往返运动，其位移随电压的变化而变化，当电压恢复到起始值时，电子束（或光点）便回到起始位置，电子束的这种周而复始的往返运动称为扫描，此时的 $U_x(t)$ 称为扫描电压。当扫描较快时，荧光屏显示一条水平亮线称为扫描线。若 $U_x(t)$ 是如图 2-2-3 所示的周期为 T_s 的线性锯齿波电压，则电子束的水平位移与时间呈线性关系。若在横偏板加的扫描电压，使电子束在 T(s)内沿水平方向位移 L(cm)，则 T/L 为每厘米扫描时间，简称厘米扫描时间，记作 t_0，即

$$t_0=T/L \tag{2-2-2}$$

厘米扫描时间（也称“时间/格”值）表示电子束沿水平方向扫描 1 cm（即 1 格）的时间。显然，厘米扫描时间为 t_0(s・cm^{-1})时，电子束沿水平方向扫描 L(m)所用的时间为

$$T=t_0L \tag{2-2-3}$$

从电子束横向扫描距离 L，利用(2-2-3)式，可测定时间间隔。

4. 示波器显示波形的原理

在示波器的纵偏板上加周期为 T_y 的被观测（正弦波）信号 $U_y(t)$，而在横偏极板上加周期为 T_s 的线性锯齿波扫描电压 $U_x(t)$ 时，后者使 y 方向的振动沿 x 方向展开，呈现二维平面图形。当 $T_s=nT_y$ 时，n 为整数，如图 2-2-3 所示，每次锯齿波的扫描起始点会准确地落到被测信号的同相位点上，即扫描电压和被观测信号达到同步，称为扫描同步。同步条件为：扫描电压周期 T_s 为被测信号周期 T_y 的整数倍：

$$T_s=nT_y,n=1,2,3 \tag{2-2-4}$$

注意：如不同步，波形不断地移动，无法观测到稳定的波形。

5. 整步

示波器实现扫描同步的过程称为整步，V252 型示波器的扫描同步的过程是采用触发电路扫描方式实现的。

从输入被测的信号中取样作为触发信号送到触发电路里，当送入的信号电平满足电路所设计的触发电平时（图 2-2-4 中的 A 点），触发电路便输出触发脉冲去启动扫描电路（锯齿波）进行扫描，即光点启动，由 A 点自左至右移动直至 A' 点。扫描电压达到最大值，完成了一个锯齿波的扫描过程，但是在这个扫描的过程中，扫描电路是不接受其他触发脉冲的。所以光点从 A' 点迅速返回到 A 点，之后等待到下一个触发脉冲到来时启动扫描电路进行下一次扫描。因为每一个触发脉冲是同触发电平所对应的触发信号同相位点，所以触发脉冲去启动扫描电路也和触发信号是同相位点，于是每次扫出的波形完全重复并稳定地显示出被测波形。这个过程就是所说的整步。

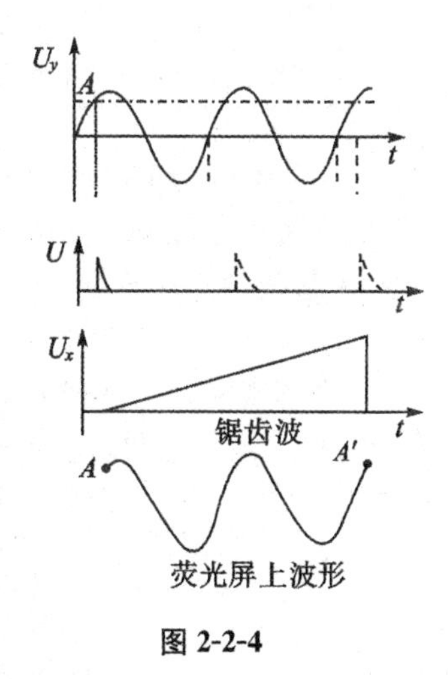

图 2-2-4

[实验内容及步骤]

1. 如何调出扫描线

仪器通电前应检查所用电源是否符合要求，并置各控制旋钮如表 2-2-1 所示。

表 2-2-1

电源开关①	关
辉度⑤	反时针旋转到底
聚焦③	居中
AC-GND-DC⑩、⑪	GND
垂直位移⑯、⑰	居中(旋转按进)
垂直工作方式⑱	CH1
触发方式㉙	自动(AUTO)
触发源㉕	内(INT)
内触发源㉖	CH1
TIME/DIV㉒	0.5 ms · DIV^{-1}
水平位移㉔	中

完成上述准备工作后,打开电源。15 s 后,顺时针旋转辉度旋钮,扫描线将出现。调聚焦旋钮使扫描亮线最细。

注意:观察时通常将下列带校准功能旋钮置"校准"位置。

表 2-2-2

微调⑭、⑮	顺时针旋转到底,在这种情况下 VOLTS/DIV 被校准,可直接读出数据
扫描位移㉔	该旋钮处于按下状态,在这种情况下 TIME/DIV 处于不扩展状态
扫描微调㉓	顺时针旋转到底,在这种情况下 TIME/DIV 被校准

调节 CH1 和 CH2 位移旋钮,移动扫描亮线到示波管中心,与水平刻度线平行。有时扫描线受大地磁场及周围磁场的影响,发生一些微小的偏转,此时可调节基线旋转电位器,使基线与水平刻度线平行。

2. 观察一个波形的情况

当不观察两个波形的相位差或除 X-Y 工作方式以外的其他工作状态时,仅用 CH1 或 CH2。控制旋钮置如下状态:

垂直工作方式	CH1(CH2)
触发方式	自动(AUTO)
触发信号源	内(INT)
内触发源	CH1(CH2)

在此情况下,通过调节触发电平,所有加到 CH1、CH2 通道上的频率在 25 Hz 以上的重复信号能被同步并观察。无输入信号时,扫描亮线仍然显示。若观察低频信号(25 Hz 以下),则置触发方式为常态(NORM),再调节触发电平旋钮能获得同步。

3. 同时观察两个波形

垂直工作方式开关置交替或断续时就可以方便地观察两个波形。交替用于观察两个重复频率较高的信号,断续用于观察两个重复频率较低的信号。当测量信号有相位差时,需要用相位超前的信号作触发信号。

4. X-Y 工作方式时观察波形(李萨如图形)

置时基开关 TIME/DIV 于 X-Y 状态。此时示波器工作于 X-Y 方式。加到示波器各输入端的情况如下：

X 轴(水平轴)信号由 CH1 输入；Y 轴(垂直轴)信号由 CH2 输入，同时使水平扩展开关(PULL-MAG×10 旋钮)处于按下(×1)状态。

把两个正弦信号分别加到垂直与水平偏转板，则荧光屏上光点的运动轨迹是两个互相垂直的谐振动的合成。当两个正弦信号频率之比为整数时，其轨迹是一个稳定的闭合曲线。如果两个正弦信号的频率比不是整数，图形不稳定。当接近整数比时，可以观察到图形沿顺时针或逆时针转动。李萨如图形的形状还随两个信号的幅值以及位相不同而改变。

由图 2-2-5 可见，封闭的李萨如图形在垂直方向的切点数目 N_y 与水平方向的切点数目 N_x 之比与两信号的频率之比的关系为

$$\frac{f_y}{f_x}=\frac{N_x}{N_y} \tag{2-2-5}$$

利用该公式可以测量正弦信号的频率。如果其中一个信号的频率已知且连续可调，则把两个正弦信号分别输入 X 轴和 Y 轴，调出稳定的李萨如图形，从李萨如图形上数出切点数 N_y 和 N_x，记下已知信号的频率，即可由(2-2-5)式算出待测正弦信号的频率。

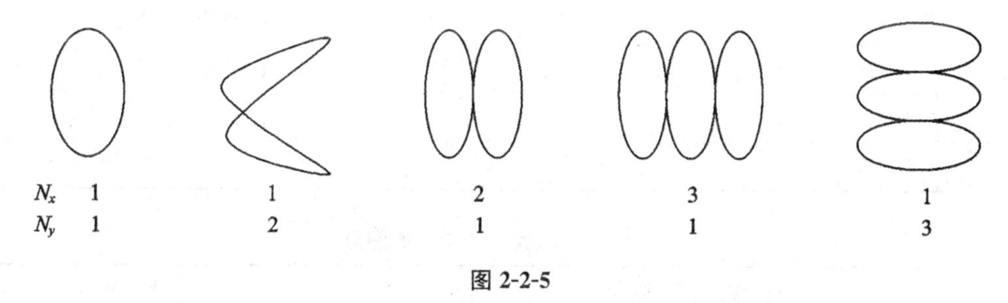

图 2-2-5

5. 直流电压测量

置输入耦合开关于 GND 位置，确定零电平位置。置 VOLTS/DIV 开关于适当位置，置 AC-GND-DC 开关于 DC 位置。扫描亮线随 DC 电压的数值而移动，信号的直流电压可以通过位移幅度与 VOLTS/DIV 开关标称值的乘积获得。如图 2-2-6 所示。当 VOLTS/DIV 开关指在 50 mV · DIV^{-1}挡时，则 50 mV · DIV^{-1}×4.2 DIV＝210 mV(若使用了 10∶1 探头，则信号的实际值是上述值的 10 倍，即 50 mV · DIV^{-1}×4.2 DIV×10＝2.1 V)。

6. 交流电压测量

与图 2-2-6“直流电压测量”相似，但这里不必在刻度上确定零电平。如果有一如图 2-2-7 所示波形显示，且 VOLTS/DIV 是 1 mV · DIV^{-1}，则此信号的交流电压是 1 V · DIV^{-1}×5 DIV＝5 V_{P-P}，使用 10∶1 探头时是 50 V_{P-P}。当观察迭加在较高直流电平上的小幅度交流信号时，置输入耦合于 AC 状态直流成分被隔离，交流成分可顺利通过，提

高了测量灵敏度。

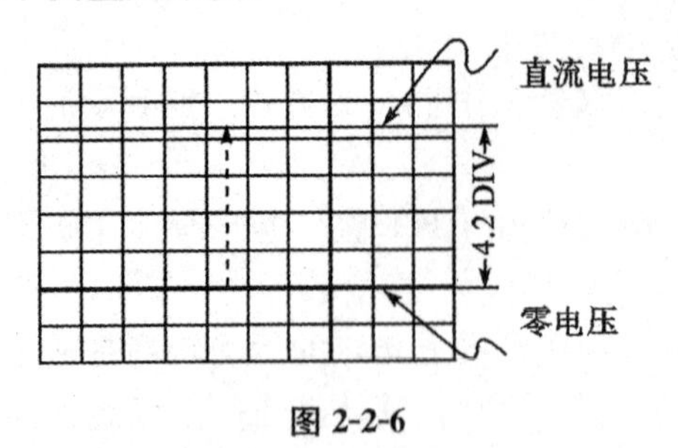

图 2-2-6

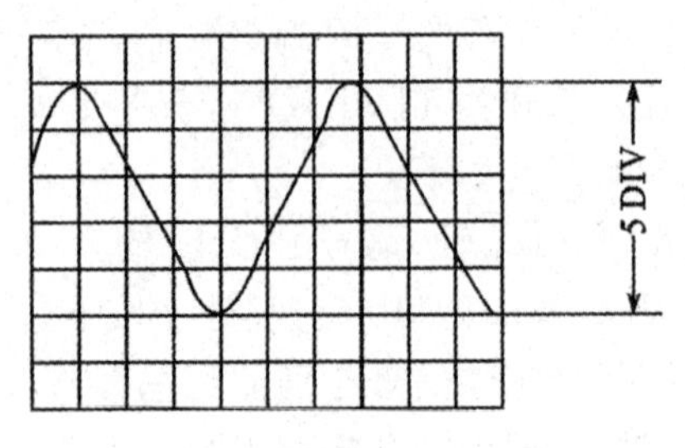

图 2-2-7

7. 频率和周期的测量

举例说明如下：输入信号的波形显示如图 2-2-8，A 点和 B 点的间隔为一个整周期，在屏幕上的间隔为 2 DIV，当扫描时间因数为 1 ms・DIV^{-1}时，则周期 $T=$ 1 ms・DIV$^{-1}\times$2.00 DIV=2.0 ms，频率 $f=1/T=$ 1/(2.0 ms)=500 Hz。

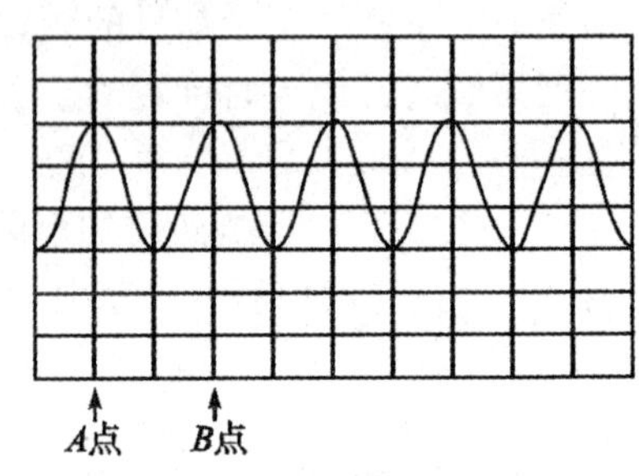

图 2-2-8

[数据记录及处理]

表 2-2-3 测量信号的频率和电压幅值

信号源频率			电压测量值			周期频率测量值			
序号	f/Hz	U/V	V・DIV^{-1}	格数	U/V	ms・DIV^{-1}	格数	T/ms	f/Hz
1	1 500	3.0							
2	645.6	2.5							

表 2-2-4 观察记录李萨如图形

序号	$f_x : f_y$	CH1 输入信号频率 f_x /Hz	记录图形	$f_y=\frac{N_x}{N_y}f_x$ /Hz	CH2 输入信号频率 f_y /Hz
1	1∶1				
2	2∶1				
3	2∶3				

[思考题]

(1)示波器包括哪些重要组成部分？示波管的主要组成部分是什么？

(2)若示波器一切正常，但开机后看不见光迹和光点，可能的原因有哪些？

(3)波形不稳定的主要原因是什么？如何调节？

实验三　三线扭摆法测转动惯量

转动惯量是物体转动惯性大小的量度，其数学表达式为 $J=\sum_{i=1}^{n}\Delta m_i r_i^{\ 2}$。物体对某轴的转动惯量越大，则绕该轴转动时，角速度就越难改变。物体对某轴转动惯量的大小，取决于物体本身的质量、形状和转轴的位置。对于质量分布均匀、外形不复杂的物体可以从外形尺寸及其质量求出其转动惯量，而外形复杂和质量分布不均匀的物体只能从回转运动中去测得。

转动惯量的测定，在涉及刚体转动的机械制造、航空、航天、航海、军工等工程技术和科学研究中具有十分重要的意义。测定转动惯量常采用扭摆法或恒力矩转动法，本实验采用三线扭摆法测定转动惯量。

[实验目的]

(1)掌握三线摆法测定刚体转动惯量的原理和方法。

(2)验证平行轴定理。

[实验仪器与介绍]

1. 实验仪器

三线摆、米尺、数字毫秒计、游标卡尺、待测物(圆盘，外形尺寸及质量相同的圆柱体两个)。

2. 仪器介绍

三线摆如图 2-3-1 所示，它是由半径不同的上盘和下盘构成，其间用三根等长的连接线连接。两盘之间的垂直距离为 H。将两盘调节成水平，此时两盘的圆心在同一铅垂线 OO' 上。上盘可绕中心线 OO' 扭转，将转动动能转化为重力势能。依靠这种机械能守恒时动能和势能的交替转换，使下盘做周期性的简谐摆动。其摆动周期与下盘的转动惯量有关。三线摆就是通过测量摆动周期来测定转动惯量的。

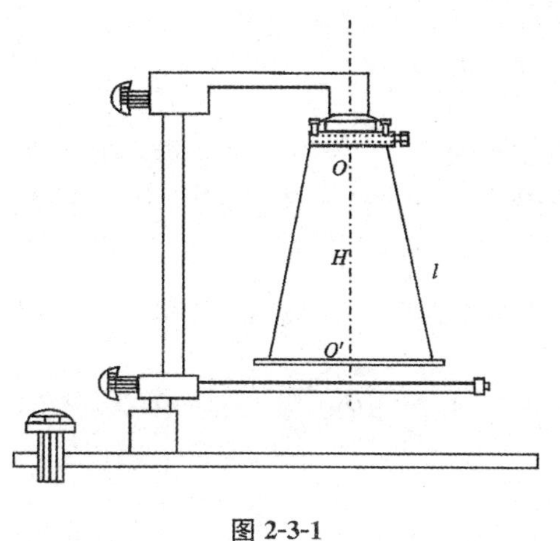

图 2-3-1

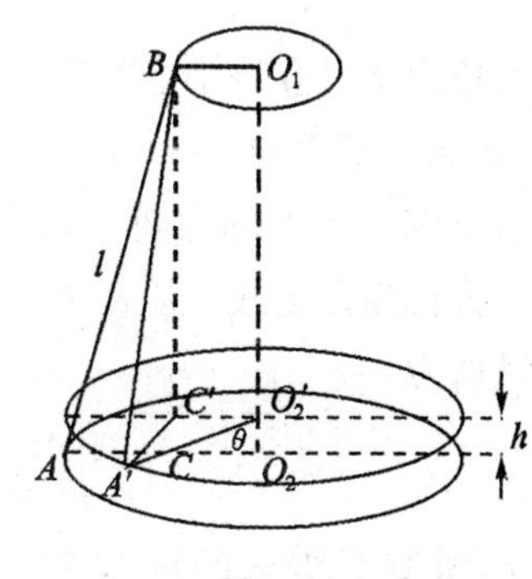

图 2-3-2

[实验原理]

在图 2-3-1 和 2-3-2 中，设悬线长为 l，上圆盘悬线到圆心距离为 r，下圆盘悬线到圆心距离为 R。当下圆盘相对于上圆盘转过某一转角 θ 时，下盘的位置升高 h，从图 2-3-2 可见它们的几何关系为

$$h=BC-BC'=(BC^2-BC'^2)/(BC+BC')$$

因为 $BC'^2=AB^2-AC'^2=l^2-(R-r)^2$，$BC'^2=BA'^2-A'C'^2=l^2-(R^2+r^2-2rR\cos\theta)$，可得 $h=[2rR(1-\cos\theta)]/(BC+BC')=[4rR\sin^2(\frac{\theta}{2})]/(BC+BC')$。

当下盘的偏转角度 θ 很小时，$\sin(\frac{\theta}{2})\approx\frac{\theta}{2}$，$BC+BC'\approx 2H$，于是有

$$h=(Rr\theta^2)/2H \tag{2-3-1}$$

当下盘偏转 θ 角时，它得以上升一高度 h，重力势能为

$$E_p=m_0gh=(m_0gRr\theta^2)/2H \quad (\text{其中 } m_0 \text{ 是下盘的质量}) \tag{2-3-2}$$

当下盘转动角度 θ 时，其转动角速度为 $\mathrm{d}\theta/\mathrm{d}t$，则转动动能为

$$E_k=\frac{1}{2}J_0(\mathrm{d}\theta/\mathrm{d}t)^2 \quad (\text{其中 } J_0 \text{ 为圆盘对 } OO' \text{ 轴的转动惯量}) \tag{2-3-3}$$

在不考虑摩擦力的情况下，按机械能守恒定律，圆盘的势能和动能之和为一常量，即

$$\frac{1}{2}J_0(\mathrm{d}\theta/\mathrm{d}t)^2+m_0g(Rr\theta^2/2H)=\text{常量} \tag{2-3-4}$$

将式(2-3-4)两边对 t 求导，可得 $J_0(\mathrm{d}\theta/\mathrm{d}t)\cdot(\mathrm{d}^2\theta/\mathrm{d}^2t)+m_0g\frac{Rr}{H}\theta(\mathrm{d}\theta/\mathrm{d}t)=0$，即

$$\frac{\mathrm{d}^2\theta}{\mathrm{d}t^2}=-\frac{m_0gRr}{J_0H}\theta \tag{2-3-5}$$

式(2-3-5)表明这是一简谐振动方程，该振动的角频率 ω 的平方为 $\omega^2=\frac{m_0gRr}{J_0H}$，而振动周期 $T_0=\frac{2\pi}{\omega}$，所以 $T_0{}^2=\frac{4\pi^2J_0H}{m_0gRr}$，由此可得

$$J_0=\frac{m_0gRr}{4\pi^2H}T_0{}^2 \tag{2-3-6}$$

这就是测定圆盘绕中心轴转动的转动惯量计算公式，式中 J_0 为圆盘绕中心轴的转动惯量；m_0 为盘的质量；r 和 R 分别为上、下两圆盘悬点到圆心的距离；H 为上下圆盘的间距；T_0 为下圆盘的振动周期。

若在圆盘上放一质量为 m 的圆环，让其质心在 OO' 轴线上，转动下盘，测出 T_1，其转动惯量为

$$J_1=J+J_0=\frac{(m+m_0)gRr}{4\pi^2H}T_1{}^2 \tag{2-3-7}$$

那么，被测圆环 m 的转动惯量为

$$J=J_1-J_0 \tag{2-3-8}$$

[实验内容及步骤]

1. 测量下圆盘的转动惯量 J_0

调整仪器，使三线摆装置铅直，调整上、下圆盘水平。用卡尺、天平和卷尺测量 R、r、H、m_0 等常量。通过测量，间接求得下圆盘绕中心轴的转动惯量，并将实验测得值与理论计算值进行比较。

2. 测量所给样品绕中心轴的转动惯量。

3. 验证平行轴定理

理论分析表明，质量为 m 的物体围绕通过质心 O 的转轴转动时的转动惯量 J_0 最小。当转轴平行移动距离 d 后，绕新转轴转动的转动惯量为

$$J=J_0+md^2$$

将两个质量都为 m_1，形状完全相同的圆柱体按照图 2-3-3 所示对称地放置在下圆盘上，圆柱体中心离圆盘中心的距离为 d，测得两圆柱体绕三线摆转轴转动的转动惯量 J_1，则 $2J_1=\{[(m_0+2m_1)grR]/(4\pi^2 H)\}\cdot T_1^2-J_0$，式中 T_1 为两圆柱体绕转轴转动时的振动周期，J_1 为圆柱体绕转轴的转动惯量。将上式的实验结果与按平行轴定理计算所得的结果 $J_1=m_1d^2+\frac{m_1}{2}R_y^2$ 相比较，判断实验结果与理论结果是否相吻合。并计算其相对理论值的相对误差(式中 m_1 为圆柱体质量，R_y 为圆柱体的半径，d 为圆柱体中心至下圆盘中心的距离)。

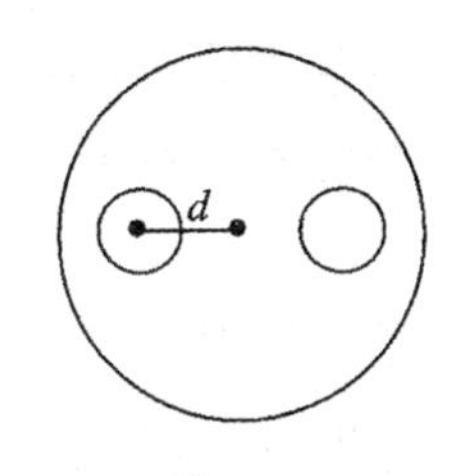

图 2-3-3

[数据记录及处理]

(1)用游标卡尺、卷尺测出上圆盘、下圆盘半径和两圆盘间距 H 各 5 次，并求其平均值。

(2)转动上圆盘(启动盘)，通过悬线使下圆盘做往复摆动，偏转角控制在 $\theta=5^\circ$ 左右。

(3)进行时间周期测量，用数字毫秒计或秒表测量周期时间，用累计放大法，测 50 个周期，测 5 次，求平均值。

(4)数据处理。自拟表格，测量数据并处理。求与理论计算值的相对误差。

[注意事项]

(1)一定先将仪器调平。

(2)摆角不要太大且要保持水平。

[思考题]

将一半径小于下圆盘半径的圆盘，放在下圆盘上，并使中心一致，试讨论此时三线摆的周期和空载时的周期相比是增大、减小还是一致，说明理由。

[选做或拓展]

(1)你能否设计一测量方案,测量一个具有轴对称的不规则形状的物体,对对称轴的转动惯量?

(2)你能否用其他的方法验证平行轴定理?

实验四 恒力矩转动法测刚体转动惯量

转动惯量的定义及测量意义,可参考第二部分的实验三“三线扭摆法测转动惯量”。

[实验目的]

(1)学习用恒力矩转动法测定刚体转动惯量的原理和方法。

(2)观测刚体的转动惯量随其质量、质量分布及转轴不同而改变的情况,验证平行轴定理。

(3)学会使用智能计时计数器测量时间。

[仪器介绍]

ZKY-ZS 转动惯量实验仪如图 2-4-1 所示,绕线塔轮通过特制的轴承安装在主轴上,使转动时的摩擦力矩很小。塔轮半径为 15,20,25,30,35 mm 共 5 挡,可与 5 g 的砝码托及 1 个 5 g,4 个 10 g 的砝码组合,产生大小不同的力矩。载物台用螺钉与塔轮连接在一起,随塔轮转动。塔轮上有一狭缝,可把打结的细线一端固定在塔轮上。随仪器配的被测试样有 1 个圆盘、1 个圆环、两个圆柱(试样的几何尺寸及质量可自行测量)。

载物台上有十字形小圆孔,圆柱试样可插入不同孔,这些孔离中心的距离分别为 45,60,75,90,105 mm,便于验证平行轴定理。铝制小滑轮的转动惯量与实验台相比可忽略不计。一只光电门作测量,一只作备用,可通过智能计时计数器上的按钮方便的切换。

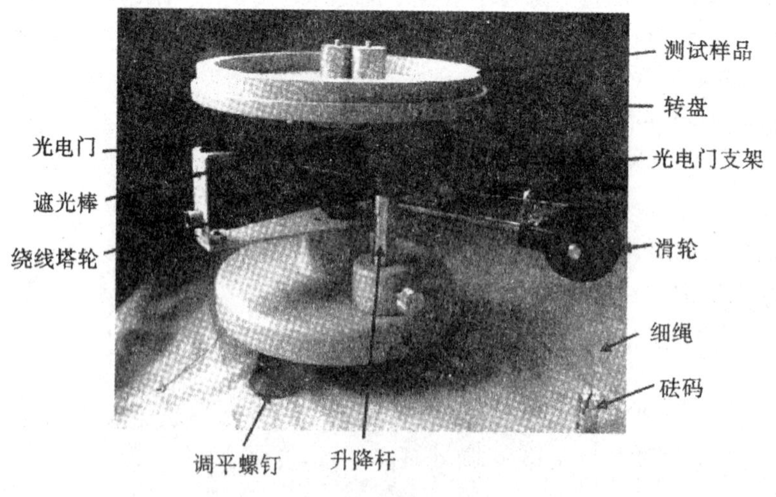

图 2-4-1 转动惯量实验组合仪

[实验原理]

1. 恒力矩转动法测定转动惯量的原理

根据刚体的定轴转动定律：

$$M=J\beta \tag{2-4-1}$$

只要测定刚体转动时所受的合外力矩 M 及该力矩作用下刚体转动的角加速度 β，即可计算出该刚体的转动惯量 J。

设以某初始角速度转动的空实验台转动惯量为 J_1，未加砝码时，在摩擦阻力矩 M_μ 的作用下，实验台将以角加速度 β_1 做匀减速运动，即

$$-M_\mu=J_1\beta_1 \tag{2-4-2}$$

将质量为 m 的砝码用细线绕在半径为 R 的实验台塔轮上，并让砝码下落，系统在恒外力作用下将做匀加速运动。若砝码的加速度为 a，则细线所受张力为 $T=m(g-a)$。若此时实验台的角加速度为 β_2，则有 $a=R\beta_2$。细线施加给实验台的力矩为 $TR=m(g-R\beta_2)R$，此时有

$$m(g-R\beta_2)R-M_\mu=J_1\beta_2 \tag{2-4-3}$$

将(2-4-2)、(2-4-3)两式联立消去 M_μ 后，可得

$$J_1=\frac{mR(g-R\beta_2)}{\beta_2-\beta_1} \tag{2-4-4}$$

同理，若在实验台上加上被测物体后系统的转动惯量为 J_2，加砝码前、后的角加速度分别为 β_3 与 β_4，则有

$$J_2=\frac{mR(g-R\beta_4)}{\beta_4-\beta_3} \tag{2-4-5}$$

由转动惯量的迭加原理可知，被测试件的转动惯量为 J_3：

$$J_3=J_2-J_1 \tag{2-4-6}$$

测得 R，m 及 β_1，β_2，β_3，β_4，由(2-4-4)，(2-4-5)，(2-4-6)三式即可计算被测试件的转动惯量。

2. β 的测量

实验中采用智能计时计数器记录遮挡次数和相应的时间。固定在载物台圆周边缘相差 π 角的两遮光细棒，每转动半圈遮挡一次固定在底座上的光电门，即产生一个计数光电脉冲，计数器记下遮挡次数 k 和相应的时间 t。若从第一次挡光($k=0$，$t=0$)开始计次、计时，且初始角速度为 ω_0，则对于匀变速运动中测量得到的任意两组数据(k_m，t_m)、(k_n，t_n)，相应的角位移 θ_m，θ_n 分别为

$$\theta_m=k_m\pi=\omega_0 t_m+\frac{1}{2}\beta t_m^2 \tag{2-4-7}$$

$$\theta_n=k_n\pi=\omega_0 t_n+\frac{1}{2}\beta t_n^2 \tag{2-4-8}$$

从(2-4-7)、(2-4-8)两式中消去 ω_0，可得

$$\beta=\frac{2\pi(k_n t_m-k_m t_n)}{t_n^2 t_m-t_m^2 t_n} \tag{2-4-9}$$

由(2-4-9)式即可计算角加速度 β。

3. 平行轴定理

理论分析表明，质量为 m 的物体围绕通过质心 O 的转轴转动时的转动惯量 J_0 最小。当转轴平行移动距离 d 后，绕新转轴转动的转动惯量为

$$J=J_0+md^2 \tag{2-4-10}$$

[实验内容、步骤及数据记录与处理]

1. 实验准备

在桌面上放置 ZKY-ZS 转动惯量实验仪，并利用基座上的三颗调平螺钉，将仪器调平。将滑轮支架固定在实验台面边缘，调整滑轮高度及方位，使滑轮槽与选取的绕线塔轮槽等高，且其方位相互垂直，如图 2-4-1 所示。并且用数据线将智能计时计数器中 A 或 B 通道与转动惯量实验仪中一个光电门相连。

2. 测量并计算实验台的转动惯量 J_1

(1)测量 β_1：开机后 LCD 显示“智能计数计时器　成都世纪中科”界面，延时一段时间后，显示操作界面。

1)选择“计时　1-2 多脉冲”。

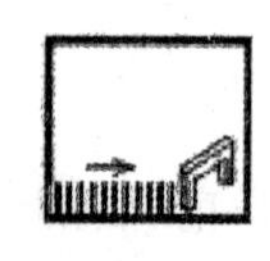

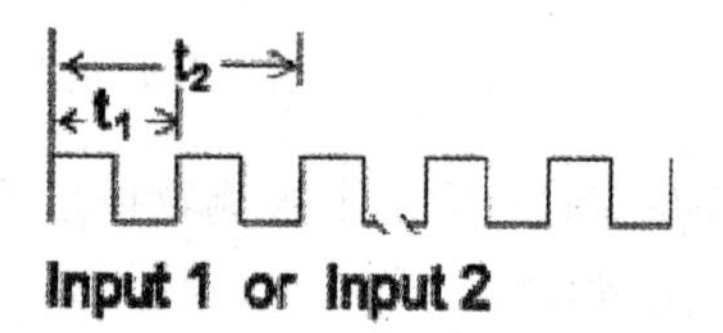

2)选择通道 A 或 B。

3)用手轻轻拨动载物台，使实验台有一初始转速并在摩擦阻力矩作用下做匀减速运动。

4)按确认键进行测量。

5)载物盘转动 5 圈后按确认键停止测量。

6)查阅数据，并将查阅到的数据记录，最少记录 8 组数据，即载物盘转 4 圈。

采用逐差法处理数据，将第 1 和第 5 组，第 2 和第 6 组……分别组成 4 组，用(2-4-9)式计算对应各组的 β_1 值，然后求其平均值作为 β_1 的测量值。

7)按确认键后返回“计时　1-2 多脉冲”界面。

(2)测量 β_2：

1)选择塔轮半径 R 及砝码质量，将一端打结的细线沿塔轮上开的细缝塞入，并且不重叠地密绕于所选定半径的轮上，细线另一端通过滑轮后连接砝码托上的挂钩，用手将载物台稳住。

2)重复(1)中的 2)、3)、4)操作。

3)释放载物台，砝码重力产生的恒力矩使实验台产生匀加速转动。

记录 8 组数据后停止测量。查阅、记录数据，并计算 β_2 的测量值。

由(2-4-4)式即可算出 J_1 的值。(测量中要选用合适的塔轮半径，保证砝码下落的高度足够高)

3. 测量并计算实验台放上试样后的转动惯量 J_2，计算试样的转动惯量 J_3 并与理论值比较，求其相对误差

将待测试样放上载物台并使试样几何中心轴与转轴中心重合，按与测量 J_1 同样的方法，可分别测量未加砝码的角加速度 β_3 与加砝码后的角加速度 β_4。由(2-4-5)式可计算 J_2 的值，已知 J_1，J_2，由(2-4-6)式可计算试样的转动惯量 J_3。

已知圆盘、圆柱绕几何中心轴转动的转动惯量理论值为

$$J=\frac{1}{2}mR^2 \tag{2-4-11}$$

圆环绕几何中心轴的转动惯量理论值为

$$J=\frac{m}{2}(R_{外}^2+R_{内}^2) \tag{2-4-12}$$

计算试样的转动惯量理论值并与测量值 J_3 比较，计算测量值的相对误差：

$$E=\frac{J_3-J}{J}\times 100\% \tag{2-4-13}$$

4. 验证平行轴定理

将两圆柱体对称插入载物台上与中心距离为 d 的圆孔中，测量并计算两圆柱体在此位置的转动惯量。将测量值与由(2-4-10)、(2-4-11)两式所得的计算值比较，若一致即验证了平行轴定理。

[注意事项]

(1)一定先将仪器调平。

(2)测匀减速时初速度要小。

(3)拉力一定与塔轮相切。

[思考题]

在用智能计时计数器测量 β 时，要求至少测量 8 个数据，即载物台转 4 圈。如果砝码下落的高度不够高，如何保证这些数据的测量中，载物台保持的是匀加速？高度不够如何处理？

[选做或拓展]

理论上，同一待测样品的转动惯量不随转动力矩的变化而变化。改变塔轮半径或砝码质量(5 个塔轮，5 个砝码)可得到 25 种组合，形成不同的力矩。可改变实验条件进行测量并对数据进行分析，探索其规律，寻求发生误差的原因，探索测量的最佳条件。

附录：智能计时计数器简介及技术指标

1. 主要技术指标

时间分辨率(最小显示位)为 0.000 1 s，误差为 0.004%。最大功耗 0.3 W。

2. 智能计时计数器简介

智能计时计数器配备一个+9 V 稳压直流电源。

智能计时计数器：＋9 V直流电源输入端；122×32点阵图形LCD；三个操作按钮：模式选择/查询下翻按钮、项目选择/查询上翻按钮、确定/开始/停止按钮；四个信号源输入端，两个4孔输入端是一组，两个3孔输入端是另一组，4孔的A通道同3孔的A通道同属一通道，不管接那个效果一样，同样4孔的B通道和3孔的B通道同属一通道。

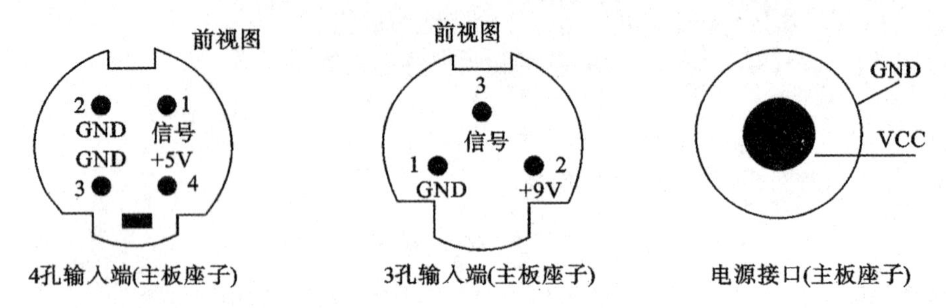

3. 智能计时计数器操作

上电开机后显示“智能计数计时器　成都世纪中科”画面延时一段时间后，显示操作界面：

上行为测试模式名称和序号，如“1 计时 ⇦”表示按模式选择/查询下翻按钮选择测试模式。

下行为测试项目名称和序号，如“1-1 单电门 ⇨”表示项目选择/查询上翻按钮选择测试项目。

选择好测试项目后，按确定键，LCD将显示“选A通道测量⇔”，然后通过按模式选择/查询下翻按钮和项目选择/查询上翻按钮进A或B通道的选择，选择好后再次按下确认键即可开始测量。一般测量过程中将显示“测量中＊＊＊＊＊”，测量完成后自动显示测量值。若该项目有几组数据，可按查询下翻按钮或查询上翻按钮进行查询，再次按下确定键退回到项目选择界面。如未测量完成就按下确定键，则测量停止，将根据已测量到的内容进行显示，再次按下确定键将退回到测量项目选择界面。

注意：有A、B两通道，每通道各有两个不同的插件(分别为电源＋5 V的光电门4芯和电源＋9 V的光电门3芯)，同一通道不同插件的关系是互斥的，禁止同时接插同一通道不同插件。

A、B通道可以互换，如为单电门时，使用A通道或B通道都可以，但是尽量避免同时插A、B两通道，以免互相干扰。如为双电门，则产生前脉冲的光电门可接A通道也可接B通道，后脉冲的当然插在余下那个通道。

如果光电门被遮挡时输出的信号端是高电平，则仪器是测脉冲的上升前沿间时间。如光电门被遮挡时输出的信号端是低电平，则仪器是测脉冲的上升后沿间时间的。

4. 模式种类及功能

(1)计时：

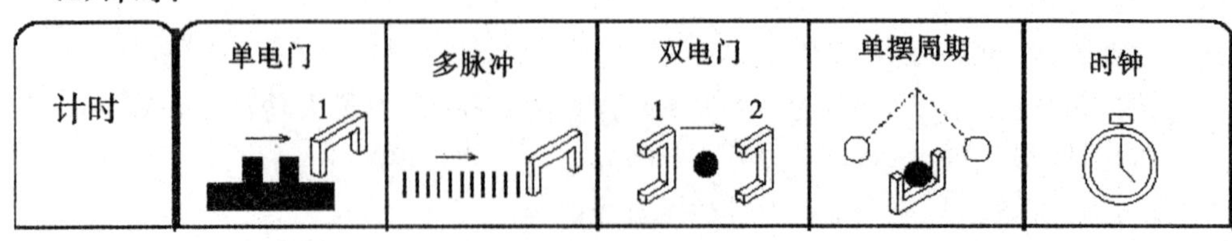

(2)平均速度：

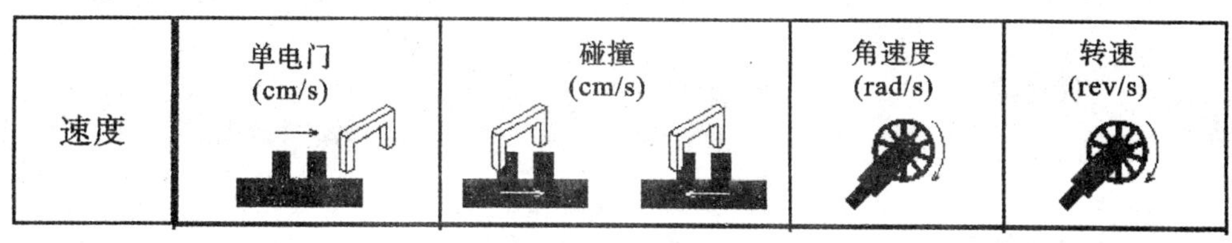

速度	单电门 (cm/s)	碰撞 (cm/s)	角速度 (rad/s)	转速 (rev/s)

(3)加速度：

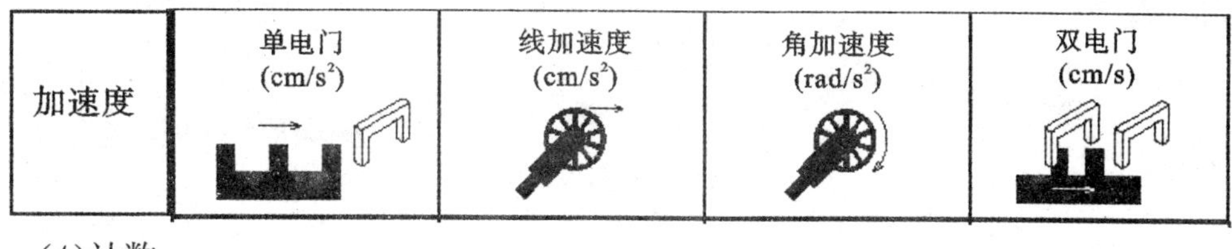

加速度	单电门 (cm/s^2)	线加速度 (cm/s^2)	角加速度 (rad/s^2)	双电门 (cm/s)

(4)计数：

计数	30 s	60 s	3 min	手动

(5)自检：

自检	光电门自检

5. 测量信号输入

(1)计时：

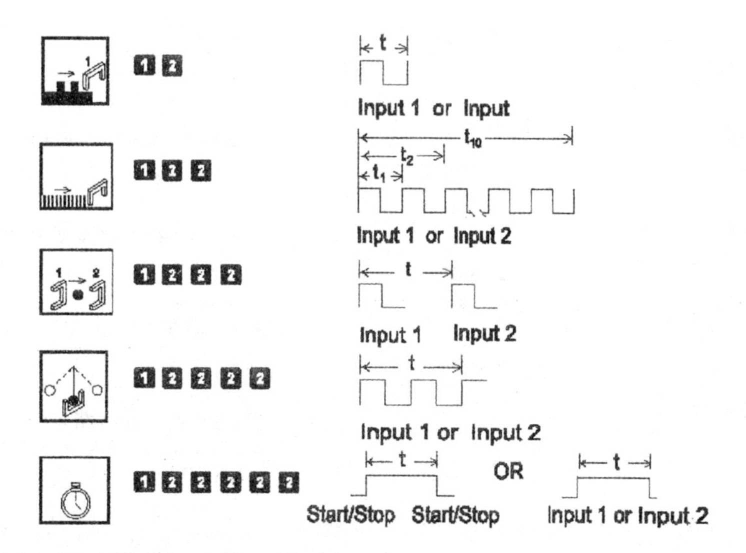

1-1 单电门，测试单电门连续两脉冲间距时间。

1-2 多脉冲，测量单电门连续脉冲间距时间，可测量 99 个脉冲间距时间。

1-3 双电门，测量两个电门各自发出单脉冲之间的间距时间。

1-4 单摆周期，测量单电门第 3 个脉冲到第 1 个脉冲间隔时间。

1-5 时钟，类似跑表，按下确定键则开始计时。

(2)速度：

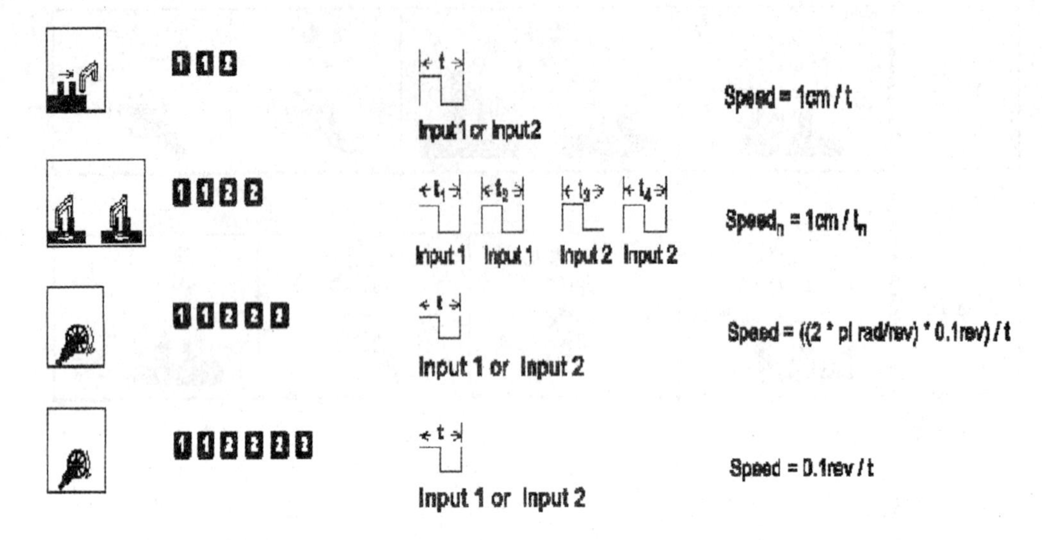

2-1 单电门，测得单电门连续两脉冲间距时间 t，然后根据公式计算速度。

2-2 碰撞，分别测得各个光电门在去和回时遮光片通过光电门得时间 t_1、t_2、t_3、t_4，然后根据公式计算速度。

2-3 角速度，测得圆盘两遮光片通过光电门产生得两个脉冲间隔时间 t，然后根据公式计算速度。

2-4 转速，测得圆盘两遮光片通过光电门产生得两个脉冲间隔时间 t，然后根据公式计算速度。

(3)加速度：

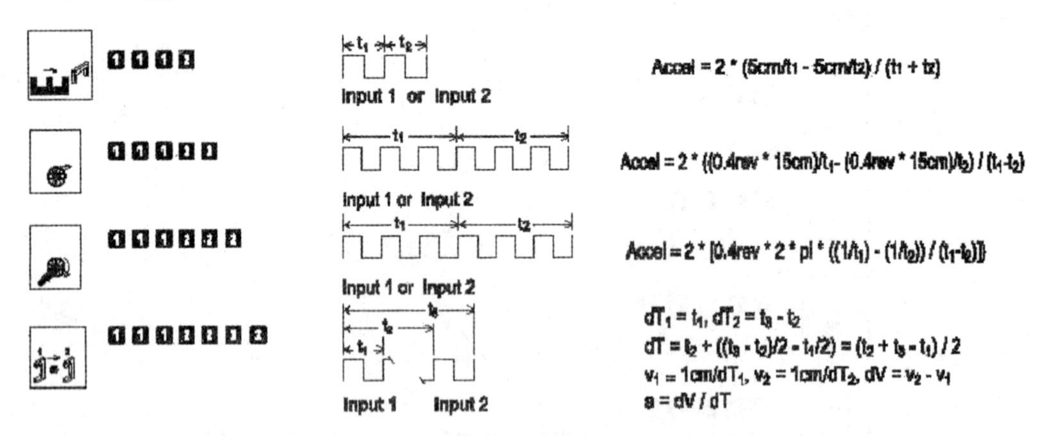

3-1 单电门，测得单电门连续三脉冲各个脉冲与相邻脉冲间距时间 t_1、t_2，然后根据公式计算速度。

3-2 线加速度，测得单电门连续七脉冲第 1 个脉冲与第 4 个脉冲间隔时间 t_1、第 7 个脉冲与第 4 个脉冲间隔时间 t_2，然后根据公式计算速度。

3-3 角加速度，测得单电门连续七脉冲第 1 个脉冲与第 4 个脉冲间隔时间 t_1、第 7 个脉冲与第 4 个脉冲间隔时间 t_2，然后根据公式计算速度。

3-4 双电门，测得 A 通道第 2 个脉冲与第 1 个脉冲间隔时间 t_1，B 通道第 1 个脉冲与 A 通道第 1 个脉冲间隔时间 t_2，B 通道第 2 个脉冲与 A 通道第 1 个脉冲间隔时间 t_3。

(4)计数：

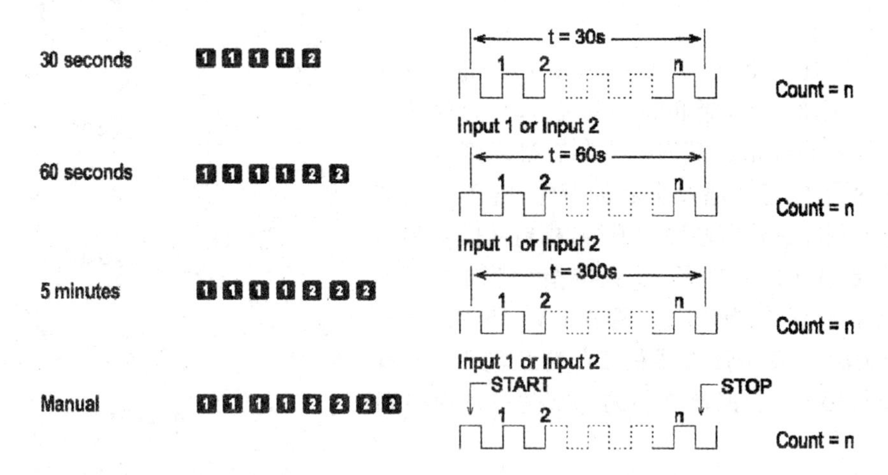

4-1 30 s，第 1 个脉冲开始计时，共计 30 s，记录累计脉冲个数。

4-2 60 s，第 1 个脉冲开始计时，共计 60 s，记录累计脉冲个数。

4-3 3 min，第 1 个脉冲开始计时，共计 3 min，记录累计脉冲个数。

4-4 手动第 1 个脉冲开始计时，手动按下确定键停止，记录累计脉冲个数。

(5)自检：

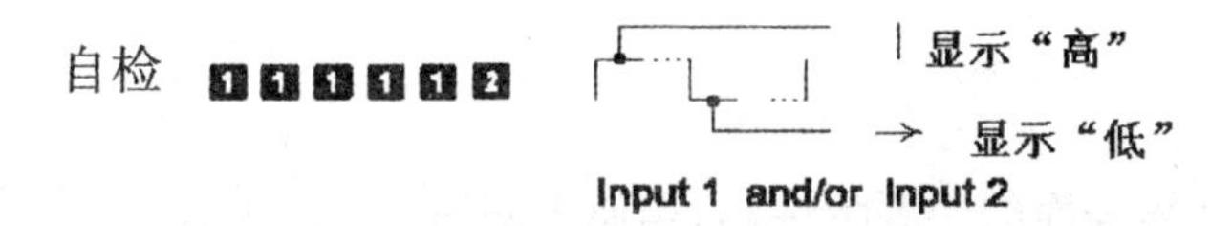

检测信号输入端电平。特别注意：如某一通道无任何线缆连接将显示“高”。自检时正确的方法应该是通过遮挡光电门来查看 LCD 显示通道是否有高低变化。有变化则光电门正常，反之异常。

实验五　拉脱法测量液体表面张力系数

液体的表面张力系数是表征液体性质的一个重要参数，测量液体的表面张力系数的方法有很多，拉脱法是最常用的方法之一。该方法的特点是方法直观，概念清楚。但拉脱法测量液体表面张力在 $1\times10^{-3}\sim1\times10^{-2}$ N 之间，因此需要一种量程范围较小、灵敏度高、稳定性好的测量力的仪器。常用的测量这种微小力的仪器有焦利氏秤、扭秤和新发展的硅压力传感器等。本实验用传统的焦利氏秤来进行测量。

[实验目的]

(1)了解液体表面的性质。

(2)学习焦利氏秤的使用，掌握用其测量液体表面张力系数的方法。

[仪器介绍]

焦利氏秤及配件一套、游标卡尺、螺旋测微器等。

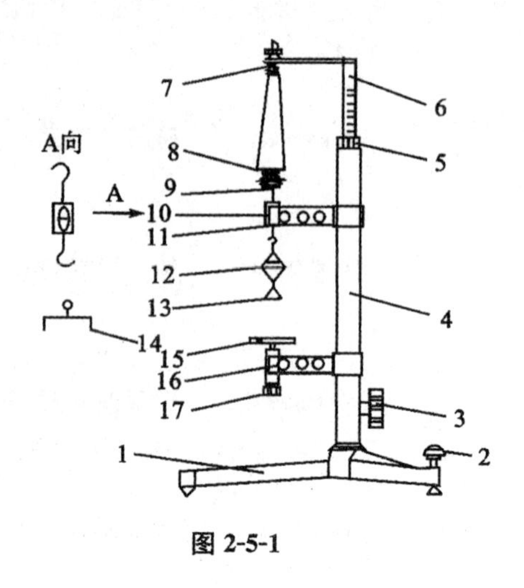

图 2-5-1

焦利氏秤如图 2-5-1 所示，在装有水平调节螺丝 2 的三足座 1 上，竖起装一套筒 4，套筒顶端安装 0.1 刻度的游标 5，筒内插入刻有毫米刻度尺的铜管 6，利用旋钮 3 通过里面的滑轮，链条可调节刻有毫米刻度铜管在套筒中升降，螺钉 7 固定弹簧 8 之用，带小缺口的夹子 10 夹持指示管 11，夹子 16 夹持平台套筒，旋钮 17 调节平台 15 的升降。本仪器另附有表面张力线框 14、玻皿盘 13、铝盘 12 和指标镜 9。磷铜丝绕制的弹簧共三种规格列表如下：

弹簧形状	磷铜丝直径(mm)	最大负荷(g)
柱形	0.5	30
锥形	0.5	15
锥形	0.6	30

[实验原理]

表面张力是液体表面的主要特性，它类似于固体内部的拉伸应力，这种应力存在于极薄的表面层内，是液体表面层内分子力作用的结果。液体表面层的分子有从液面挤入液内的趋势，从而使液面有尽量缩小其表面的趋势，整个液面如同一张拉紧的弹性薄膜。我们把这种沿着液体表面，使液面收缩的力称为表面张力。

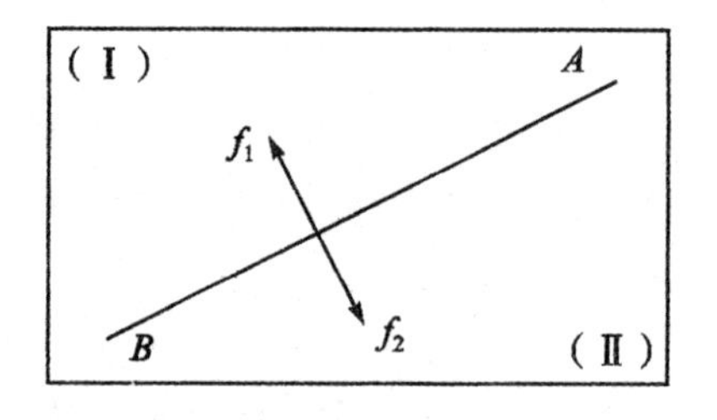

图 2-5-2

假想液面被一直线 AB 分为(Ⅰ)和(Ⅱ)两部分，则(Ⅰ)作用于(Ⅱ)的力为 f_1，而(Ⅱ)作用于(Ⅰ)的力为 f_2，如图 2-5-2 所示。这对平行于液面，且与 AB 垂直的大小相等、方向相反的力就是表面张力，其大小 f 与 AB 长度成正比，即

$$f=\alpha L_{AB} \tag{2-5-1}$$

式中，比例系数 α 叫作表面张力系数，其大小与液体的成分、温度、纯度有关。α 的单位为 $N\cdot m^{-1}$。

本实验使用焦利氏秤，采用拉脱法测量液体的表面张力系数。

将一表面清洁的“⊓”形金属丝垂直浸入液体中，然后缓缓提起，这时“⊓”形金属丝两个侧面都覆盖上一层液膜，“⊓”形金属丝所受的力除了向上的拉力、向下的重力外，还

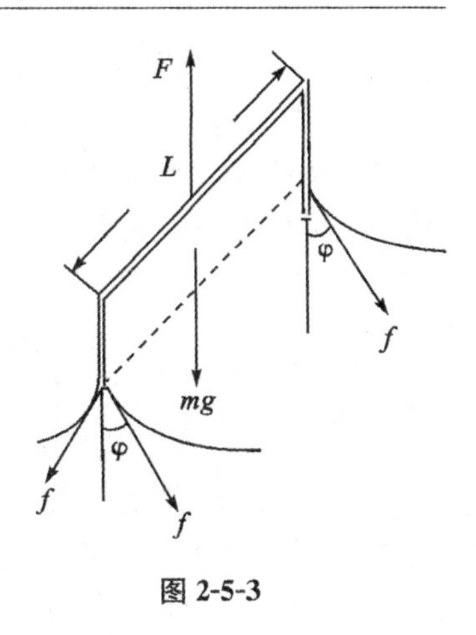

图 2-5-3

有一个表面张力，其方向与液面相切，它与“┌┐”形金属丝的夹角称为接触角 φ，当继续提拉“┌┐”形金属丝，接触角趋于零，这时表面张力是垂直向下的。如图 2-5-3 所示。

这时，金属片在铅直方向上受到金属片的重力 mg，向上的弹簧拉力 F，液体表面对金属丝的作用力——表面张力 $f\cos\varphi$。如果金属片静止，则铅直方向上合力为零，有

$$F=mg+f\cos\varphi$$

在金属片临界脱离液体时，$\varphi\approx0$，即 $\cos\varphi\approx1$，则平衡条件可近似为

$$F=mg+f$$

由于表面张力 f 与液体及金属片的接触边界周长 $2(L+d)$ 成正比，d 为金属丝直径，$f=\alpha\cdot2(l+d)$，那么

$$\alpha=\frac{f}{2(L+d)}=\frac{F-mg}{2(L+d)} \tag{2-5-2}$$

$F-mg$ 很小，本实验通过焦利氏秤来测量。由胡克定律测出精密弹簧的弹性系数 K。当“┌┐”形金属丝稳定地与液面平齐时，焦利氏秤读数为 x_0，当液膜拉破的瞬间，焦利氏秤的读数为 x，则 $F-mg=K(x-x_0)$，代入(2-5-2)式得

$$\alpha=\frac{K(x-x_0)}{2(L+d)}\approx\frac{K(x-x_0)}{2L} \tag{2-5-3}$$

因为金属丝的直径 d 很小，一般的测量中可忽略不计。通过上式，即可求出液体的表面张力系数 α。

[实验内容及步骤]

1. 测定弹簧的劲度系数

将弹簧的上端(图 2-5-1)用螺钉 7 固定住，指标管 11 用夹子 10 夹牢，穿过指标管在弹簧下端挂上指标镜 9，再在指标镜下面挂上铝盘 12，若指标镜与指标管接触，可用三足座上的水平螺丝及弹簧上端的夹头进行调节。使刻度尺的起始线对准游标的起始线，指标管上的刻线、指标镜上的刻线和指标管上的刻线在指标镜中的像对准，即“三线重合”。

每次在铝盘中加 0.5 g 重的砝码，并转动旋钮 3 使“三线重合”。每次刻度尺升高的长度，即为加相应重量的砝码弹簧伸长的长度，记下每次的结果，即可找出所加负荷与弹簧伸长的关系，求出弹簧的劲度系数。用逐差法处理所测数据。

2. 测量液体的表面张力系数

先将盛液体的玻璃杯放在平台上，用表面张力线框代换玻皿盘挂在铝盘下面，转动旋钮 3 使“三线重合”，转动旋钮 17 使平台升起直到线框全部浸入液体中。然后慢慢地降下平台，使线框刚好在液面上(从液面下面往上看，可见此时线框与其在液面上成的像刚好重合)，并随时校正指标镜的位置，使其刻线对准指标管上的刻线。记下此时刻度尺和游

标的读数 x_0。缓慢地使平台下降使线框露出液面，并同时转动旋钮 3 使弹簧的上端升高，且始终保持指标镜与指标管上的刻线对准，直至线下附有的一层液膜破裂，记下刻度尺和游标的读数 x，其差 $(x-x_0)$ 主要是由于表面张力所引起的，$(x-x_0)$ 乘上弹簧的劲度系数即可算出液膜破裂时弹簧所施的拉力 F(亦可在铝盘中加砝码，恢复到液膜破裂时的状态，所加砝码的重量即该力)，量出线框的长度 L。

计算出 α 即得该温度下的液体表面张力系数。

[数据记录及处理]

(1)测定弹簧的劲度系数。每次在铝盘中加 0.5 g 重的砝码，测 10 组数据，记下每次的结果，用逐差法计算弹簧的劲度系数。

(2)测量液体的表面张力系数。测量 x，x_0 位置，测量 5 次。

根据以上数据计算该温度下的液体表面张力系数 α。

[注意事项]

(1)被试的液体必须保持十分洁净，如含有杂质(尤其是液体表面)将改变表面张力，液体应在开始做实验时才从容器中取出。

(2)线框如有油污应先用汽油清洗，再用酒精洗净烘干。

(3)测量表面张力时，动作必须很缓慢，特别是当液膜要破裂时要更加小心。

[仪器保管]

(1)每次实验完后必须将各附件放入特备的盒中妥善保存。

(2)实验时不得使弹簧负荷超过规定值，以免超过弹性限度，产生残余形变。

[思考题]

(1)测金属丝框的宽度时，应测它的内宽还是外宽？为什么？

(2)若中空立管不垂直，对测量有何影响？试作定量分析。

(3)在水中滴入几滴肥皂液(或将水加热)后，水的表面张力有什么变化？

实验六　空气比热容比测定

空气比热容比是描述空气绝热过程中状态(压强、温度和体积)变化的重要参数。本实验通过测量空气在绝热膨胀、等容等热力学过程中压强和温度的变化，测定空气的比热容比。

[实验目的]

(1)学习压力传感器和温度传感器的原理及使用方法。

(2)了解热力学过程中气体的状态变化及满足的物理规律。

(3)掌握用绝热膨胀法测定空气的比热容比。

[仪器介绍]

空气比热容比测定仪装置如图 2-6-1 所示，其中 1 为进气活塞 C_1；2 为放气活塞 C_2；3 为温度传感器 AD590，它通过的电流与温度呈线性关系，AD590 接 6 V 直流电源后组成一个稳流源，见图 2-6-2，它的测温灵敏度为 1.00 μA・℃$^{-1}$，若串接 5 kΩ 电阻后(仪器背面有一个内接、外接键，内接时，仪器内部已串接好 5 kΩ 电阻；外接时，需要从前面板留出的接线头，接入5 kΩ电阻)，可产生5mV・℃$^{-1}$的信号电压，接0～2 V量程四位半数字电

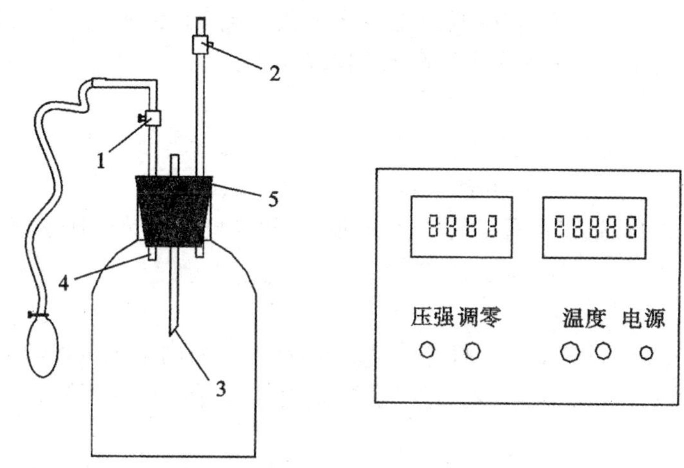

1. 进气活塞C_1　2. 放气活塞C_2　3. AD590　4. 气体压力传感器　5. 704胶粘剂

图 2-6-1

压表，可检测到最小 0.02℃温度变化；4 为气体压力传感器，当待测气体压强为 $P_0+10.00$ kPa 时，数字电压表显示为 200 mV，仪器测量气体压强灵敏度为 20 mV・(kPa)$^{-1}$，测量精度为 5 Pa。当待测气体压强为环境大气压 P_0时，数字电压表应调为零。

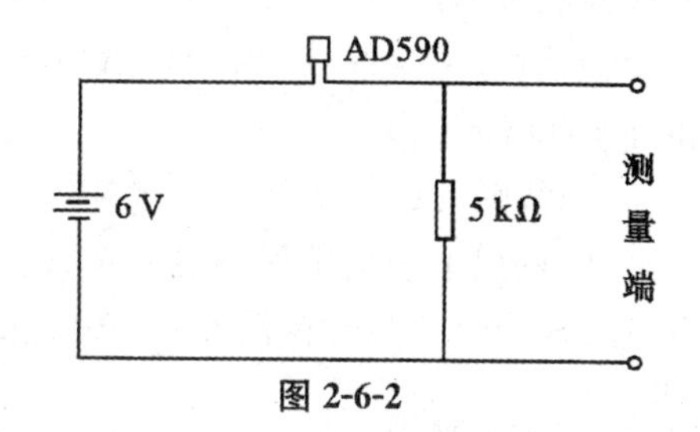

图 2-6-2

[实验原理]

对理想气体的定压摩尔比热容 C_p 和定容摩尔比热容 C_v 之间满足以下关系：

$$C_p-C_v=R \tag{2-6-1}$$

式中，R 为气体普适常数。定义气体的比热容比值 γ：

$$\gamma=C_p/C_v \tag{2-6-2}$$

气体的比热容比也称为气体的绝热系数，γ 值经常出现在热力学方程中。可以利用气体状态变化过程中所遵循的物理规律，找出气体比热容比与气体状态参量之间的关系，从而通过测量气体状态参量，求得其比热容比。

如图 2-6-1 所示。实验时先关闭活塞 C_2，将原处于环境大气压强 P_0、室温 T_0的空气通过活塞 C_1充入贮气瓶内，这时瓶内空气压强增大，温度升高。贮气瓶内空气达到一定

量后，关闭活塞 C_1。待稳定后瓶内空气达到状态Ⅰ(P_1,V_1,T_1)，V_1为贮气瓶容积。然后彻底打开阀门 C_2，使瓶内空气与大气相通，达到状态Ⅱ(P_0,V_2,T_2)，再迅速关闭活塞 C_2，V_2包括瓶内气体和放到外面的一部分气体。由于放气过程很短，从状态Ⅰ到状态Ⅱ可认为是一个绝热膨胀过程。瓶内气体压强减小，温度降低。在绝热膨胀过程中气体满足方程：PV^γ＝常量。

对应状态Ⅰ和状态Ⅱ的状态参量，得到

$$P_1V_1{}^\gamma=P_0V_2{}^\gamma \tag{2-6-3}$$

在关闭活塞 C_2之后，贮气瓶内气体温度将升高，当升高到温度 T_1 时，作为状态Ⅲ(P_2,V_2,T_1)。从状态Ⅰ到状态Ⅲ是一等温过程，应满足

$$P_1\cdot V_1=P_2\cdot V_2 \tag{2-6-4}$$

由(2-6-3)和(2-6-4)式可得到

$$\gamma=(\lg P_0-\lg P_1)/(\lg P_2-\lg P_1) \tag{2-6-5}$$

利用(2-6-5)式可以通过测量 P_0、P_1和 P_2值，求得空气的比热容比 γ 值。

[实验内容]

(1)接好仪器电路，开启电源。打开放气活塞，使贮气瓶内空气压强与室内环境相同，然后将压力传感器所接电压表调零。记录实验室内气压计显示的环境大气压 P_0和室内温度 T_0。

(2)关闭放气活塞，打开进气活塞，使用打气球将一定量空气充入贮气瓶内，然后关闭进气活塞，观察压力传感器和温度传感器显示的瓶内空气压强和温度，记录二者达到稳定时的数值 P_1和 T_1。

(3)打开放气活塞，当放气声消失时，贮气瓶内空气的压强降至环境大气压 P_0，这时迅速关闭放气活塞。

(4)待贮气瓶内空气的温度升至 T_1时，记录瓶内气体的压强 P_2。

(5)按以上步骤重复测量 6 次，根据公式(2-6-5)计算各次的空气比热容比，求平均值并估计误差。并与理论值 $\gamma=1.402$ 相比较，求其相对误差。

[数据记录及处理]

根据实验内容及步骤，自拟表格记录测量数据。压力传感器所测压强显示为电压值，数据处理过程中应首先根据电压表调零和满量程时对应的压强值，确定电压和压强之间的线性关系，将实验记录的电压值(mV)换算为压强(kPa)。

[注意事项]

(1)实验步骤(3)打开活塞 C_2放气时，当听到放气声结束应迅速关闭活塞 C_2，提早或推迟关闭活塞 C_2，都将影响实验要求，引入误差。由于数字电压表尚有滞后显示，如用计算机实时测量，发现此放气时间为零点几秒，并与放气声消失很一致，所以关闭活塞 C_2用听声更可靠些。

(2)实验要求环境温度基本不变，如发生环境温度不断下降情况，则实验步骤(4)中贮

气瓶内空气温度无法升至 T_1。可在远离实验仪器处适当加温，以保证实验正常进行。

(3)实验过程中进气和放气活塞如漏气，可用凡士林涂抹活塞进行密封。

[思考题]

该实验引起误差的原因有哪些？实验操作的关键是什么？

实验七　弦线上波的传播规律研究

两端固定且绷紧的均匀弹性弦线上传播的简谐波，当两个固定端点之间的距离等于半波长的整数倍时，在间距为半波长的位置会交替出现振幅为零(波节)和振幅最大(波腹)的点，从而形成驻波。本实验通过在两端固定的弦线上产生的驻波验证波长与频率和弦线张力之间的关系。

[实验目的]

(1)了解两端固定的弦线上波的传播规律、形成驻波的条件、驻波波形及波节间距与波长之间的关系。

(2)验证驻波波长与频率、弦线张力之间的关系，计算驻波波速和弦线的线密度。

[仪器介绍]

弦线上驻波实验仪装置如图 2-7-1 所示。

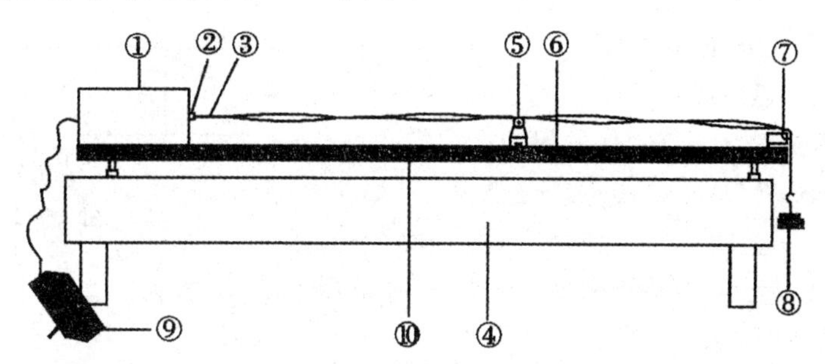

①可调频率的数显机械振动源　②振簧片　③弦线　④实验台　⑤可动滑轮支架　⑥标尺　⑦固定滑轮　⑧砝码与砝码盘　⑨变压器　⑩轨道

图 2-7-1

[实验原理]

两端固定且绷紧的均匀弹性弦线上，位置坐标为 x 的点沿垂直弦线方向上振动的位移 y 满足方程

$$\frac{\partial^2 y}{\partial t^2}=\frac{T}{\mu}\frac{\partial^2 y}{\partial x^2} \tag{2-7-1}$$

式中，μ 和 T 分别为弦线的线密度和张力。式(2-7-1)形式上与波动方程相似：

$$\frac{\partial^2 y}{\partial t^2}=\frac{1}{v^2}\frac{\partial^2 y}{\partial x^2} \tag{2-7-2}$$

式中 v 为波速。二者对比可得波速 v 与弦线的线密度 μ 和张力 T 之间的关系：

$$v=\sqrt{\frac{T}{\mu}} \tag{2-7-3}$$

波动方程(2-7-2)最简单的解为简谐波：

$$y_1=A\cos 2\pi(ft-x/\lambda) \tag{2-7-4}$$

式中，A、f、λ 分别为简谐波的振幅、频率和波长。式(2-7-4)代入方程(2-7-1)得波长与频率、弦线的线密度和张力之间的关系：

$$\lambda=\frac{1}{f}\sqrt{\frac{T}{\mu}} \tag{2-7-5}$$

由上式两边取对数可知波长、频率、弦线的张力和线密度的对数值之间呈线性关系：

$$\lg\lambda=-\lg f+\frac{1}{2}\lg T-\frac{1}{2}\lg\mu \tag{2-7-6}$$

驻波的形成如图 2-7-2 所示。设图中的两列波是沿 x 轴相向传播的振幅相同、频率相同的简谐波。

向右传播的波用细实线表示，向左传播的波用虚线表示，它们迭加后形成驻波，用粗实线表示。两端固定的弦线上传播的简谐波[式(2-7-4)]，在固定端点处会发生反射，反射波的振幅、频率和波长与入射波相同，而传播方向相反：

$$y_2=A\cos 2\pi(ft+x/\lambda) \tag{2-7-7}$$

两波迭加后的合成波为驻波，其方程为

$$y=y_1+y_2=2A\cos 2\pi(x/\lambda)\cos 2\pi ft \tag{2-7-8}$$

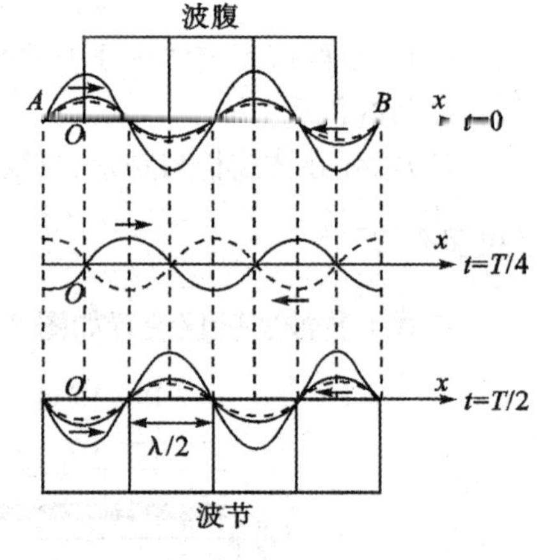

图 2-7-2

驻波在满足 $\cos(2\pi/\lambda)x=0$ 处振幅为零的点称为波节，其位置为

$$x=(2n+1)\frac{\lambda}{4} \tag{2-7-9}$$

式中 n 为自然数；相邻波节间距为半波长 $\lambda/2$。驻波在满足 $\cos(2\pi/\lambda)x=\pm 1$ 处振幅最大的点称为波腹，其位置为

$$x=n\frac{\lambda}{2} \tag{2-7-10}$$

其相邻波腹间距同样为半波长，波节与波腹沿弦线交替出现。因此形成驻波时，两个波节间距离 L 等于半波长 $\lambda/2$ 的整数倍：

$$L=m\frac{\lambda}{2}\quad (m=1,2,3,\cdots) \tag{2-7-11}$$

[实验内容及步骤]

1. 验证驻波波长与弦线张力的关系

(1)固定机械振动源频率 f,往砝码盘不断增加砝码数,以改变弦线张力 T。

(2)每增加一次砝码,左右移动可动滑轮,调出驻波。

(3)当驻波振幅较大且较为稳定时,读出靠近振源的波节和可动滑轮间的距离 L,并记录之间的波节数,由式(2-7-11)算出波长 λ。

(4)作 $\lg\lambda$-$\lg T$ 图,线性拟合求斜率,验证驻波波长与弦线张力满足关系式(2-7-6)。

2. 验证驻波波长与频率的关系

(1)往砝码盘放置一定数量的砝码,这时弦线张力固定,然后不断改变机械振动源的振动频率。

(2)每改变一次振动频率,用步骤 1 中方法调出驻波,并计算波长。

(3)作 $\lg\lambda$-$\lg T$ 图,线性拟合求斜率,验证驻波波长与频率满足关系式(2-7-6)。

3. 根据步骤 1 和 2 中线性拟合的截距计算弦线的线密度和驻波波速。

[数据记录及处理]

(1)验证横波的波长与弦线中的张力的关系,至少测 6 组数据。

(2)验证横波的波长与波源振动频率的关系,至少测 6 组数据,每次频率变化值要大于 10 Hz,可不等间隔变化。

自拟表格记录机械振动源频率、砝码盘和砝码总质量(砝码盘和砝码质量均为 45 g)、产生驻波时测量段的始末位置及之间半波长的个数。

[注意事项]

(1)弦线上产生的驻波应振幅较大且较为稳定。

(2)弦线张力等于砝码盘和砝码重力之和,测量过程应保持砝码盘静止以达到力学平衡。

(3)机械振动源的频率与实验装置固有频率接近时会出现共振现象,导致驻波不稳定,这时应改变机械振动源频率。

(4)产生驻波时两个固定端点之间距离至少为 3 个半波长,即至少存在 2 个波节。

[思考题]

测量驻波波长时为何要两个固定端点之间至少存在 2 个波节?

[选做或拓展]

(1)设计实验说明砝码盘摆动对测量驻波波长的影响。

(2)移动可动滑轮产生驻波时,向左与向右移动至同一位置时,二者振幅是否相同?对测量驻波波长有何影响?

实验八　声速的测量

声波是机械振动在介质中的传播形式，在气体和液体中传播时只有纵波，在固体中传播时可能同时存在纵波和横波。人耳可以听到的声波频率一般在 20 Hz～20 kHz 之间，频率低于 20 Hz 的声波称为次声波，而频率超过 20 kHz 的声波称为超声波。超声波具有波长短、易于定向传播等优点。超声波在测距、定位、成像、测液体流速、测材料弹性模量、测量气体温度瞬间变化和高强度超声波通过会聚做医学手术刀使用等方面都得到广泛的应用，超声波传播速度的测量有重要意义。在同一媒质中，超声波的传播速度就是声波的传播速度，而在超声波段进行传播速度的测量比较方便，我们通过媒质(气体、液体)中超声波传播速度测定来测量其声波的传播速度。

[实验目的]

(1)了解声波产生、传播、接收的原理，及声波的波长、频率、传播速度等重要性质。

(2)用共振干涉法、相位比较法和时差法测量声速，并加深对共振、振动合成、波的干涉等理论知识的理解。

(3)进一步掌握示波器和低频信号发生器的使用。

[实验仪器及介绍]

1. 实验仪器

声速测定仪、低频信号发生器、示波器。

2. 仪器介绍

声速测定仪中的压电片是由一种多晶结构的压电材料(如石英、锆钛酸铅陶瓷等)做成的。它在应力作用下两极产生异号电荷，两极间产生电位差(称正压电效应)；而当压电材料两端间加上外加电压时又能产生应变(称逆压电效应)。利用上述可逆效应可将压电材料制成压电换能器，以实现声能与电能的相互转换。压电换能器可以把电能转换为声能作为声波发生器，也可把声能转换为电能作为声波接收器。

压电陶瓷换能器根据其工作方式，可分为纵向(振动)换能器、径向(振动)换能器及弯曲振动换能器。图 2-8-1 为纵向换能器的结构简图。

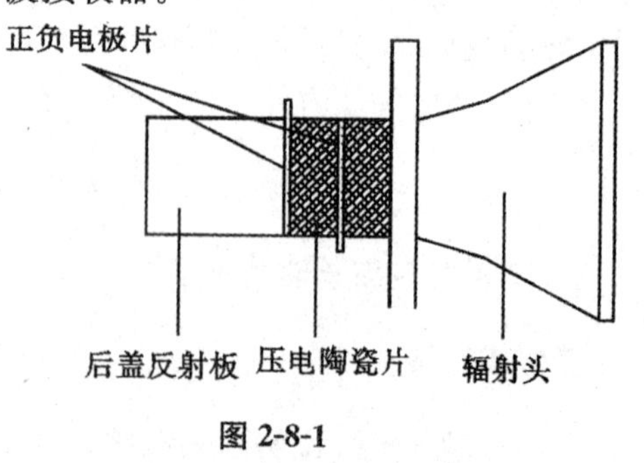

图 2-8-1

声速测定仪实验装置接线如图 2-8-2 所示，图中 S_1 和 S_2 为压电陶瓷超声换能器。S_1 作为超声源(发射头)，低频信号发生器输出的正弦交变电压信号接到换能器 S_1 上，使 S_1 发出一平面波。S_2 作为超声波接收器，把接收到的声压转换成交变的正弦电压信号后输入示波器观察。S_2 在接收超声波的同时还会反射一部分超声波。这样，由 S_1 发出的超声波和由 S_2 反射的超声波在 S_1 和 S_2 之间产生定域干涉，而形成驻波。

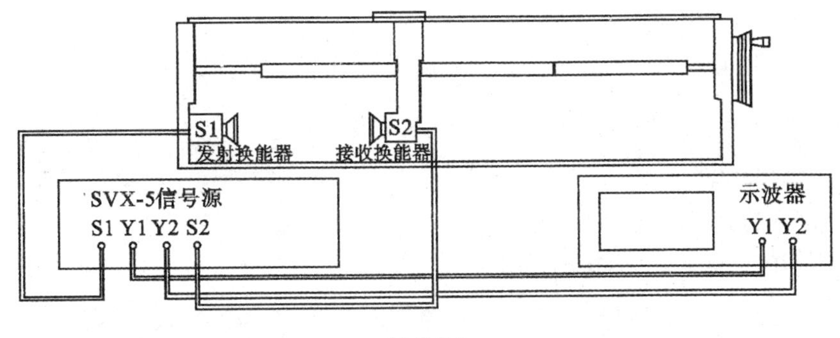

图 2-8-2

[实验原理]

1. 声波与压电陶瓷换能器

声速测定实验所采用的声波频率一般在 20～60 kHz 之间。在此频率范围内，采用压电陶瓷换能器作为声波的发射器、接收器效果最佳。

声波振动状态的传播是通过媒质各点间的弹性力来实现的，因此波速决定于媒质的状态和性质（密度和弹性模量）。液体和固体的弹性模量与密度的比值一般比气体大，因而其中的声速也较大。由于在波动传播过程中波速 v、波长 λ 与频率 f 之间存在着 $v=\lambda f$ 的关系，若能同时测定媒质中声波传播的频率 f 及波长 λ，即可求得此种媒质中声波的传播速度 v。通过测量也可了解被测媒质特性或状态的变化。

2. 共振干涉（驻波）法测声速

如图 2-8-2 所示，由 S_1 发出的超声波和由 S_2 反射的超声波在 S_1 和 S_2 之间产生定域干涉，而形成驻波。由波动理论知，当入射波振幅 A_1 与反射波振幅 A_2 相等，即 $A_1=A_2=A$ 时，某一位置 x 处的合振动方程为

$$y=y_1+y_2=(2A\cos 2\pi \frac{x}{\lambda})\cos\omega t \tag{2-8-1}$$

由(2-8-1)式可知，当

$$2\pi \frac{x}{\lambda}=(2k+1)\frac{\pi}{2}\ (k=0,1,2,3,\cdots) \tag{2-8-2}$$

即 $x=(2k+1)\frac{\lambda}{4}(k=0,1,2,3,\cdots)$时，这些点的振幅始终为零，即为波节。

当

$$2\pi \frac{x}{\lambda}=k\pi\ (k=0,1,2,3,\cdots) \tag{2-8-3}$$

即 $x=k\frac{\lambda}{2}(k=0,1,2,3,\cdots)$时，这些点的振幅最大，等于 $2A$，即为波腹。

由上可知，相邻波腹（或波节）的距离为$\frac{\lambda}{2}$。

对一个振动系统来说，当振动激励频率与系统固有频率相近时，系统将发生能量积聚产生共振，此时振幅最大。当激励频率偏离系统固有频率时，驻波的形状不稳定，且声波

波腹的振幅比最大值小得多。

由(2-8-3)式可知，当 S_1 和 S_2 之间的距离 L 恰好等于半波长的整数倍，即

$$L=k\frac{\lambda}{2}\ (k=0,1,2,3,\cdots)$$

时形成驻波，接收换能器 S_2 恰好处于波腹，示波器上可观察到较大幅度的信号，而不满足条件时，观察到的信号幅度较小。移动 S_2，对某一特定波长，将相继出现一系列共振态，任意两个相邻的共振态之间，S_2 的位移为

$$\Delta L=L_{k+1}-L_k=(k+1)\frac{\lambda}{2}-k\frac{\lambda}{2}=\frac{\lambda}{2} \tag{2-8-4}$$

所以当 S_1 和 S_2 之间的距离 L 连续改变时，示波器上的信号幅度每一次周期性变化，相当于 S_1 和 S_2 之间的距离改变了 $\frac{\lambda}{2}$。此距离 $\frac{\lambda}{2}$ 可由游标卡尺测得，频率 f 由信号发生器读得，由 $v=\lambda\cdot f$ 即可求得声速。

3. 相位比较法

如图 2-8-2 所示，置示波器于 X-Y 工作方式。当 S_1 发出的平面超声波通过媒质到达接收器 S_2，在发射波和接受波之间产生位相差：

$$\Delta\varphi=\varphi_1-\varphi_2=2\pi\frac{L}{\lambda}=2\pi f\frac{L}{v} \tag{2-8-5}$$

因此，可以通过测量 $\Delta\varphi$ 来求得声速。

$\Delta\varphi$ 的测定可用相互垂直振动合成的李萨如图形来进行。设输入 X 轴的入射波振动方程为

$$x=A_1\cos(\omega t+\varphi_1) \tag{2-8-6}$$

输入 Y 轴的是由 S_2 接收到的波动，其振动方程为

$$y=A_2\cos(\omega t+\varphi_2) \tag{2-8-7}$$

上两式中，A_1 和 A_2 分别为 X、Y 方向振动的振幅；ω 为角频率；φ_1 和 φ_2 分别为 X、Y 方向振动的初位相，则合成振动方程为

$$\frac{x^2}{A_1^2}+\frac{y^2}{A_2^2}-\frac{2xy}{A_1A_2}\cos(\varphi_2-\varphi_1)=\sin^2(\varphi_2-\varphi_1) \tag{2-8-8}$$

此方程轨迹为椭圆，椭圆长、短轴和方位由相位差 $\Delta\varphi=\varphi_1-\varphi_2$ 决定。当 $\Delta\varphi=0$ 时，由(2-8-8)式得 $y=\frac{A_2}{A_1}x$，即轨迹为处于第一和第三象限的一条直线，显然直线的斜率为 $\frac{A_2}{A_1}$；当 $\Delta\varphi=\pi$ 时，得 $y=-\frac{A_2}{A_1}x$，则轨迹为处于第二和第四象限的一条直线，直线的斜率为 $-\frac{A_2}{A_1}$，如图 2-8-3 所示。

当改变 S_1 和 S_2 之间的距离 L，相当于改变了发射波和接受波之间的位相差，荧光屏上的图形也随之不断变化。显然，当 S_1、S_2 之间距离改变半个波长，即 $\Delta L=\lambda/2$，则 $\Delta\varphi=\pi$。随着振动的位相差从 0 到 π 的变化，李萨如图形从斜率为正的直线变为椭圆，再变到斜率为负的直线。因此，每移动半个波长，就会重复出现斜率符号相反的直线，测得了波长 λ 和频率 f，根据式 $v=\lambda f$ 可计算出室温下声音在媒质中传播的速度。

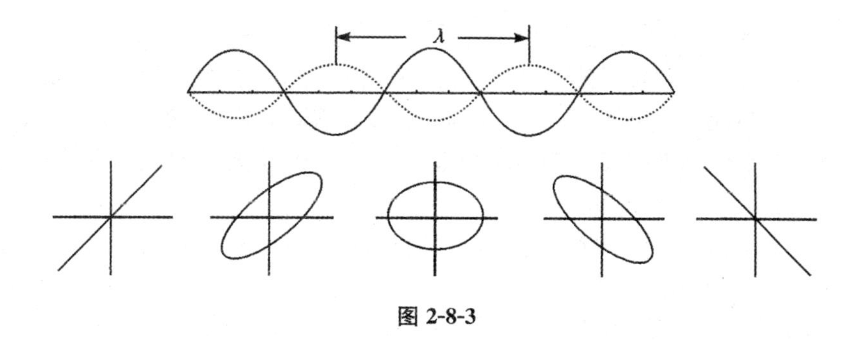

图 2-8-3

图形调整：由于接收距离的变化，造成接收信号的强度变化，出现李萨如图形偏离示波屏中心或图形不对称的情况时，可调节示波器输入衰减旋钮、X 轴或 Y 轴，使得图形变的更直观。

4. 时差法

设以脉冲调制信号激励发射换能器，产生的声波在介质中传播，经过时间 t 后，到达距离 L 处的接收换能器。所以，可以用以下公式求出声波在介质中传播的速度：

$$v=L/t$$

作为接收器的压电陶瓷换能器，在接收到来自发射换能器的波列的过程中，能量不断积聚，电压变化波形曲线振幅不断增大，当波列过后，接收换能器两极上的电荷运动呈阻尼振荡，电压变化波形曲线如图 2-8-4 所示。信号源显示了波列从发射换能器发射，经过距离 L 后到达接收换能器的时间 t。

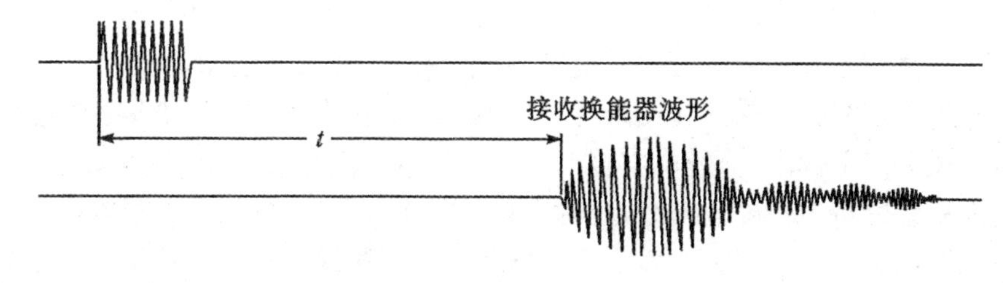

图 2-8-4

[实验内容]

1. 声速测试仪系统的连接与调试

通电后，信号源自动工作在连续波方式，选择的介质为空气的初始状态，预热 15 min。声速测试仪和声速测试仪信号源及双踪示波器之间的连接如图 2-8-2 所示。

(1)测试架上的换能器与声速测试仪信号源之间的连接。信号源面板上的发射端换能器接口(S_1)，用于输出相应频率的功率信号，接至测试架左边的发射换能器(S_1)；仪器面板上的接收端的换能器接口(S_2)，连接测试架右边的接收换能器(S_2)。

(2)示波器与声速测试仪信号源之间的连接。信号源面板上的发射端的发射波形(Y_1)，接至双踪示波器的 CH1，用于观察发射波形；信号源面板上的接收端的接收波形(Y_2)，接至双踪示波器的 CH2，用于观察接收波形。

2. 测定压电陶瓷换能器系统的最佳工作点

只有当换能器 S_1 和 S_2 发射面与接收面保持平行时才有较好的接收效果；为了得到较清晰的接收波形，只有将外加的驱动信号频率调节到发射换能器 S_1 谐振频率点处时，才能较好地进行声能与电能的相互转换，提高测量精度，从而得到较好的实验效果。按照调节到压电陶瓷换能器谐振点处的信号频率，估计一下示波器的扫描时基 t/DIV 并进行调节，使在示波器上获得稳定波形。

超声换能器工作状态的调节方法如下：各仪器都正常工作以后，首先调节声速测试仪信号源输出电压(100～500 mV)，调节信号频率(25～45 kHz)，观察频率调节时接收波的电压幅度变化，在某一频率点(34.5～37.5 kHz)处电压幅度最大，同时声速测试仪信号源的信号指示灯亮，此频率即是压电换能器 S_1、S_2 相匹配的频率点，记录频率 f_N，改变 S_1 和 S_2 之间的距离，适当选择位置(即至示波器屏上呈现出最大电压波形幅度时的位置)，再微调信号频率，如此重复调整，再次测定工作频率，共测 5 次，取平均值 $\overline{f}$，并将此平均值设定为信号发生器的最佳工作频率。

3. 共振干涉法(驻波法)测量波长

将测试方法设置到连续波方式。设定最佳工作频率，观察示波器，找到接收波形的最大值。然后，转动距离调节鼓轮，这时波形的幅度会发生变化(注意：此时在示波器上可以观察到来自接收换能器的振动曲线波形发生位移)，记录幅度为最大时的距离 L_i，距离由数显尺上直接读出或在机械刻度上读出，再向前或者向后(必须是一个方向)移动。当接收波形幅度由大变小，再由小变大，且达到最大时，记录此时的 L_{i+1}。波长 $\lambda=2|L_{i+1}-L_i|$，多次测定用逐差法处理数据。根据 $v=\lambda f$ 求出声速。

4. 相位比较法(李萨如图形)测量波长

将测试方法设置到连续波方式。设定最佳工作频率，置示波器于 X-Y 工作方式，这时转动鼓轮直至观察到的李萨如图形为一斜线，记录下此时的位置 L_i，由数显尺上直接读出或在机械刻度上读出，继续单向转动调节鼓轮，改变换能器间的距离，观察到的波形又回到前面所说的特定角度的斜线，这时来自接收换能器 S_2 的振动波形发生了 2π 相移，记录此时的距离 L_{i+1}。波长 $\lambda=|L_{i+1}-L_i|$，多次测定用逐差法处理数据。根据 $v=\lambda f$ 求出声速。

5. 时差法测量声速

将测试方法设置到脉冲波方式。将 S_1 和 S_2 之间的距离调到一定距离(≥50 mm)。再调节接收增益，使示波器上显示的接收波信号幅度为 300～400 mV(峰—峰值)，定时器工作在最佳状态。然后记录此时的距离 L_i 和显示的时间值 t_i(时间由声速测试仪信号源时间显示窗口直接读出)。移动 S_2，同时调节接收增益使接收波信号幅度始终保持一致。记录下这时的距离值 L_{i+1} 和显示的时间值 t_{i+1}。则声速 $v_i=(L_{i+1}-L_i)/(t_{i+1}-t_i)$。

[实验数据记录及处理]

根据实验内容自拟数据记录表，注意记录仪器的测量精度和实验室内的温度。

共振干涉法和相位比较法测量声速，要求用逐差法处理数据。对于每个结果，要分别计算 A 类不确定度和 B 类不确定度，并据此给出不确定度。数据处理过程要给出必要的步骤。

[注意事项]

(1)移动接收换能器时,注意不要与发射换能器或端点过近,以免损坏螺丝杆。

(2)当使用媒质为液体测试声速时,必须把换能器完全浸没,但不能超过液面线。然后将信号源面板上的媒质选择键切换至"液体",即可进行测试,步骤相同。

同时注意:

(1)在测试槽内注入液体时请用液体进出通道。

(2)在液体作为传播媒质测量时,严禁将液体滴到数显尺杆和数显表头。如果不慎将液体滴到数显尺杆和数显表头请用面巾纸将其吸干,必要时可用70℃以下的温度将其烘干,即可使用。

(3)应避免液体接触到其他金属件,以免金属物件被腐蚀。

[思考题]

(1)为什么要在谐振频率条件下进行声速测量?如何调节和判断测量系统是否处于谐振状态?

(2)声音在不同介质中传播有何区别?声速为什么会不同?

(3)声速测量中共振干涉法、相位法有何异同?

[附录]

(1)已知声速在标准大气压下与传播介质空气的温度关系为

$$v=(331.45+0.59t)\mathrm{m\cdot s^{-1}}$$

(2)液体中的声速见附表2-8-1。

附表2-8-1

液体	t_0/℃	$v/\mathrm{m\cdot s^{-1}}$
海水	17	1 510～1 550
普通水	25	1 497
菜籽油	30.8	1 450
变压器油	32.5	1 425

实验九　弯曲法测杨氏模量

杨氏模量是表征在弹性限度内物质材料抗拉或抗压的物理量,它是沿纵向的弹性模量。杨氏模量的大小标志材料的刚性,杨氏模量越大,越不容易发生形变。杨氏模量是选定机械零件材料的依据之一,是工程技术设计中常用的参数。

杨氏模量的测量方法:一是静态法,二是动态法。本实验采用静态弯曲法测杨氏模量。

[实验目的]

(1)熟悉霍尔位置传感器的特性。

(2)弯曲法测量黄铜的杨氏模量。

(3)测黄铜杨氏模量的同时,对霍尔位置传感器定标。

(4)用霍尔位置传感器测量可锻铸铁的杨氏模量。

[实验仪器与介绍]

弯曲法测杨氏模量基本装置如图 2-9-1 所示。除此之外,还包括底座固定箱和霍尔位置传感器输出信号测量仪(含直流数字电压表)。

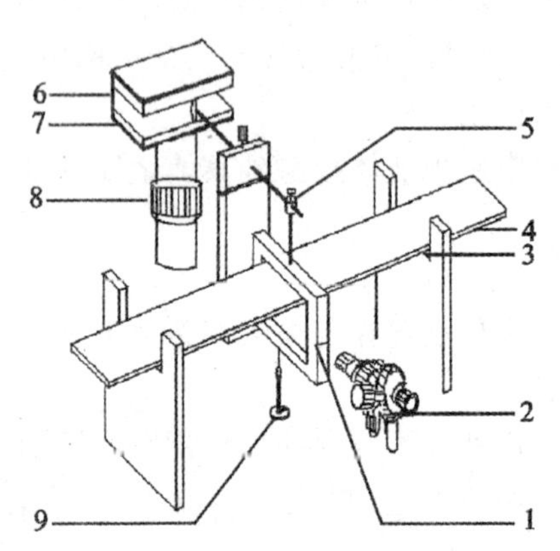

1. 铜刀口上的基线 2. 读数显微镜 3. 刀口
4. 横梁 5. 铜杠杆(顶端装有95A型集成霍尔传感器)
6. 磁铁盒 7. 磁铁(N极相对放置) 8. 调节架 9. 砝码

图 2-9-1

[实验原理]

1. 霍尔位置传感器

如图 2-9-2 所示,霍尔元件置于磁感应强度为 B 的磁场中,在垂直于磁场方向通以电流 I,则与这二者相垂直的方向上将产生霍尔电势差 U_H:

$$U_H=K\cdot I\cdot B \quad (2\text{-}9\text{-}1)$$

式中,K 为元件的霍尔灵敏度。如果保持霍尔元件的电流 I 不变,而使其在一个均匀梯度的磁场中移动时,则输出的霍尔电势差变化量为

$$\Delta U_H=K\cdot I\cdot \frac{\mathrm{d}B}{\mathrm{d}Z}\cdot \Delta Z \quad (2\text{-}9\text{-}2)$$

式中,ΔZ 为位移量。由(2-9-2)式可以看出,若$\frac{\mathrm{d}B}{\mathrm{d}Z}$为常数则 ΔU_H 与 ΔZ 成正比。

为实现均匀梯度的磁场,将两块相同的磁铁(磁铁截面积及表面磁感应强度相同)相对放置,即 N 极与 N 极相对,两磁铁之间留一等间距间隙,霍尔元件平行于磁铁放在该间隙的中轴上,如图 2-9-2 所示。间隙大小要根据测量范围和测量灵敏度要求而定,间隙越小,磁场梯度就越大,灵敏度就越高。磁铁截面要远大于霍尔元件,以尽可能地减小边缘效应影响,提高测量精确度。

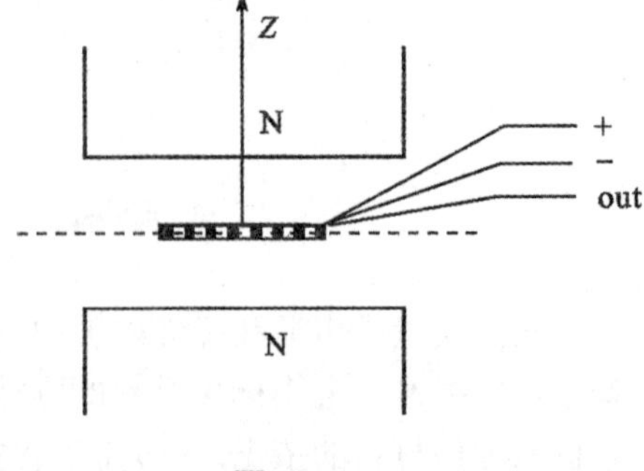

图 2-9-2

若磁铁间隙内中心截面处的磁感应强度为零,霍尔元件处于该处时,输出的霍尔电势差应该为零。当霍尔元件偏离中心沿 Z 轴发生位移时,由于磁感应强度不再为零,霍尔

元件也就产生相应的电势差输出，其大小可以用数字电压表测量。由此可以将霍尔电势差为零时元件所处的位置作为位移参考零点。

霍尔电势差与位移量之间存在一一对应关系，当位移量较小（<2 mm）时，这一对应关系具有良好的线性。

2. 杨氏模量

根据胡克定律，在物体的弹性限度内，应力 F/S（即单位面积所受到的力的大小）与应变 $\Delta L/L$（即单位长度变化量）成正比，比值被称为材料的杨氏模量，它是表征材料性质的一个物理量，仅取决于材料本身的物理性质。

在国际单位制中杨氏模量的单位为 $\mathrm{N\cdot m^{-2}}$。公式表示为

$$Y=\frac{F/S}{\Delta L/L}=\frac{F\cdot L}{S\cdot \Delta L} \tag{2-9-3}$$

弯曲法杨氏模量测定仪主体装置如图 2-9-1 所示，在横梁弯曲的情况下，杨氏模量 Y 可以用下式表示：

$$Y=\frac{d^3\cdot Mg}{4a^3\cdot b\cdot \Delta Z} \tag{2-9-4}$$

式中，d 为两刀口之间的距离，M 为所加砝码的质量，a 为梁的厚度，b 为梁的宽度，ΔZ 为梁中心由于外力作用而下降的距离，g 为重力加速度。（上面公式的具体推导可参见附录）

[实验内容及步骤]

（1）调节底座箱下部的螺丝，使台面水平。

（2）将横梁穿在砝码铜刀口内，安放在两立柱刀口的正中央位置。接着装上铜杠杆，将有传感器一端插入两立柱刀口中间，该杠杆中间的铜刀口放在刀座上。圆柱形拖尖应在砝码刀口的小圆洞内，若传感器不在磁铁中间，可以松弛固定螺丝使磁铁上下移动，或者用调节架上的套筒螺母旋动使磁铁上下微动，再固定之。注意杠杆上霍尔传感器的水平位置（圆柱体有固定螺丝）。

（3）将铜杠杆上的三眼插座插在立柱的三眼插针上，用仪器电缆一端连接测量仪器，另一端插在立柱另外三眼插针上；接通电源，调节磁铁或仪器上调零电位器使在初始负载的条件下仪器指示处于零值。预热 10 min 左右，指示值即可稳定。

（4）调节读数显微镜目镜，直到眼睛观察镜内的十字线和数字清晰，然后移动读数显微镜使通过其能够清楚看到铜刀口上的基线，再转动读数旋钮使刀口点的基线与读数显微镜内十字刻线吻合。

（5）传感器定标及黄铜杨氏模量的测量：一切正常后加砝码，使梁弯曲产生位移 ΔZ；精确测量传感器信号输出端的数值与固定砝码架的位置 Z 的关系，也就是用读数显微镜对传感器输出量进行定标。

（6）测量可铸锻铁样品杨氏模量：测量一组所加砝码 M 和输出电压 U 的对应值。

[实验数据及处理]

1. 霍尔位置传感器的定标

表 2-9-1 霍尔位置传感器静态特性测量

M/g						
Z/mm						
U/mV						

霍尔位置传感器的灵敏度为

$$K=\frac{\Delta U}{\Delta Z}= \qquad \mathrm{mV\cdot mm^{-1}} \tag{2-9-5}$$

2. 黄铜样品杨氏模量的测量

用米尺测量刀口间的长度 d，游标卡尺测其宽度 b，千分尺测其厚度 a，各测 5 次，求其平均值。并利用表 2-9-1 的数值，用逐差法计算出加 M g 砝码时的弯曲量 ΔZ，用(2-9-4)式计算黄铜样品的杨氏模量。

对照该黄铜材料理论值 $E_0=1.055\times10^{11}\ \mathrm{N\cdot m^{-2}}$，计算其相对误差。

3. 可铸锻铁样品杨氏模量的测量

表 2-9-2 可铸锻铁样品的位移测量

M/g						
U/mV						

用逐差法算出该样品在 $M=60.00$ g 的作用下产生的位移量 ΔU，用(2-9-5)式定出的灵敏度 K，计算 $\Delta Z=\frac{\Delta U}{K}$；并计算可铸锻铁样品的杨氏模量。

对照该锻铁材料理论值 $E_0=1.815\times10^{11}\ \mathrm{N\cdot m^{-2}}$，计算其相对误差。

[注意事项]

(1)读数显微镜的准丝对准铜挂件(有刀口)的标志刻度线时，要注意区别是黄铜梁的边沿，还是标志线。

(2)在进行测量之前，要查杠杆的水平、刀口的垂直、挂砝码的刀口处于梁中间，要防止外加风的影响，杠杆安放在磁铁的中间，注意不要与金属外壳接触。

(3)霍尔位置传感器定标前，应先将霍尔传感器调整到零输出位置，这时可调节电磁铁盒下的升降杆上的旋钮，达到零输出的目的。另外，应使霍尔位置传感器的探头处于两块磁铁的正中间稍偏下的位置，这样测量数据更可靠一些。

(4)加砝码时，应该轻拿轻放，尽量减小砝码架的晃动，这样可以使电压值在较短的时间内达到稳定值，节省实验时间。

(5)实验开始前，必须检查横梁是否有弯曲，如有，应矫正。

(6)开始实验后,从定标到测量传感器在磁场中的位置不能动,否则误差偏大。

[思考题]

1. 开始实验后,传感器在磁场中的位置为什么不能改变?
2. 该实验引起误差的主要原因是什么?

[附录]

固体、液体及气体在受外力作用时,形状与体积会发生或大或小的改变,这统称为形变。当外力不太大,因而引起的形变也不太大时,撤掉外力,形变就会消失,这种形变称为弹性形变。弹性形变分为长变、切变和体变三种。

一段固体棒,在其两端沿轴方向施加大小相等、方向相反的外力 F,其长度 l 发生改变 Δl,以 S 表示横截面面积,称$\frac{F}{S}$为应力,相对长变$\frac{\Delta l}{l}$为应变。在弹性限度内,根据胡克定律有

$$\frac{F}{S}=Y\cdot\frac{\Delta l}{l}$$

Y 称为杨氏模量,其数值与材料性质有关。

以下具体推导式子:$Y=\frac{d^3\cdot Mg}{4a^3\cdot b\cdot\Delta Z}$。

在横梁发生微小弯曲时,梁中存在一个中性面,面上部分发生压缩,面下部分发生拉伸,所以整体说来,可以理解横梁发生长变,即可以用杨氏模量来描写材料的性质。

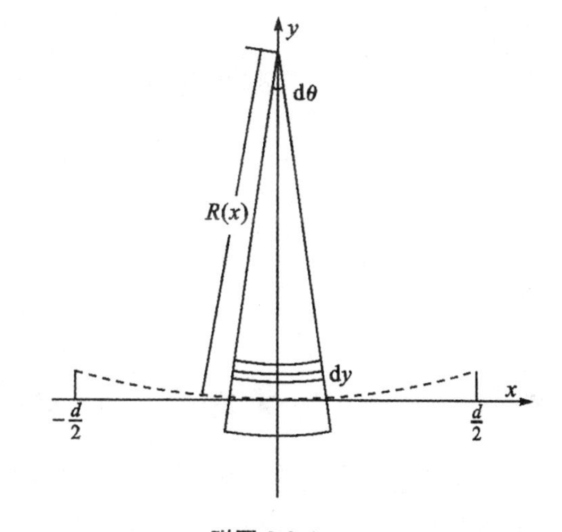

附图 2-9-1

如附图 2-9-1 所示,虚线表示弯曲梁的中性面,易知其既不拉伸也不压缩,取弯曲梁长为 $\mathrm{d}x$ 的一小段:设其曲率半径为 $R(x)$,所对应的张角为 $\mathrm{d}\theta$,再取中性面上部 y 处厚为 $\mathrm{d}y$ 的一层面为研究对象,那么梁弯曲后其长变为$[R(x)-y]\cdot\mathrm{d}\theta$,所以变化量为

$$[R(x)-y]\cdot\mathrm{d}\theta-\mathrm{d}x$$

又因 $\mathrm{d}\theta=\frac{\mathrm{d}x}{R(x)}$,所以

$$[R(x)-y]\cdot\mathrm{d}\theta-\mathrm{d}x=[R(x)-y]\frac{\mathrm{d}x}{R(x)}-\mathrm{d}x=-\frac{y}{R(x)}\mathrm{d}x$$

所以应变为 $\varepsilon=-\frac{y}{R(x)}$。

根据胡克定律有$\frac{\mathrm{d}F}{\mathrm{d}S}=-Y\frac{y}{R(x)}$,又因 $\mathrm{d}S=b\cdot\mathrm{d}y$,所以

$$\mathrm{d}F(x)=-\frac{Y\cdot b\cdot y}{R(x)}\mathrm{d}y$$

对中性面的转矩为 $\mathrm{d}\mu(x)=|\mathrm{d}F|\cdot y=\frac{Y\cdot b}{R(x)}y^2\cdot\mathrm{d}y$,积分得

$$\mu(x)=\int_{-\frac{a}{2}}^{\frac{a}{2}}\frac{Y\cdot b}{R(x)}y^2\cdot \mathrm{d}y=\frac{Y\cdot b\cdot a^3}{12\cdot R(x)} \quad (附\ 2\text{-}9\text{-}1)$$

对梁上各点,有$\frac{1}{R(x)}=\frac{y''(x)}{[1+y'(x)^2]^{\frac{3}{2}}}$,因梁的弯曲微小:$y'(x)=0$,所以有

$$R(x)=\frac{1}{y''(x)} \quad (附\ 2\text{-}9\text{-}2)$$

梁平衡时,梁在 x 处的转矩应与梁右端支撑力$\frac{Mg}{2}$对 x 处的力矩平衡,所以有

$$\mu(x)=\frac{Mg}{2}(\frac{d}{2}-x) \quad (附\ 2\text{-}9\text{-}3)$$

根据(附 2-9-1)、(附 2-9-2)、(附 2-9-3)式可以得到

$$y''(x)=\frac{6Mg}{Y\cdot b\cdot a^3}(\frac{d}{2}-x)$$

据所讨论问题的性质有边界条件:$y(0)=0,y'(0)=0$;解上面的微分方程得到

$$y(x)=\frac{3Mg}{Y\cdot b\cdot a^3}(\frac{d}{2}x^2-\frac{1}{3}x^3)$$

将 $x=\frac{d}{2}$代入上式,得右端点的 y 值:

$$y=\frac{Mg\cdot d^3}{4Y\cdot b\cdot a^3}$$

又因 $y=\Delta Z$,所以,杨氏模量为

$$Y=\frac{d^3\cdot Mg}{4a^3\cdot b\cdot \Delta Z}$$

实验十　用动态法测定杨氏模量

杨氏模量是工程材料的一个重要物理参数,它标志着材料抵抗弹性形变的能力,杨氏模量越大材料越不容易形变。测量方法基本可以分为三类:一是静态测量法,包括静态拉伸法或压缩法、静态扭转法、静态弯曲法;二是动态测量法(共振测量法),包括横向共振法、纵向共振法、扭转共振法;三是弹性波速测量法,包括连续波法、脉冲波法。本实验采用"动态悬挂法"测量金属材料的杨氏模量。该方法使用范围广泛,适合普通材料及脆性材料在不同温度下杨氏模量的测量。

[实验目的]

(1)了解动态悬挂法测定金属材料杨氏模量的原理。

(2)掌握判别共振的方法。

(3)掌握鉴别基频的方法。

[实验仪器]

YW-2 型动态悬挂法杨氏模量实验仪(含信号发生器)、示波器、游标卡尺、天平、铜

棒、钢棒。动态悬挂法杨氏模量实验仪中测试台结构如图 2-10-1 所示。

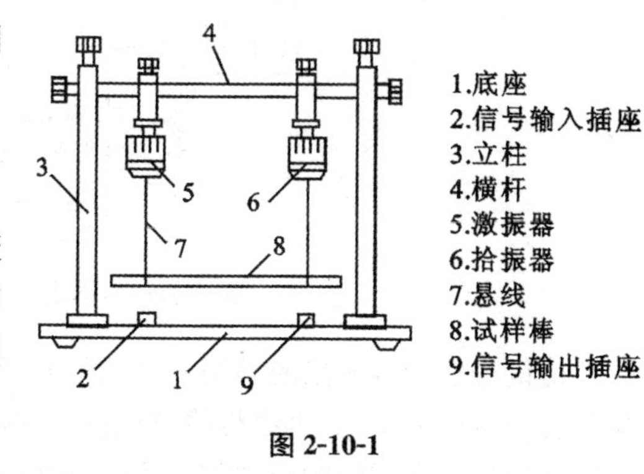

图 2-10-1

［实验原理］

杨氏模量:反映材料应变(即单位长度变化量)与物体内部应力(即单位面积所受到的力的大小)之间关系的物理量。国际单位制中杨氏模量的单位为 $N \cdot m^{-2}$。公式表示为

$$Y=\frac{F/S}{\Delta L/L}=\frac{F \cdot L}{S \cdot \Delta L}$$

动态悬挂法测杨氏模量的基本方法是:将一根截面均匀的试样(棒)悬挂在两只传感器(一只激振器,一只拾振器)下面。在两端自由的条件下,使之做自由振动。测出试样的固有基频,并根据试样的几何尺寸、密度等参数,测得材料的杨氏模量。

根据牛顿第二定律,当此棒做横向无阻尼自由振动,应满足以下动力学方程:

$$\frac{\partial^4 y}{\partial x^4}+\frac{\rho \cdot S}{Y \cdot J} \cdot \frac{\partial^2 y}{\partial t^2}=0 \tag{2-10-1}$$

用分离变量法解方程(2-10-1)(解方程的具体过程可参阅本实验的附录),以圆形棒为例,则

$$Y=1.6067 \times \frac{L^3 \cdot m}{d^4} \cdot f^2 \tag{2-10-2}$$

上两式中,y 为棒振动的位移,Y 为杨氏模量,L 为棒长,d 为棒直径,S 为棒截面积,ρ 为棒的密度,m 为棒的质量,f 为棒横振动的固有频率,J 为截面惯性矩(附录有说明),x 为位置坐标,t 为时间变量。

由式(2-10-2)可知,测定出试样(棒)在不同温度时的固有频率 f 及各力学参数,即可计算出它在不同温度时的杨氏模量。

(2-10-2)式中需要的固有频率不能直接测出,只能测出系统的共振频率来判断金属棒的固有频率。固有频率是金属棒本身固有的属性,金属棒做好之后,其固有频率也就确定,不会因外部条件改变而改变。共振频率是指当驱动力振动频率非常接近系统的固有频率时,系统振动的振幅达到最大时的振动频率,振动阻尼越小两者越接近。当激振和拾振在节点处时,阻尼最小,无阻尼自由振动的共振频率就是测试棒的固有频率。

现实情况是,当激振点在节点处时,金属棒却无法继续激发测试棒振动,即使能振动亦无法接收到振动信号(即观察不到共振现象),最终也无法得到共振频率。考虑到阻尼越小,共振频率与固有频率之间的偏移将越小。虽然阻尼为零的情况在现实中不存在,但尽可能减小阻尼是可以的。因此只要实验中找到节点位置,然后在节点附近测得其共振频率即可近似为固有频率。

本实验的基本问题是测量试样在一定温度时的共振频率。为了测出该频率,实验时采用如图 2-10-2 所示的杨氏模量测试台装置。

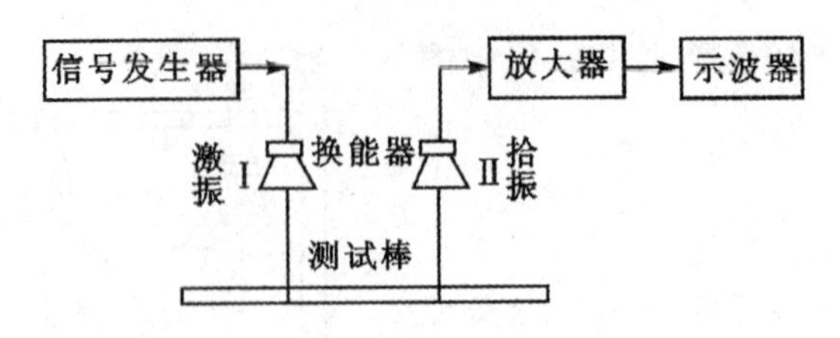

图 2-10-2 动态杨氏模型实验仪原理图

由信号发生器输出的等幅正弦波信号，加在换能器Ⅰ(激振)上。通过换能器Ⅰ把电信号转变成机械振动，再由悬线把机械振动传给试样(棒)，使试样受迫做横向振动。试样另一端的悬线把试样的振动传给换能器Ⅱ(拾振)，这时机械振动又转变成电信号。该信号经放大后送到示波器中显示。当信号发生器的频率不等于试样的共振频率时，试样不发生共振，示波器上几乎没有信号波形或波形很小。当信号发生器的频率等于试样的共振频率时，试样发生共振，示波器上的波形突然增大，这时读出的频率就是试样在该温度下的共振频率。根据(2-10-2)式，即可计算出该温度下的杨氏模量。

[**实验内容与步骤**]

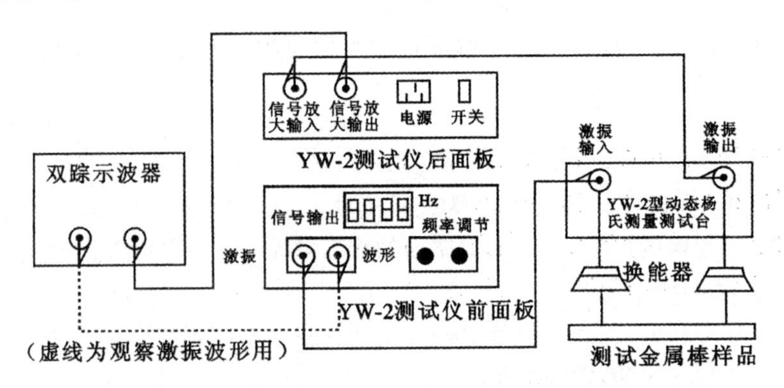

图 2-10-3 YW-2 型动态杨氏模量试验仪连线图

先按图 2-10-3 把实验仪器连接好，通电预热 10 min，再按下述步骤进行实验。

(1)试样直径 d 用游标卡尺测 5 次。试样的长度 L 用毫米刻度尺、质量 m 用天平各测 1 次。

(2)在室温下，不锈钢和铜的杨氏模量参考值分别为 2×10^{11} N·m^{-2}和 1.2×10^{11} N·m^{-2}，实验前可先按公式(2-10-2)估算出共振频率 f，以便于寻找共振点。

(3)把试样棒用细棉线挂在测试台上，悬挂点的位置放在 $0.224L$ 和 $0.776L$ 附近，共测量 5 组数据。(具体位置为金属棒上从端点数起第四条刻线)

(4)把信号发生器的输出与测试台的输入相连，测试台的输出与放大器的输入相接，放大器的输出与示波器的 Y 输入相接。

(5)把示波器触发信号选择开关设为“内置”，Y 轴增益置于最小挡(或左边第二挡)，Y 轴极性置于“AC”。

(6)鉴频与测量：将两悬线挂在金属棒两端，待试样稳定后，调节信号发生器频率旋钮，寻找试样棒的共振频率 f_1。当示波器荧光屏上出现共振现象时，即正弦波幅度突然变大时，再微调信号发生器频率旋钮，使波形振幅达到极大值。鉴频就是对试样共振模式及振动级次的鉴别，所以它是准确测量操作中重要的一步。在进行频率扫描时，我们发现试样(棒)不只在一个频率处发生共振现象，而公式(2-15-2)只适用于基频共振的情况。所以，要确定试样是在基频频率下产生的共振。我们用阻尼法来鉴别：用手沿试样棒的长度方向轻触棒的不同部位，同时观察示波器，如果手指触到的是波节处，则示波器上的波形幅度不变；如果手指触到的是波腹处，则示波器上的波形幅度变小，当发现试棒上仅有两个波节时，那么这时的共振就是基频频率下的共振，记下这一频率 f_1。

(7)因试样共振状态的建立需要有一个过程，且共振峰十分尖锐，因此在共振点附近调节信号频率时，必须十分缓慢地进行，直至示波器的显示屏上出现最大的信号。

(8)本实验用铜棒和钢棒各测量 5 次。

[数据记录与处理]

(1)根据实验内容自拟实验数据记录表，注意记录每种仪器的测量精度。

(2)算出各量平均值，代入公式(2-10-2)求出杨氏模量，并计算 A 类不确定度和 B 类不确定度，然后给出误差。数据处理要给出必要的步骤。

[注意事项]

(1)试样(棒)不可随处乱放，保持清洁，轻拿轻放。

(2)试样(棒)要水平，悬挂线要竖直

(3)更换试样(棒)要细心，避免损坏激振、拾振传感器。

(4)实验时，试样(棒)需稳定之后进行测量。

[思考题]

(1)测量时为何将悬挂点放在测试棒的节点附近？

(2)在考虑误差传递时，主要考虑那些量的影响？为什么？

表 2-10-1　几种固体材料的杨氏模量的参考值

材料名称	$Y/\times10^{11}\,N\cdot m^{-2}$	材料名称	$Y/\times10^{11}\,N\cdot m^{-2}$
生　铁	0.735～0.834	有机玻璃	0.04～0.05
碳　钢	1.52	橡　胶	78.5
玻　璃	0.55	大理石	0.55

注：因环境温度及试棒材质不同等影响所提供的数据仅作参考。

[拓展]

理论上，试样(棒)在基频下共振有两个节点，但在节点处振幅几乎为零，若将试样(棒)悬挂在节点上，则难以激振和拾振。所以实验时是将试样棒悬挂在节点附近，如此将由于阻尼作用使得测量出的共振频率与固有频率有一定的差异而引入误差。悬挂点偏离节点越远,阻尼越大,引入的误差也越大。为了消除这一系统误差,测出试样(棒)的固有频率,可以在节点两侧分别等间隔(如 5 mm)选取一些点对称悬挂,测出相应各悬挂点的基频共振频率,然后用内插法找出节点处的基频共振频率,此即固有频率。

所谓外推法、内插法,是在所需要的数据难以直接测量时,采用作图外推或内插的方法求出所需要的数据。应用内插法的前提条件是测量值在所研究范围内没有突变,否则不能使用此方法。

本实验中,就可以以悬挂点到试样(棒)端点的距离为横坐标,以相对应的基频共振频率为纵坐标作出关系曲线(可由对数据点的多项式拟合得到),而曲线的最低点对应的横坐标和纵坐标就分别是节点的位置和节点处的基频共振频率,即固有频率。

[附录]

1. 需要说明的两个问题

(1)当测试样品不满足 $d \ll L$ 时,公式(2-10-2)需要乘以一个修正系数 T_1,有关内容可参考金属材料的国家标准(GB/T 2005—91 中说明)。

(2)物体的固有频率 $f_{固}$ 和共振频率 $f_{共}$ 是两个不同的概念,它们之间的关系是

$$f_{固} = f_{共} \cdot \sqrt{1 + \frac{1}{4Q^2}}$$

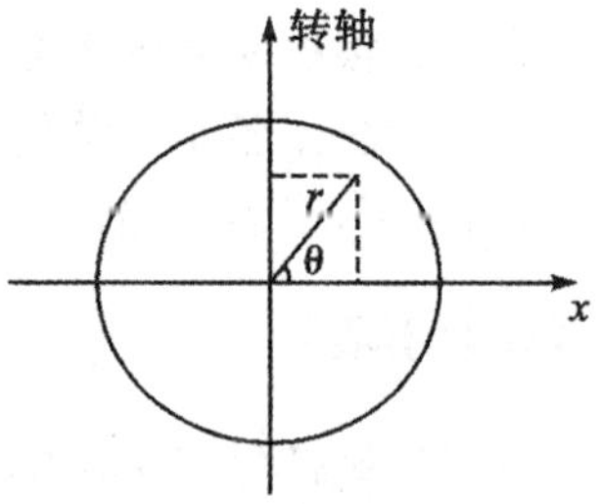

附图 2-10-1

式中,Q 为试样的机械品质因素。对于悬挂法测量,一般 Q 的最小值为 50,把该值代入公式,$f_{固} = f_{共} \cdot \sqrt{1+\frac{1}{4Q^2}} = f_{共} \cdot \sqrt{1+\frac{1}{4\times 50^2}} \approx 1.000\ 05 f_{共}$,可见,共振频率与固有频率相比只相差十万分之五(0.005%)。本实验中只能测量出试样的共振频率,由于相差很小,所以用共振频率代替固有频率是合理的。

2. 公式推导

棒的振动方程为

$$\frac{\partial^4 y}{\partial x^4} + \frac{\rho \cdot S}{Y \cdot J} \cdot \frac{\partial^2 y}{\partial t^2} = 0 \qquad (附 2\text{-}10\text{-}1)$$

式中,ρ 为棒的密度,S 为棒的截面积,Y 为棒材料的杨氏模量,J 为棒的截面惯性矩(截面惯性矩为各微元面积与各微元至截面某一指定轴线距离二次方的乘积,$\mathrm{d}J = \mathrm{d}S \times r^2$。我们在这里所取的截面是测试样品圆棒的截面,直径为 d,轴线为圆面的直径,如附图 2-10-1 所示,通过极坐标可得 $\mathrm{d}J = r\mathrm{d}\theta \times \mathrm{d}r \times (r\cos\theta)^2 = r^3 \mathrm{d}r\cos\theta\mathrm{d}\theta$,积分得 $J = \frac{\pi d^4}{64}$)。

解以上方程的具体过程如下:采用分离变量法,令 $y(x,t) = X(x) \cdot T(t)$,代入方程(附 2-10-1)得

$$\frac{1}{X} \cdot \frac{\mathrm{d}^4 X}{\mathrm{d}x^4} = -\frac{\rho \cdot S}{Y \cdot J} \cdot \frac{1}{T} \cdot \frac{\mathrm{d}^2 T}{\mathrm{d}t^2}$$

等式两边分别是 x 和 t 的函数,这只有都等于一个常数才有可能,设该常数为 K^4,于

是得

$$\frac{d^4X}{dx^4}-K^4\cdot X=0$$

$$\frac{d^2T}{dt^2}+\frac{K^4\cdot Y\cdot J}{\rho\cdot S}\cdot T=0$$

这两个线形常微分方程的通解分别为

$$X(x)=B_1\cdot \mathrm{ch}Kx+B_2\cdot \mathrm{sh}Kx+B_3\cdot \cos Kx+B_4\cdot \sin Kx$$

$$T(t)=A\cdot \cos(\omega t+\varphi)$$

于是解振动方程式(附 2-10-1)得通解为

$$y(x,t)=(B_1\cdot \mathrm{ch}Kx+B_2\cdot \mathrm{sh}Kx+B_3\cdot \cos Kx+B_4\cdot \sin Kx)\cdot A\cdot \cos(\omega t+\varphi)$$

其中 ω 为频率公式：

$$\omega=\left[\frac{K^4\cdot Y\cdot J}{\rho\cdot s}\right]^{\frac{1}{2}} \qquad \text{(附 2-10-2)}$$

该公式对任意形状的截面，不同边界条件的试样都是成立的。我们只要用特定的边界条件定出常数 K，并将其代入特定截面的截面惯性矩 J，就可以得到具体条件下的计算公式了。

如果悬线悬挂在试样的节点附近，则其边界条件为自由端横向作用力

$$F=-\frac{\partial M}{\partial x}=-Y\cdot J\frac{\partial^3 y}{\partial x^3}=0$$

弯矩 $M=Y\cdot J\cdot\frac{\partial^2 y}{\partial x^2}=0$，即

$$\left.\frac{d^3X}{dx^3}\right|_{x=0}=0 \qquad \left.\frac{d^3X}{dx^3}\right|_{x=1}=0$$

$$\left.\frac{d^2X}{dx^2}\right|_{x=0}=0 \qquad \left.\frac{d^2X}{dx^2}\right|_{x=1}=0$$

将通解代入边界条件，得到 $\cos KL\cdot \mathrm{ch}KL=1$，用数值解法求得本征值 K 和棒长 L 应满足 $K\cdot L=0,4.730\,0,7.853\,2,10.995\,6,14.137,17.279,20.420,\cdots$。

由于其中第一个根“0”对应于静态情况，故将其舍去。将第二个根作为第一个根，记作 $K_1\cdot L$。一般将 $K_1\cdot L=4.730\,0$ 所对应的共振频率称为基频(或称作固有频率)。在上述 $K_n\cdot L$ 值中，第 1,3,5,…个数值对应着“对称形振动”，第 2,4,6,…个数值对应着“反对称形振动”。附图 2-10-2 给出了当 $n=1,2,3,4$ 时的振动波形。由 $n=1$ 图可以看出，试样在做基频振动时，存在两个节点，它们位于距离端面分别为 $0.224L$ 和 $0.776L$ 处。理论上悬挂点应取在节点处，但由于悬挂在节点处试样棒难于被激振和拾振，为此，可以在节点两旁选不同点对称悬挂，用外推法找出节点处的共振频率。将第一本征值 $K=\frac{4.730\,0}{L}$ 代入(附 2-10-2)式，得到自由振动的固有频率(即基频)：

$$\omega=\left[\frac{(4.730\,0)^4\cdot Y\cdot J}{\rho\cdot l^4\cdot s}\right]^{\frac{1}{2}}$$

解出杨氏模量 $Y=1.997\,8\times10^{-3}\frac{\rho\cdot L^4\cdot s}{J}\cdot\omega^2=7.887\,0\times10^{-2}\times\frac{L^3\cdot m}{J}\cdot f^2$。

对于圆棒：$J=\frac{\pi d^4}{64}$，式中，d 为圆棒的直径。得到杨氏模量的表达式为

$$Y=1.6067\times\frac{L^3\cdot m}{d^4}\cdot f^2 \tag{附 2-10-3}$$

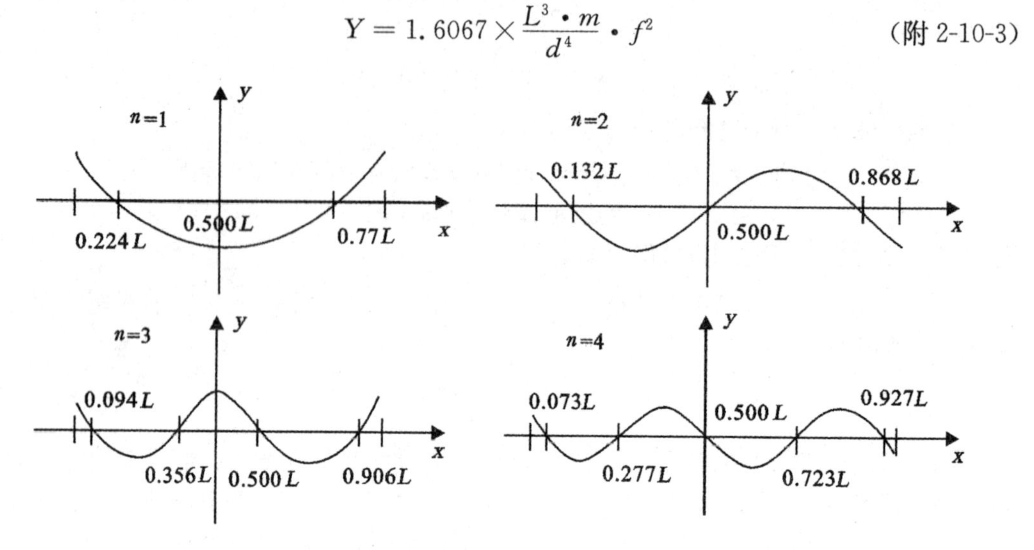

附图 2-10-2 两端自由棒 $n=1,2,3,4$ 时的振动波形图

实验十一 固体线胀系数的测定

固体材料的线膨胀是材料受热膨胀时，在一维方向上的伸长。线胀系数是选用材料考虑的一个重要指标，在研制新材料时，测量其线胀系数非常重要。

[实验目的]

(1)测定金属的线膨胀系数。

(2)掌握用光杠杆测量长度微小变化量的原理和方法。

(3)学习光杠杆和标尺望远镜的原理、调节和使用。

(4)学习逐差法处理数据。

[实验仪器]

线膨胀系数测定仪、温度计、标尺望远镜、米尺、游标卡尺。线膨胀系数测定仪结构如图 2-11-1 所示，分三个部分：测长、测温、加热。

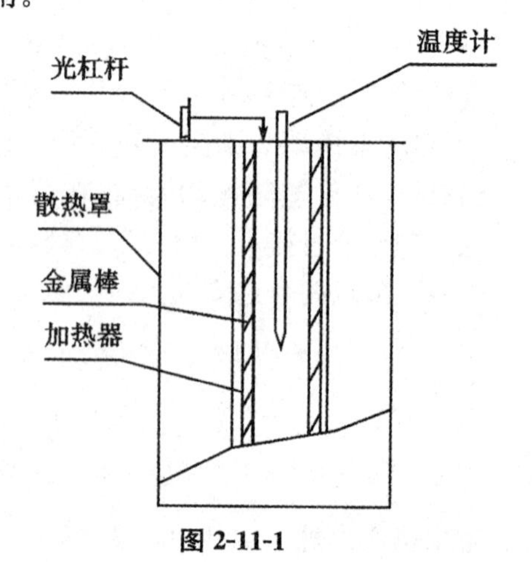

图 2-11-1

[实验原理]

当热量加到固体材料上时，由于分子的热运动，分子间的距离增大，产生热膨胀现象。物质在一定温度范围内，固体材料的线度随温度的变化可

用下列经验公式表示：

$$L_t = L_0(1+\alpha t) \tag{2-11-1}$$

式中，L_0 为 $t=0$℃时的固体长度，L_t 为温度升高至 t℃时的固体的长度，α 为固体的线膨胀系数。α 的物理意义是温度每升高 1℃时，固体单位长度的相对伸长量。在实际测量时，可将固体材料做成杆状或条状。设固体在室温 t_1 时的长度为 L_1，受热后，温度变为 t_2 时的长度为 L_2，则有

$$L_1=L_0(1+\alpha t_1)$$
$$L_2=L_0(1+\alpha t_2)$$

整理后得

$$\alpha=\frac{\Delta L}{L_1\Delta t-\Delta L t_1}$$

式中，$\Delta L=L_2-L_1$，$\Delta t=t_2-t_1$，因为 ΔL 与 L 相比很小，所以 $L_1\Delta t\gg\Delta L t_1$，将 $\Delta L t_1$ 略去，得

$$\alpha=\frac{\Delta L}{L_1(t_2-t_1)} \tag{2-11-2}$$

测量线膨胀系数的主要问题是怎样测准由温度变化引起长度的微小变化 ΔL。本实验是利用光放大原理设计的光杠杆及标尺望远镜测量微小长度的变化。光杠杆的构造如图 2-11-2(a)所示，在 T 形架上装有平面镜，架下有三尖足 a、b、c。测量时将光杠杆的弯足 c 放在被测样品的顶部，调整平台位置使光杠杆三足在同一水平面上。当金属丝形变时，光杠杆弯足 c 随着升降，镜面将向前或向后倾斜，在离镜面距离 D 的标尺望远镜中可以观察到标尺的读数发生变化。如果这时平面镜铅直，在望远镜的标尺中可以看到 y_1 标度的像与目镜的叉丝水平重合。

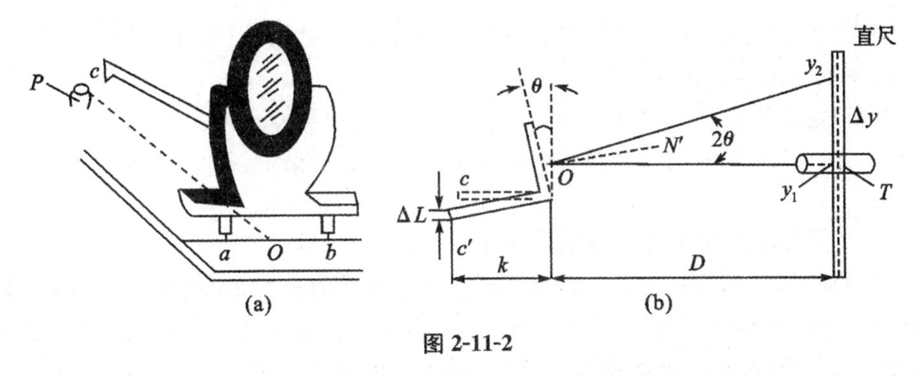

图 2-11-2

在长度变化 ΔL 后，c 足将随被测长度变化而升降，平面镜则转过一个角度 θ，这时镜面法线也转过 θ 角变到 N' 处，在望远镜中则看到 y_2 标度的像与叉丝水平重合。根据光的反射定律有 $\angle y_1Oy_2=2\theta$，标尺的读数差 $\Delta y=|y_2-y_1|$，由图 2-11-2(b)可知

$$\tan\theta=\frac{\Delta L}{k},\tan 2\theta=\frac{\Delta y}{D}$$

当 θ 角很小时，$\tan\theta=\theta$，$\tan 2\theta=2\theta$，于是可得

$$\Delta L=\frac{k}{2D}\Delta y \tag{2-11-3}$$

由(2-11-3)式可知,长度微小变化量 ΔL 可以通过测量 k,D 和 Δy 这些易测的量间接地求出来。光杠杆的作用是将 ΔL 放大为标尺上相应的读数差 $\Delta y=|y_2-y_1|$,ΔL 将被放大$\frac{2D}{k}$倍,增加 D 或减小 k 值在一定范围内可以提高光杠杆的灵敏度。过分地增大 D 值会受到望远镜放大倍率和场地的限制,减小 k 值就要求对 k 的测量准确度相应地提高,还要保证 θ 角很小,满足 $k \gg \Delta L$ 的条件,所以放大倍数的提高是有限度的。另外,光杠杆还可用来测量角度的微小偏转。

将(2-11-3)式带入(2-11-2)式得线膨胀系数 α 为

$$\alpha=\frac{k(y_2-y_1)}{2D\cdot L_1(t_2-t_1)} \tag{2-11-4}$$

式中,y_1、y_2为温度 t_1、t_2时标尺上的对应读数;D 为镜面到直尺的距离;k 为光杠杆前后足尖垂直线连距离;L_1为被测试棒在温度 t_1 的长度。因 L 随温度变化很小,在温度变化不大时,其变化可忽略不计,所以可用室温长度代替。因此,式(2-11-4)所确定的 α 是在 t_1 ~t_2之间固体材料的平均线膨胀系数。

实验表明,在温度变化较大时,同一固体的 α 不一定相同,但在变化不大的温度区域,α 的变化很小,所以可以认为 α 为常量。在相同的温度范围内,不同的固体材料,其线膨胀系数是不同的。下表列出常用材料的线膨胀系数(0℃~100℃)。

材料	锌	铜	铅	铝	黄铜	金	铁	碳铜	铂	玻璃	熔凝石英
$\alpha/\times10^{-6}$℃$^{-1}$	32	17.1	29.2	23.8	19	14.3	12.2	12	9.1	8.0	0.6

[实验内容和步骤]

(1)实验前把被测棒取出,用米尺测量其室温长度 L,然后把被测棒慢慢地放入孔中,直到被测棒的端面接触底面。

(2)调节温度计的锁紧钉,小心地放入加热管内的被测棒孔内。

(3)将光杠杆的两前足放在线胀系数测定仪平台的沟槽中,将它的足尖放在空心金属杆的上端。

(4)将望远镜和标尺放在小镜前大于 1 m 处,

(5)用眼睛从望远镜的上方观察光杠杆小镜中是否有标尺的像,如果有,再从望远镜中观察,调节物镜使小镜中标尺的像清晰可辨,再调节目镜使望远镜中的十字叉丝清晰,同时读出水平叉丝在标尺上的位置。此后切勿碰动整个仪器系统。

(6)打开线膨胀系数测定仪的电源开关,调节电位器旋钮,逐渐加热金属杆,每上升10℃,记录标尺望远镜的十字横线所对准的标尺刻度值和温度计的数值,共记 10 组数据。

(7)关掉线膨胀系数测定仪的电源,停止加热。用米尺量出小镜面到标尺的距离 D。取下光杠杆,在白纸上轻轻压一下得到三尖足的位置,用游标卡尺测量三边长长度,用余弦定理计算出单尖足到另两尖足连线的垂线 k 值。

[数据记录及处理]

表 2-11-1　温度及标尺读数

次序	1	2	3	4	5	6	7	8	9	10
t/℃										
升温 y/cm										

[注意事项]

(1)本实验测量的读数是在温度连续变化时进行的,因此读数需快而准。

(2)注意不同测量仪器的精度,正确估读数据。

[思考题]

(1)有一各向同性的物体,试证明受热后体膨胀系数是线膨胀系数的 3 倍。

(2)属同一种材料,但粗细、长度不同的两根金属棒,在同样的温度区域,它们的线膨胀系数是否相同? 膨胀量是否相同? 为什么?

(3)根据公式(2-11-4),试分析误差的主要来源。

实验十二　耦合摆的研究

耦合振动是振动系统中几个相互独立的振动通过力、电场或磁场等方式发生关联,从而实现振动间能量转换的过程。耦合振动在物理学、工程结构和电子学线路中极其普遍,如在电学中电容和电感耦合起来的振荡回路、固体晶格中相邻原子的振动模式、无线通信中的电磁场耦合等。

机械耦合摆作为一种通过力的作用实现耦合的装置,具有结构简单、演示效果直观的特点,改变耦合弹簧在单摆上的位置,可明显观察到耦合度大小对振动系统的影响和规律,并从中观察到"拍"的现象。

[实验目的]

(1)观察耦合摆的振动规律,了解耦合摆的拍振现象。

(2)研究不同耦合长度对振动系统的影响和规律。

(3)学习作图法处理数据。

[仪器介绍]

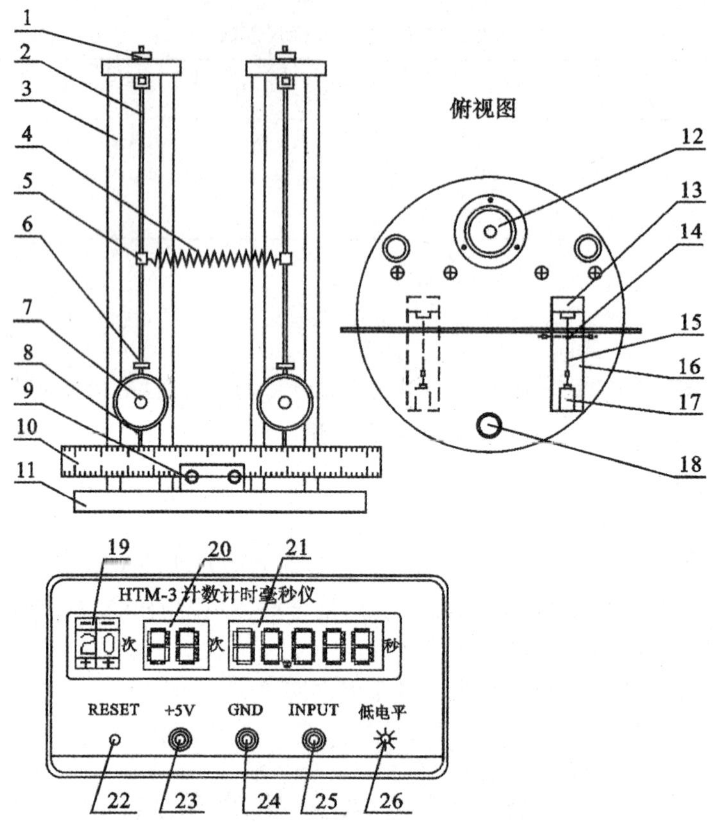

1.摆杆固定和调整螺母　2.摆杆　3.立柱　4.耦合弹簧　5.耦合位置调节环　6.振动频率微调螺母　7.摆锤　8.振幅指针兼计数计时挡杆　9.水平尺固定架　10.振幅测量直尺　11.底盘　12.气泡式水准仪　13.仪器水平调整旋钮　14.激光发射部件和信号处理部件　15.可见红色激光束　16.挡光片　17.激光接收探头　18.激光光电门支架　19.次数预置　20.次数显示　21.相应次数的计时显示窗　22.计数计时复位按钮　23.+5 V 接线柱　24.GND(公共地)接线柱　25.计数计时信号输入接线柱　26.输入信号低电平指示

图 2-12-1

[实验原理]

设一单摆,摆长为 L,固有圆频率 $\omega_0=\sqrt{\dfrac{g}{L}}$,式中 g 为重力加速度。将两个完全相同的单摆通过一根弹簧耦合组成耦合摆,如果一个摆固定,另一个摆振动的频率叫作支频率,支频率 $\omega=\sqrt{\dfrac{g}{L}+\dfrac{K}{m}}$,式中 K 为弹簧的劲度系数,m 为单摆有效质量。通过调整使两个单摆固有圆频率相等后组成的耦合摆,其两个支频率相等,即 $\omega_1=\omega_2$。

耦合系统的振动方式比较复杂,主要取决于初始条件。这里主要研究两种特殊的振动方式:一种是两摆往同方向从平衡位置移开相等的距离引起的振动,即同相振动。另一种是两摆从平衡位置往相反方向移开相等距离引起的振动，即反相振动。

反相振动和同相振动称作简正振动，其频率称为简正频率。反相振动时，其简正频率为 $\omega_{反}=\sqrt{\dfrac{g}{L}+\dfrac{2K}{m}}$；同相振动时，其简正频率为 $\omega_{同}=\sqrt{\dfrac{g}{L}}$（同固有频率）。

在一般情况下，耦合系统的振动是上述两个简正振动的组合，振动表现出拍振的性质，拍振频率 $\omega=\omega_{反}-\omega_{同}$，两个摆相继地发生振幅周期性增大和减小，能量在两个摆之间来回交替传递。

［实验内容及步骤］

1.测量单摆的固有振动频率、调整微调螺母使两摆的振动频率（或周期）相同

先测量一个单摆的固有频率，不加耦合弹簧，用激光光电门结合计数计时毫秒仪，测出其 10 个周期的时间。调整微调螺母，使第二个单摆在同样初始振幅下的振动周期相同，其误差＜1％。

实验时计时周期数为 10，所以计数计时多用秒表预置次数为 20，振幅指针经过平衡位置 20 次。初始振幅为 20 mm，即用手水平方向移开摆锤，使振幅指针偏离平衡位置 20 mm 后放开。测量周期记作 T_0，振动频率记作 f_0。

2.测量不同耦合长度时耦合系统的支频率、同相简正频率、反相简正频率和拍振频率

耦合长度是指耦合点到摆杆转动轴心的距离，记作 L。在耦合长度分别为 20、25、30、35、40 cm 时，依次测定耦合系统的支频率、同相简正频率、反相简正频率，以及耦合摆的拍振频率。

（1）耦合系统的支频率 $\omega_1=\omega_2=\sqrt{\dfrac{g}{L}+\dfrac{K}{m}}$。将两摆用弹簧连接起来，用手固定单摆 1（左面单摆），使单摆 2（右面单摆）振动，用激光光电门结合计数计时毫秒仪，测出 10 个周期的时间，计算出振动频率。

（2）耦合摆的同相简正频率 $\omega_{同}=\sqrt{\dfrac{g}{L}}$（与自由振动的单摆固有频率相同）。把两个摆往相同的方向，从平衡位置移开相等距离，使振幅指针偏离平衡位置 20 mm 后放开，用激光光电门结合计数计时多用秒表，测出 10 个周期振动时间，计算振动频率。

（3）耦合摆的反相简正频率 $\omega_{反}=\sqrt{\dfrac{g}{L}+\dfrac{2K}{m}}$。把两个摆从平衡位置对称地往相反方向拉开，即做反相振动，在两摆振幅指针偏离平衡位置 20 mm 后放开，用激光光电门结合计数计时多用秒表，测出 10 个周期的时间，计算出振动频率。

（4）耦合摆的拍振频率 ω。

1）首先观察拍振现象，握住左摆不动，右摆拉开 20 mm，然后同时释放两摆，观察两摆的振动情况，可以看到左摆位相总是落于右摆。振动的能量从右边的摆逐渐转移到左边的摆，然后又从左边的摆逐渐返还到右边的摆，此时位相亦产生变换，右摆的位相又落后于左边的摆。如此周期性地进行，可以明显地看到每个摆的振动都具有拍的特征。

2）用计数计时多用秒表测出拍振周期，即测出一个摆相邻两次摆动中止的时间间隔，

即拍振周期，从而算出拍振频率 ω。证明：$\omega=\omega_{反}-\omega_{同}$。实验时，用左手固定单摆 1 摆锤（即左摆），右手沿水平方向移开单摆 2 摆锤（即右摆），使振幅指针偏离平衡位置 20 mm 后两手松开。

注意：实验时，学会测量耦合系统的四种频率方法后，每设定一个耦合长度依次测量耦合系统的支频率、同相简正频率、反相简正频率和拍振频率，且每次测量时初始振幅应一致，如 20 mm。

耦合系统的支频率、同相简正频率和反相简正频率的测量，计时周期数均为 10，所以计数计时多用秒表预置次数为 20，振幅指针经过平衡位置 20 次；而耦合摆的拍振频率测 1 个拍振周期。

[数据记录及处理]

表 2-12-1 耦合摆中单摆的固有振动频率(周期)

	单摆 1			单摆 2		
序号	$10T_0$/s	T_0/s	$f_0/(\mathrm{s}^{-1})$	$10T_0$/s	T_0/s	$f_0/(\mathrm{s}^{-1})$
1						
2						
3						
4						
5						
平均值						

表 2-12-2 不同耦合长度对振动系统的影响

耦合长度 L/cm	支频率 $10T$/s	同相简正频率 $10T$/s	反相简正频率 $10T$/s	拍振频率 T/s
20				
25				
30				
35				
40				

实验时测量的是振动周期，因为圆频率、频率、周期之间的关系为 $\omega=2\pi f=\frac{2\pi}{T}$，在数据处理时，可根据需要计算出有关频率。用作图法（$f_{反}^2$-L^2）验证耦合长度的平方与其反相振动频率的平方呈线性关系；用作图法（$f_{拍}$-L^2）验证耦合长度的平方与拍频呈线性关系。

[注意事项]

(1)激光光电门由激光发射和接收两部分组成。激光发射部分发出红色可见激光,其红线接仪器[+5V]接线柱,黑线接[GND]接线柱;接收部件的黑色圆柱小孔为激光接收孔,当其被激光照射后,上面的发光二极管熄灭,黄(信号)线输出低电平。该部件红线接仪器[+5V]接线柱,黑线接[GND]接线柱,黄线接[INPUT]接线柱。

(2)实验测量摆动周期时,先调整激光方向,使激光束射向接收部件的小孔,发光二极管熄灭。在待测量摆平衡位置,摆幅指针恰好遮挡激光束,将该激光光电门放置于上述位置的圆底盘上。这样当摆左右摆动中在经过平衡位置时遮挡激光束,接收部件将信号输出至计数计时多用秒表。显然计数+1为半周期,因难以精确置于平衡点,故实验时以一周期测量为好。一般次数预置成偶数,即整数个周期加以实验研究。

(3)多功能毫秒仪(即计数计时多用秒表)的使用:计数计时始点时,计数窗显示"00";计时窗显示"00.000";计数次数和次数预置相同时,仪器停止计数计时,可通过[查阅－]或[查阅＋]键记录相应次数从开始点所计的时间。重复计数计时按[RESET],次数预置数不大于64次,一旦改变预置数,须按[RESET]键方有效。

(4)数字秒表用于记录拍周期,接上AC9V插座后,开启电源,按需启动或复位,由人工计时操控。

[思考题]

(1)为什么调节摆杆上的微调螺母就可以改变摆的固有频率?

(2)为什么在测量同相和反相简正频率时,应尽量使两摆的初始振幅相同?

(3)在耦合摆实验中,一个拍振周期指的是哪段时间?

实验十三　混合法测量液体比汽化热

物质由液态转变为气态的相变过程称为汽化。汽化的两种方式为蒸发和沸腾。液体中分子的平均距离比气体中小得多。汽化时分子平均距离加大、体积急剧增大,需克服分子间引力并反抗大气压力做功。因此,汽化要吸热。

通常定义在一定压强(如1个大气压)下,单位质量的液体在温度保持不变的情况下转化为气体时所吸收的热量称为该液体的比汽化热。液体的比汽化热不但和液体的种类有关,而且和汽化时的温度有关,因为温度越高,液相中分子和气相中分子的能量差别越小,液体的比汽化热越小。

物质由气态转变为液态的过程称为凝结,凝结时将释放出在同一条件下汽化所吸收的相同热量,即汽化热=凝结热。因而,可以通过测量凝结时放出的热量来测量液体汽化时的比汽化热。

[实验目的]

(1)了解量热器的使用方法,测定水在100℃时的比汽化热。

(2)熟悉集成电路温度传感器AD590的特性和使用。

(3)学习分析热学量测量中的误差。

[实验仪器及介绍]

1. 实验仪器

液体比汽化热测定仪(含主机、加热炉及支架、烧杯、温度传感器AD590、量热器),电热水壶,电子秤,摄氏温度计等。

2. 仪器介绍

液体比汽化热测定仪装置如图2-13-1所示。

[实验原理]

1. 测量原理

本实验采用混合法测定水的比汽化热,实验装置如图2-13-1所示。将烧瓶中温度为θ_3(100℃)的水蒸气通入量热器内杯中的水中。如果量热器内杯和水的初始温度为t_1,而质量为M的水蒸气进入量热器水中凝结成水,当水和量热器内杯温度均匀时,其温度值为t_2。蒸汽由t_3变到t_2有个中间转化过程,即t_3的水蒸气首先转化成t_3的水,这时要放出热量,即凝结热ML(L为水的比汽化热);然后t_3的水再与冷水混合,最终达到热平衡,平衡温度为t_2,这时要放出热量$MC_W(t_3-t_2)$,则放出的总热量就是$Q_{放}=ML+MC_W(t_3-t_2)$。

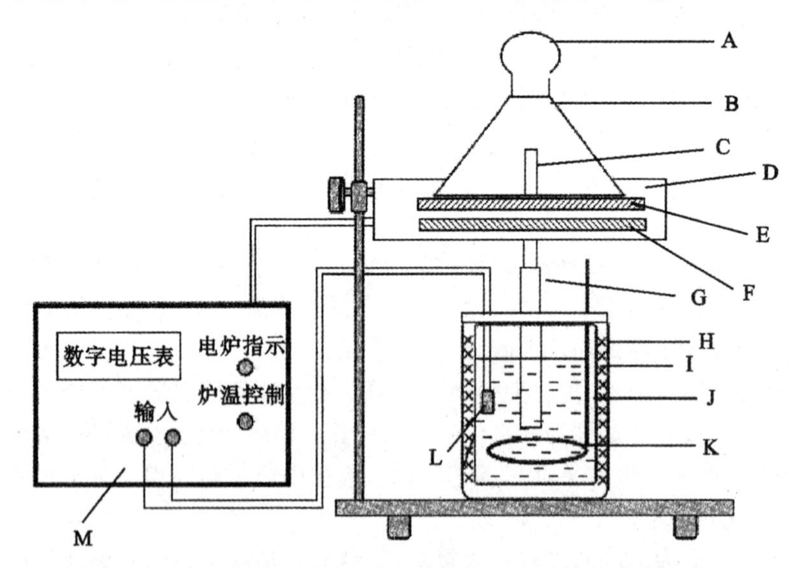

A. 烧瓶盖 B. 烧瓶 C. 通汽玻璃管 D. 托盘 E. 电炉 F. 绝热板 G. 橡皮管 H. 量热器外壳 I. 绝热材料 J. 量热器内杯 K. 铝搅拌器 L. AD590 M. 温控和测量仪表

图2-13-1

设量热器内杯(含搅拌器)和水的质量分别为 m_1 和 m,铝和水的比热容分别为 C_{Al} 和 C_W,则量热器内杯、水所吸收的热量 $Q_{吸}=(mC_W+m_1C_{Al})(t_2-t_1)$。

由热平衡方程式 $Q_{放}=Q_{吸}$ 得

$$ML+MC_W(\theta_3-\theta_2)=(mC_W+m_1C_{Al})\cdot(\theta_2-\theta_1) \tag{2-13-1}$$

以上公式并没有考虑系统向外界散热造成的热量损失,实际上只要有温度差就会有热交换,因而会造成较大的系统误差,如何减小系统误差是实验的关键。本实验中热量的散失主要是蒸汽通入盛有水的量热器中,混合过程中量热器向外散失的热量,由此造成混合前水的初温与混合后水的终温不易测准。量热器的结构虽然能在一定程度上减小热损失,但必须采取一定的方法减小系统误差。

本实验采用抵偿法减小因热交换产生的系统误差:将通入水蒸气之前的水温调低(设低于室温 Δt),通入水蒸气后,当水温高于室温约 Δt 时,停止通入水蒸气,则系统向外放出的热量和系统从外界吸收的热量可以抵消,从而减小因系统与外界热交换引起的系统误差。

2. 集成测温传感器 AD590 的特性和使用

本实验采用 AD590 型集成电路温度传感器测量温度,该器件的两引出端,当加有某一定直流工作电压时(一般工作电压可在 4.5～20 V 范围内),它的输出电流 I 与温度 t 满足如下的线性关系:

$$I=B\cdot t+A \tag{2-13-2}$$

式中,I 为 AD590 的输出电流,单位为微安(μA);t 为待测物温度,单位为摄氏度(℃);B 称为传感器的温度系数(或灵敏度),约为 1 μA·℃$^{-1}$,即温度升高(或降低)1℃,流过传感器的电流就增加(或减小)1 μA;A 为传感器在 0℃时的输出电流,该值与 0℃的热力学温度 273 K 相对应(实验使用时,可放在冰点温度下进行确定)。在通常实验时,采取测量取样电阻 R 上的电压求得电流,我们实验所用液体比汽化热测定仪主机里与传感器串联的取样阻为 1 000 Ω±10 Ω(图 2-13-2)。

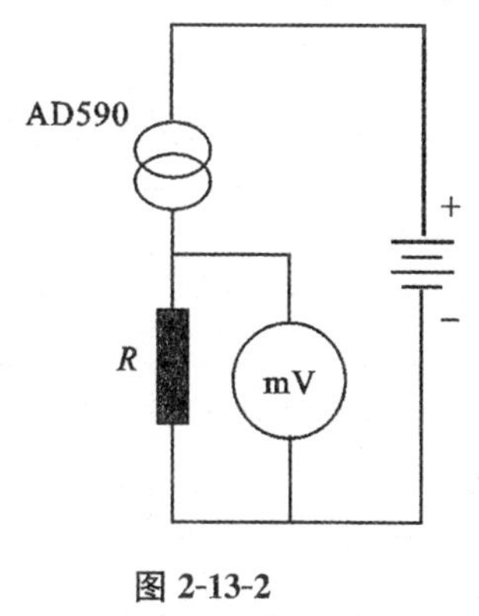

图 2-13-2

[实验内容及步骤]

1. 温度传感器 AD590 定标并测室温

在制造时每个传感器的 B 与 A 不可能完全相同,故实验前,应先对其定标(即确定所用 AD590 的 B 和 A),得到温度 t 与电流 I 的关系,从而根据测得的电压(或电流)求出对应的温度。按图 2-13-2 要求接线(实际在我们提供的测量仪器中已经接好电阻为 1 000 Ω±10 Ω,数字电压表为四位半,传感器加电源电压为 6 V。只要把 AD590 的红、黑接线分别插入面板中的输入孔即可进行定标或测量)。

定标一般采用固定点法:利用控温测温仪测定出 AD590 在不同温度下对应的电流,得到测量列(t,I),用最小二乘法对实验数据进行直线拟合,求出直线的斜率和截距即为 B 和 A。

2. 测量水的比汽化热

(1)用电子秤称量热器内杯和搅拌器的总质量 m_1。

(2)将盛有适量水的烧杯放在电炉上，接通电源加热(可通过主机面板温控器旋钮调节加热功率)，加热时要移去杯盖，使低于沸点的水蒸气从杯口排出。

(3)在量热杯中盛少量水，再掺冰水，使水量为 2/3 杯左右，水温低于室温 5℃～10℃为宜，同时量热杯外不能结露。称出量热杯、搅拌器和水的总质量，计算出水的质量 m。

(4)记录室温下测温仪电压示数 $U_{室温}$，得到 $I_{室温}$。

(5)将量热器内杯放入量热器内，盖上量热器盖，插入温度传感器，并观察测温仪读数，可以通汽时，擦干橡皮管口的水，将通汽橡皮管插入水中(约 1 cm 深，不宜太深，以免通汽管被堵塞)，记录测温仪电压示数，得到 I_1，将所得到的 I_1 代入公式(2-13-2)，即可计算出水的初温 t_1 及室温与水温的温差 Δt。

(6)盖上烧杯杯盖，让水蒸气通入量热杯的水中，同时搅拌杯内的水，当水温比室温高约 Δt 时，打开烧杯盖停止通汽，停止电炉通电，移开量热器继续搅拌量热杯内的水，读出稳定时的电压，即 I_1，将所得到的 I_2 代入公式(2-13-2)计算终温 t_2。

(7)称量量热杯、搅拌器和水的总质量，计算出水蒸气质量 M。

(8)利用公式(2-13-1)求得水在 100℃时的比汽化热。

[数据记录及处理]

1. 集成电路温度传感器 AD590 的定标结果

室温下：$U_{室温}$=____ mV，$I_{室温}$=____ μA。

次序	1	2	3	4	5	6	7	8	9	10
t/℃										
U/mV										
I/μA										

经最小二乘法拟合(或作图)得 B=　　μA·℃$^{-1}$；A=　　μA。

通过公式(2-13-2)，计算出水的初温 t_1 和终温 t_2。

2. 水的比汽化热的测量数据：

自拟表格，计算出水的比汽化热的相对误差(即与公认值的百分误差)。

[附录]

水的比热容为 $C_W = 4.187\times10^3$ J·kg^{-1}·℃$^{-1}$；铝的比热容为 $C_{Al} = 9.002\times10^2$ J·kg^{-1}·℃$^{-1}$；水在 100℃时的比汽化热公认值等于 2.25×10^6 J·kg^{-1}。

[注意事项]

(1)通过加碎冰或掺冰水降低水的初温时，温度不能过低，以免量热杯结露，要等冰全融化后才能测初温和通汽。

(2)测初温到开始通水蒸气的时间间隔要短。

(3)初温与室温的温差要适当,要控制好通汽时间,使室温与初温和终温与室温的温差尽可能接近。

(4)实验中要避免带入和溅出水滴。

[思考题]

(1)为什么烧杯中的水未达到沸腾时,水蒸气不能通入量热器中?

(2)本实验测温度为什么要用集成温度传感器?它比用水银温度计有什么优点?

(3)用本实验装置测量水的比汽化热可能产生哪些误差?如何改进?

实验十四　旋转液体特性研究

早在力学创建之初,就有牛顿的水桶实验:当水桶中的水旋转时,水会沿着桶壁上升。旋转的液体其表面形状为一个抛物面,可利用这点测量重力加速度;旋转液体的抛物面也是一个很好的光学元件。美国物理学家乌德创造了液体镜面,他在一个大容器里旋转水银,得到一个理想的抛物面,由于水银能很好地反射光线,所以能起反射镜的作用。反射式液体镜头已经在大型望远镜中得到了应用,代替传统望远镜中使用的玻璃反射镜。当盛满液体(通常采用水银)的容器旋转时,向心力会产生一个光滑的用于望远镜的反射凹面。通常这样一个光滑的曲面,完全可以代替需要大量复杂工艺并且价格昂贵的玻璃镜头。液体镜头也可以作为拍照手机的变焦镜头,它通过改变厚度仅为 8 mm 的两种不同的液体交接处月牙形表面的形状,实现焦距的变化。这种液体镜头相对于传统的变焦系统而言,兼顾了紧凑的结构和低成本两方面的优势。

旋转液体的综合实验可利用抛物面的参数与重力加速度的关系,测量重力加速度,另外,液面凹面镜成像与转速的关系也可研究凹面镜焦距的变化情况。还可通过旋转液体研究牛顿流体力学,分析流层之间的运动,测量液体的黏滞系数。

[实验目的]

(1)用旋转液体最高处与最低处的高度差测量重力加速度。

(2)激光束平行转轴入射测斜率法求重力加速度。

(3)研究和测量旋转液面的光学特性。

(4)研究和测量转速和液面形状及液面光学特性的关系。

[仪器介绍]

RL-1 旋转液体特性实验仪如图 2-14-1 所示。

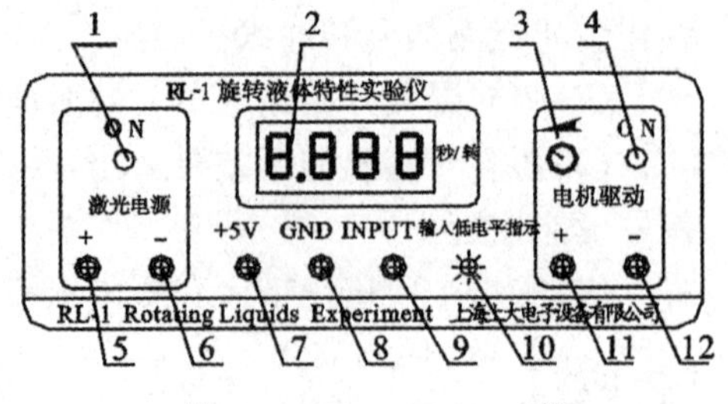

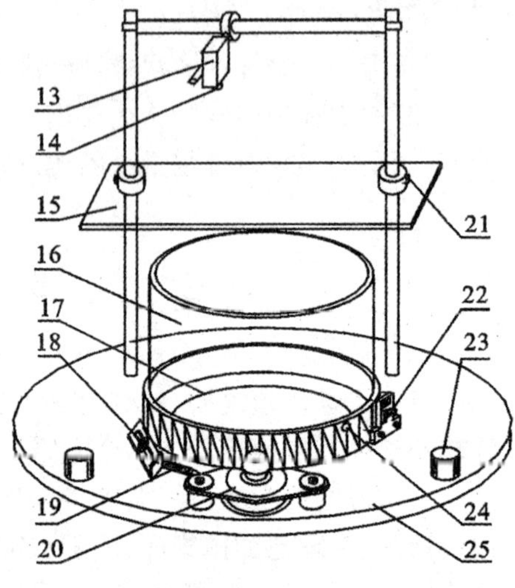

图 2-14-1

1. 仪器电源开关
2. 周期测量四位数码管显示，单位为秒/转
3. 电机转速调节旋钮，顺时针电机转速加快
4. 电机电源开关（向上开）
5. 激光器电源一极接线柱（接激光器黑线）
6. 激光器电源＋极接线柱（接激光器红线）仪器电源开关。
7. 测速霍尔传感器电源＋5 V 接线柱（接传感器板红线）
8. 测速霍尔传感器电源 GND（地）接线柱（接传感器板黑线）
9. 周期测量信号输入 INPUT 接线柱（接霍尔传感器板输出黄线）
10. 周期测量信号输入低电平指示发光管
11. 电机驱动电源一极接线柱（接电机黑线）
12. 电机驱动电源＋极接线柱（接电机红线）
13. 半导体激光器（可调节相应的螺丝改变激光束发射方向）
14. 激光器帽盖（在研究液体凹表面成像时旋上该帽盖）
15. 透明屏（有机玻璃，上粘贴毫米方格纸，可调节其高度）
16. 实验容器
17. 实验容器内径 $R/\sqrt{2}$ 刻线
18. 传动轮压力松紧调节螺丝
19. 传动压紧弹簧
20. 电机组件
21. 立柱
22. 测速霍尔传感器板
23. 水平调节旋钮
24. 传动盘和传动盘上计时用磁钢（钕铁硼）
25. 实验装置底盘

［实验原理］

1. 匀速旋转液体的上表面为抛物面

如图 2-14-2 所示，为旋转液体的轴截面图，液体跟随一个半径为 R、绕其中心轴 Oy 旋转的圆桶一起，以角速度 ω 旋转。考虑位于液面上的一个质元，当其处于平衡时，有 $N\cos\theta=mg$，$N\sin\theta=mx\omega^2$，其中 θ 为液面上该处的切线与 x 轴方向的夹角，由于表面张力相对其他力小得多，故忽略不计。由此得 $\frac{\mathrm{d}y}{\mathrm{d}x}=\tan\theta=\frac{\omega^2}{g}x$，积分后得到

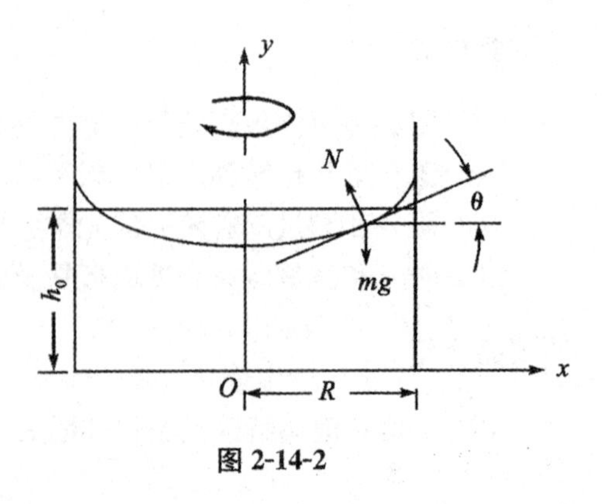

图 2-14-2

$$y=\frac{\omega^2 x^2}{2g}+y_0 \tag{2-14-1}$$

式中，y_0 为 $x=0$ 处的 y 值。

设在 $x=x_0$ 处液面的高度 y 不随 ω 的改变而改变，液体在未旋转时液面高度为 h_0，则点 (x_0, h_0) 在(2-14-1)式所示的抛物线上。所以

$$h_0=\frac{\omega^2 {x_0}^2}{2g}+y_0 \tag{2-14-2}$$

因液体的体积不随角速度而变化，所以

$$\pi R^2 h_0=\int_0^R y(2\pi x)\mathrm{d}x=\int_0^R 2\pi\left(y_0+\frac{\omega^2 x^2}{2g}\right)x\mathrm{d}x$$

即

$$y_0=h_0-\frac{\omega^2 R^2}{4g} \tag{2-14-3}$$

联立(2-14-2)式和(2-14-3)式得 $x_0=\frac{R}{\sqrt{2}}$，这说明，在 $x=\frac{R}{\sqrt{2}}$ 处液面的高度始终保持不变。

2. 利用旋转液体特性测量重力加速度 g

(1)用旋转液体最高处与最低处的高度差测重力加速度。如图 2-14-3 所示，设液面最高处与最低处的高度差为 Δh，则点 $(R, y_0+\Delta h)$ 在式(2-14-1)所示的抛物线上，即

$$y_0+\Delta h=\frac{\omega^2 R^2}{2g}+y_0$$

所以

$$g=\frac{\omega^2 R^2}{2\Delta h}=\frac{\pi^2 D^2}{2T^2\Delta h} \tag{2-14-4}$$

将 Δh、D、T 测出，代入(2-14-4)式求得 g。

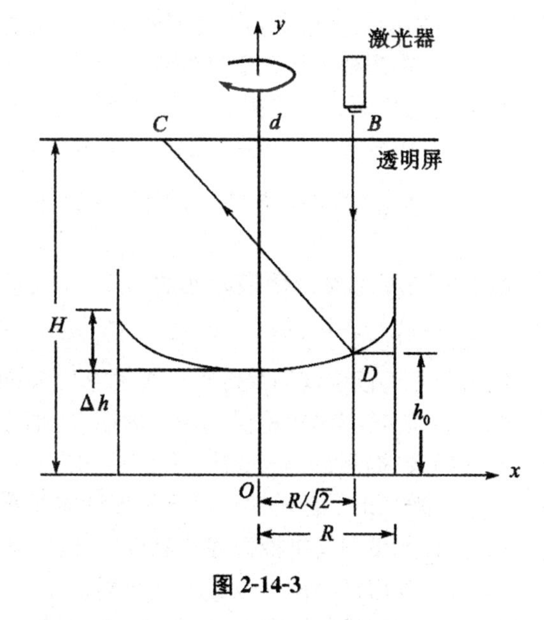

图 2-14-3

(2)激光束平行转轴入射测斜率法求重力加速度。如图 2-14-3 所示，BC 为透明屏幕，激光束竖直向下打在 $x=\frac{R}{\sqrt{2}}$ 的液面的 D 点，反射光点为 C，D 处切线与 x 方向的夹角为 θ，则 $\angle BDC=2\theta$，实验中测出透明屏幕至圆桶底部的距离 H、液面静止时高度 h_0 以及 B、C 两光点距离 d，则

$$\tan 2\theta=\frac{d}{H-h_0} \tag{2-14-5}$$

又因 $\tan\theta=\frac{\mathrm{d}y}{\mathrm{d}x}=\frac{\omega^2 x}{g}$，所以在 $x=\frac{R}{\sqrt{2}}$ 处，

$$\tan\theta=\frac{\omega^2 R}{\sqrt{2}g}=\frac{2\sqrt{2}\pi^2 R}{g}\frac{1}{T^2} \tag{2-14-6}$$

由(2-14-5)式可得θ的值,代入(2-14-6)式就可求得g,多次测量得到多组$\tan\theta$-$\frac{1}{T^2}$的数据,作图得一直线,其斜率为k,则

$$g=\frac{2\sqrt{2}\pi^2 R}{k}=\frac{\sqrt{2}\pi^2 D}{k} \tag{2-14-7}$$

式中,D为圆桶内径,可直接测量得到。

[实验内容及步骤]

1. 仪器调整

(1)水平调整:将实验用圆桶用气泡式水平仪调水平,否则,实验中水在旋转时液面高度不稳定会导致测量效果不佳。

(2)激光器位置调整:调整激光束平行于转轴入射,经过透明屏幕,对准桶底$x=\frac{R}{\sqrt{2}}$处的记号,透明屏幕(要调水平)上入射光点和经水面反射后的光点在水静止时重合。

2. 用旋转液体最高处与最低处的高度差测量重力加速度

(1)在圆桶中加入适量的水,水面离筒口3~5 cm为宜,过多液体旋转受限制;过少旋转的抛物液面的焦点在桶口以下而无法测量焦距。

(2)用游标卡尺测量圆筒的内径D。

(3)从圆筒侧壁读出液面最高点与最低点的高度差Δh。读者可自行证明:$x=\frac{R}{\sqrt{2}}$处液面的高度h_0是液面最低处的高度y_0与液面最高处的高度y_R的中间值,即$h_0=\frac{1}{2}(y_0+y_R)$,因此也可以用$\Delta h=2(y_R-h_0)$来计算出液面最高点与最低点的高度差Δh,从而避免由于侧壁读取液面最低点位置的不准确而带来的误差。

(4)旋转液体实验仪上读取周期T,则由(2-14-4)式可得g。

(5)数据测量至少5次,求g平均值。

3. 激光束平行转轴入射测斜率法求重力加速度

(1)测量圆筒中液面静止高度h_0和圆筒底至透明屏幕的距离H。

(2)开启已经调好位置的激光器。

(3)在不同的周期T下读取入射点与反射光点的距离d(至少5组)。根据公式(2-14-5),由H,h_0,d求出$\tan\theta$。

4. 焦距f与液体旋转周期T关系的测量(选做)

将激光光束正对着圆筒底部的中央。为了确保激光束与转轴平行,在液面静止时屏幕上的入射光点与经液体上表面反射回来的光点应重合。这时激光束的位置就是光轴的位置,在屏幕上两光点重合处做一个小标志,此标志与筒底部中央的连线就是光轴。

在保持光束平行于光轴的情形下将光束移离光轴位置,当液体旋转时,反射光点一般不与屏幕上的小标志重合,上下移动屏幕,使两者重合,则此时反射光点所在的位置就是

焦点的位置。量出屏幕到杯底的距离 H，从侧壁读出液面最低点的高度 y_0，焦距 $f \approx H - y_0$，从旋转液体实验仪上可读取周期 T。改变 T 得到多组 f 与 T 值。假设 $f = \alpha T^\beta$，则 $\ln f = \beta \ln T + \ln \alpha$，即 $\ln f$ 与 $\ln T$ 为线性关系，作 $\ln f$-$\ln T$ 图。

5. 旋转液体凹表面成像研究（选做）

给激光器装上帽盖，使其光束略有发散且在屏幕上成一箭头状（或动画图形），光束平行光轴在偏离光轴处射向旋转液体，经液面反射后，在屏上也留下一个箭头（或动画图形），为了使此箭头看得更为清晰，在屏上铺一块半透明纸，使反射所成像落在上面。

（1）定屏幕高度 H，改变旋转周期 T，观察像箭头（或动画图形）的方向及大小变化。实验发现，转速较小时，入射光和反射光留下的箭头（或动画图形）方向相同；随着转速逐渐增大，反射光留下的箭头（或动画图形）越来越小，直至成一个光点，记下此时液面最低点的高度 y_0 和旋转周期 T；随后箭头（或动画图形）反向逐渐变大，焦距可看作 $f \approx H - y_0$，将 f 和 T 代入(2-14-8)式，看其符合程度。

（2）固定液体的转速，即固定周期 T，改变屏幕高度 H，将会观察到类似的现象，读者可以分析出现这种现象的原因。

[数据记录及处理]

1. 用旋转液体最高处与最低处的高度差测量重力加速度实验结果

表 2-14-1

次序	1	2	3	4	5	…	…	…	n
T/s									
y_R/cm									
Δh/cm									
g/m·s^{-2}									

圆筒直径 D：　　　　　　　　静止液面高度 h_0：

2. 激光束平行转轴入射测斜率法求重力加速度实验结果

表 2-14-2

次序	1	2	3	4	5	…	…	…	n
d/cm									
T/s									
$\tan\theta$									
$(1/T^2)$/s^{-2}									

作 $\tan\theta$-$1/T^2$ 图，其斜率 k=____，由(2-14-7)式算得 g=____ m·s^{-2}，威海的重力加速度公认值为 9.797 m·s^{-2}，实验值与标准值的偏差约为____。

[注意事项]

(1)不要直视激光束。

(2)用气泡式水平仪校准转盘的水平。

(3)激光器装帽盖,顺时针旋紧,小心下落水中。

(4)透明平板位置移动后一定用水准仪调平。

(5)激光在平板上的反射光点出现两个时,一定注意分析哪个是我们要观察的光点并分析原因。

[思考题]

(1)利用液面最高处与最低处高度差测量重力加速度的方法中,产生误差的主要原因有哪些?

(2)当激光在屏幕上出现两个反射点时,应该选哪一个为观察点? 为什么?

实验十五 用波尔共振仪研究受迫振动

振动是物体运动的普遍现象,机械振动在生活与科研中随处可见。在机械制造和建筑工程等科技领域中受迫振动所导致的共振现象引起工程技术人员极大注意,既有破坏作用,但也有许多实用价值。众多电声器件是运用共振原理设计制作的。此外,在微观科学研究中"共振"也是一种重要研究手段,如利用核磁共振和顺磁共振研究物质结构等。

表征受迫振动性质的是受迫振动的振幅一频率特性和相位一频率特性(简称幅频和相频特性)。本实验中采用波尔共振仪定量测定机械受迫振动的幅频特性和相频特性,并利用频闪方法来测定动态的物理量——相位差。

[实验目的]

(1)研究波尔共振仪中弹性摆轮受迫振动的幅频特性和相频特性。

(2)研究不同阻尼力矩对受迫振动的影响,观察共振现象。

(3)学习用频闪法测定运动物体的相位差。

[仪器介绍]

ZKY-BG 型波尔共振仪由振动仪与电器控制箱两部分组成。

1. 振动仪部分。

摆轮 A 安装在机架上,弹簧 B 的一端与摆轮 A 的轴相连,另一端可固定在机架支柱上,在弹簧弹性力的作用下,摆轮可绕轴自由往复摆动。在摆轮的外围有一圈槽形缺口,其中一个长形凹槽 2 比其他凹槽长出许多。机架上对准长形缺口处有一个光电门 1,它与电器控制箱相连接,用来测量摆轮的振幅角度值和摆轮的振动周期。在机架下方有一对带有铁芯的线圈 K,摆轮 A 恰巧嵌在铁芯的空隙,当线圈中通过直流电流后,摆轮受到一个电磁阻尼力的作用。改变电流的大小即可使阻尼大小相应变化。为使摆轮 A 做受迫振动，在电动机轴上装有偏心轮，通过连杆机构 E 带动摆轮，在电动机轴上装有带刻线的有机玻璃转盘 F，它随电机一起转动。由它可以从角度读数盘 G 读出相位差 φ。调节控制箱上的十圈电机转速调节旋钮，可以精确改变加于电机上的电压，使电机的转速在实验范围（30～45 $r \cdot s^{-1}$）内连续可调。由于电路中采用特殊稳速装置、电动机采用惯性很小的带有测速发电机的特种电机，所以转速极为稳定。电机的有机玻璃转盘 F 上装有两个挡光片。在角度读数盘 G 中央上方 90°处也有光电门 I（强迫力矩信号），并与控制箱相连，以测量强迫力矩的周期。

受迫振动时摆轮与外力矩的相位差是利用小型闪光灯来测量的。闪光灯受摆轮信号光电门控制，每当摆轮上长形凹槽 2 通过平衡位置时，光电门 1 接受光，引起闪光，这一现象称为频闪现象。在稳定情况时，由闪光灯照射下可以看到有机玻璃转盘 F 好像一直“停在”某一刻度处（实际有机玻璃转盘 F 上的刻度线一直在匀速转动），从而读出相位差数值。此数值可方便地直接读出，误差不大于 2°。闪光灯放置位置如图 2-15-1 所示，搁置在底座上，切勿拿在手中直接照射刻度盘。测量相位时闪光灯按键应长按。为使闪光灯管不易损坏，采用按钮开关，仅在测量相位差时才按下按钮。

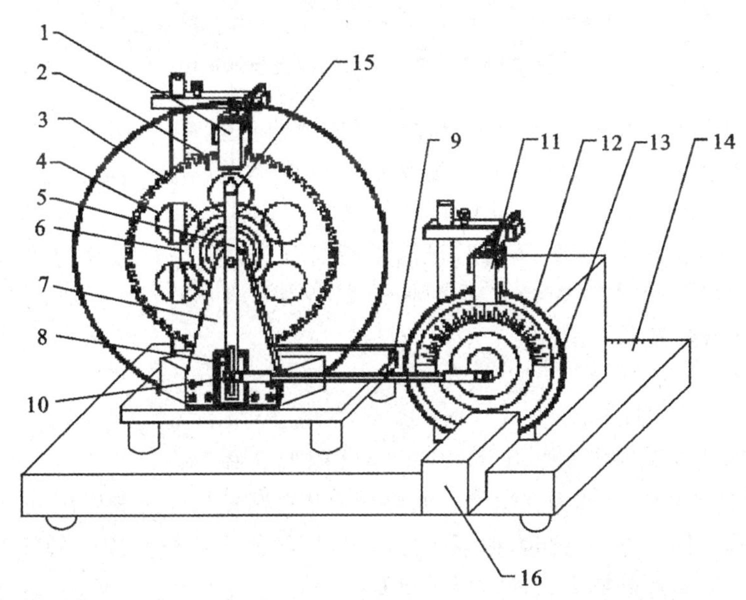

1. 光电门 2. 长凹槽 D 3. 短凹槽 D 4. 铜质摆轮 A 5. 摇杆 M 6. 蜗卷弹簧 B 7. 支承架 8. 阻尼线圈 K 9. 连杆 E 10. 摇杆调节螺丝 11. 光电门 I 12. 角度盘 G 13. 有机玻璃转盘 F 14. 底座 15. 弹簧夹持螺钉 L 16. 闪光灯

图 2-15-1 波尔振动仪

摆轮振幅是利用光电门 1 测出摆轮读数 3 处圈上凹形缺口个数，并在控制箱液晶显示器上直接显示出此值，精度为 1°。

2. 电器控制箱

图 2-15-2 中 7 为强迫力周期调节电位器，即电机转速调节旋钮，系带有刻度的十圈电位器，调节此旋钮时可以精确改变电机转速，即改变强迫力矩的周期。锁定开关处于图 2-15-3 的位置时，电位器刻度锁定，要调节大小须将其置于该位置的另一边。×0.1 挡旋

转一圈，×1 挡走一个字。一般调节刻度仅供实验时作参考，以便大致确定强迫力矩周期值在多圈电位器上的相应位置，不是准确的强迫力周期，强迫力周期＝电机周期，从液晶面板可准确读出。

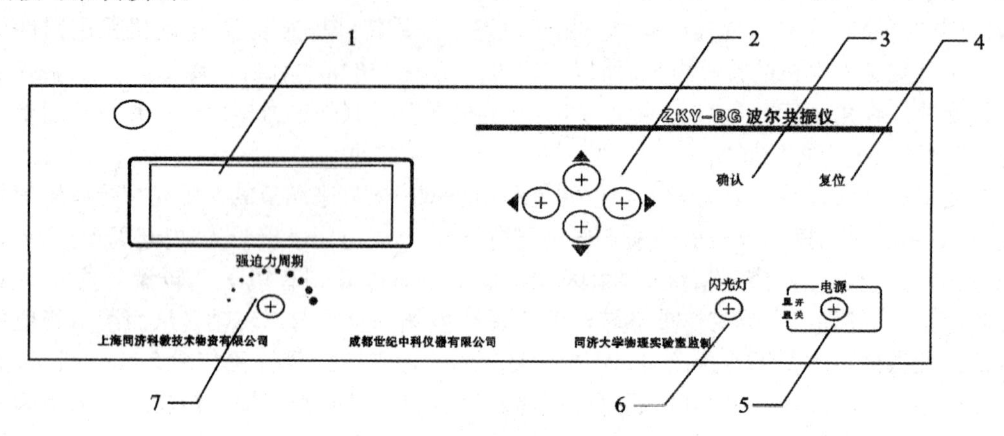

1. 液晶显示屏幕　2. 方向控制键　3. 确认按键　4. 复位按键
5. 电源开关　6. 闪光灯开关　7. 强迫力周期调节电位器

图 2-15-2　波尔共振仪前面板示意图

可以通过软件控制阻尼线圈内直流电流的大小，达到改变摆轮系统的阻尼系数的目的。阻尼挡位的选择通过软件控制，共分 3 挡，分别是“阻尼 1”、“阻尼 2”、“阻尼 3”。阻尼电流由恒流源提供，实验时根据不同情况进行选择(可先选择在“阻尼 2”处，若共振时振幅太小则可改用“阻尼 1”)，振幅在 150°左右。

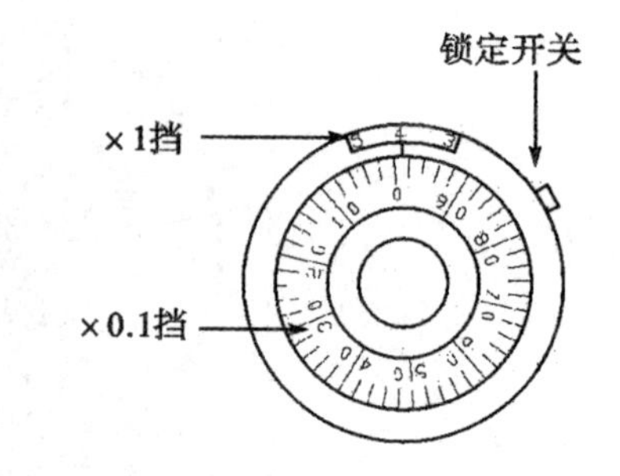

图 2-15-3　电机转速调节电位器

[实验原理]

物体在周期外力的持续作用下发生的振动称为受迫振动，这种周期性的外力称为强迫力。如果外力是按简谐振动规律变化，那么稳定状态时的受迫振动也是简谐振动，此时，振幅保持恒定，振幅的大小与强迫力的频率和原振动系统无阻尼时的固有振动频率以及阻尼系数有关。在受迫振动状态下，系统除了受到强迫力的作用外，同时还受到回复力和阻尼力的作用。所以在稳定状态时，物体的位移、速度变化与强迫力变化不是同相位的，存在一个相位差。当强迫力频率与系统的固有频率相同时产生共振，此时振幅最大，相位差为 90°。

实验采用摆轮在弹性力矩作用下自由摆动，在电磁阻尼力矩作用下做受迫振动来研究受迫振动特性，可直观地显示机械振动中的一些物理现象。

当摆轮受到周期性强迫外力矩 $M=M_0\cos\omega t$ 的作用，并在有空气阻尼和电磁阻尼的媒质中运动时(阻尼力矩为$-b\dfrac{\mathrm{d}\theta}{\mathrm{d}t}$)，其运动方程为

$$J\frac{\mathrm{d}^2\theta}{\mathrm{d}t^2}=-k\theta-b\frac{\mathrm{d}\theta}{\mathrm{d}t}+M_0\cos\omega t \tag{2-15-1}$$

式中，J 为摆轮的转动惯量，$-k\theta$ 为弹性力矩，M_0 为强迫力矩的幅值，ω 为强迫力的圆频率。

令 $\omega_0{}^2=\dfrac{k}{J}$，$2\beta=\dfrac{b}{J}$，$m=\dfrac{M_0}{J}$，则式(2-15-1)变为

$$\frac{\mathrm{d}^2\theta}{\mathrm{d}t^2}+2\beta\frac{\mathrm{d}\theta}{\mathrm{d}t}+\omega_0{}^2\theta=m\cos\omega t \tag{2-15-2}$$

当 $m\cos\omega t=0$ 时，式(2-15-2)即为阻尼振动方程。

当 $\beta=0$，即在无阻尼情况时，式(2-15-2)变为简谐振动方程，系统的固有频率为 ω_0。方程(2-15-2)的通解为

$$\theta=\theta_1\mathrm{e}^{-\beta t}\cos(\omega_f t+\alpha)+\theta_2\cos(\omega t+\varphi_0) \tag{2-15-3}$$

由式(2-15-3)可见，受迫振动可分成两部分：

第一部分，$\theta_1\mathrm{e}^{-\beta t}\cos(\omega_f t+\alpha)$ 和初始条件有关，经过一定时间后衰减消失。

第二部分，说明强迫力矩对摆轮做功，向振动体传送能量，最后达到一个稳定的振动状态。振幅为

$$\theta_2=\frac{m}{\sqrt{(\omega_0{}^2-\omega^2)^2+4\beta^2\omega^2}} \tag{2-15-4}$$

它与强迫力矩之间的相位差的正切值为

$$\tan\varphi=\frac{2\beta\omega}{\omega^2-\omega_0{}^2} \tag{2-15-5}$$

由式(2-15-4)和式(2-15-5)可看出，振幅 θ_2 与相位差 φ 的数值取决于强迫力矩 m、频率 ω、系统的固有频率 ω_0 和阻尼系数 β 四个因素，而与振动初始状态无关。

由 $\dfrac{\partial}{\partial\omega}[(\omega_0{}^2-\omega^2)^2+4\beta^2\omega^2]=0$ 极值条件可得出，当强迫力的圆频率 $\omega=\sqrt{\omega_0{}^2-2\beta^2}$ 时，产生共振，θ 有极大值。若共振时圆频率和振幅分别用 ω_r、θ_r 表示，则

$$\omega_r=\sqrt{\omega_0{}^2-2\beta^2} \tag{2-15-6}$$

$$\theta_r=\frac{m}{2\beta\sqrt{\omega_0{}^2-\beta^2}} \tag{2-15-7}$$

式(2-15-6)和(2-15-7)表明，阻尼系数 β 越小，共振时圆频率越接近于系统固有频率，振幅 θ_r 也越大。图 2-15-4 表示出在不同 β 时受迫振动的幅频特性，从图中可以看出阻尼不同，共振时的共振频率并不相同，只有在自由振动时其共振频率才等于固有频率。

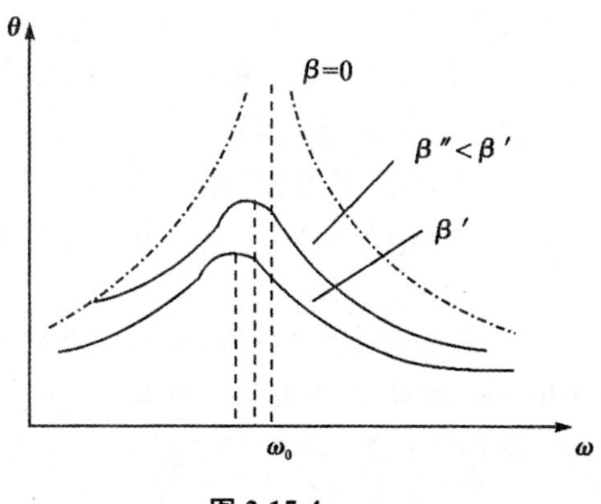

图 2-15-4

为了更方便直观地观察不同阻尼受迫振动的幅频特性、相频特性，横坐标用 ω/ω_r 表示，那么不同阻尼的共振点都在 $\omega/\omega_r=1$ 处，更方便比较。即用图 2-15-5 和 2-15-6 表示在不同 β 时，受迫振动的幅频特性、相频特性。

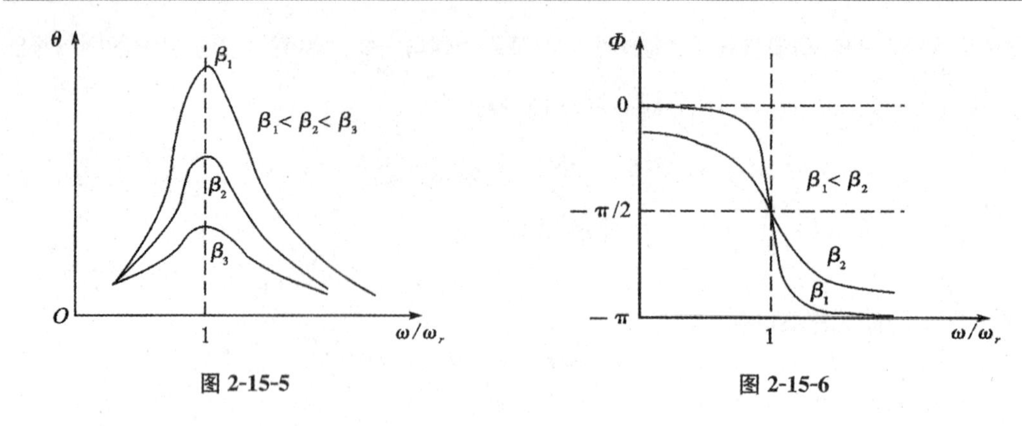

图 2-15-5　　　　图 2-15-6

[实验内容与步骤]

1. 测定摆轮振幅 θ 不同时与其对应的固有周期 T_0（选做）

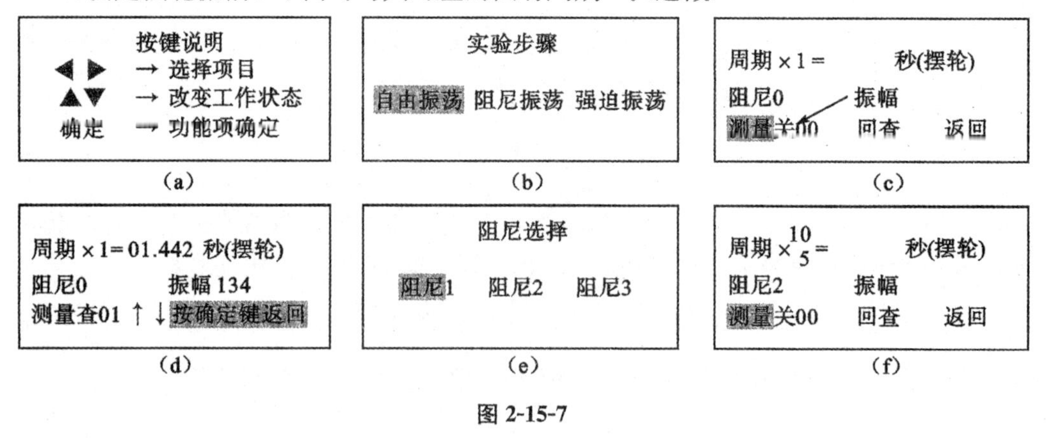

图 2-15-7

一般认为，一个弹簧的弹性系数 k 应为常数，与弹簧的扭转无关。实际上，由于制造工艺及材料的性能的影响，k 值随弹簧转角的改变而略有影响（3%左右），因而造成不同振幅时系统的固有频率 ω_0 有微小变化，如果取平均值，在计算相位差理论值时会引起误差。所以要先测出自由振动时不同振幅对应的固有周期 T_0，再计算出固有频率值 ω_0。

具体操作测量步骤如下：

(1)仪器选择“自由振荡”（只有空气阻尼的弱阻尼，不是绝对的自由振荡），确认后屏幕显示图 2-15-7 中的(c)。用手转动相位差读数盘的有机玻璃挡光杆使其置于水平位置（$F\to 0$ 位置）。

(2)用手将摆轮转到振幅 $\theta \geqslant 160^\circ$，在松开手的同时按下测量开关▲(▼)，此时摆轮做振幅衰减振动，仪器自动记录每一个固有周期值 T_0 变化时对应的振幅值 θ，通过“回查”将实验数据逐一填入表 2-15-1。

2. 测定阻尼系数 β

选择好实验的阻尼挡，通过测定振动的振幅衰减过程，就可用对数逐差法计算阻尼系数。由公式(2-15-3)知，阻尼振动时振幅衰减按指数规律变化：

$$\theta=\theta_0 e^{-\beta t} \tag{2-15-8}$$

第 i 和 $i+n$ 个周期后的振幅分别为

$$\theta_i=\theta_0 e^{-\beta(t+iT)},\theta_{i+n}=\theta_0 e^{-\beta[t+(i+n)T]} \tag{2-15-9}$$

式(2-15-9)的两式相除并取自然对数得

$$\ln\frac{\theta_i}{\theta_{i+n}}=\ln\frac{\theta_0 e^{-\beta(t+iT)}}{\theta_0 e^{-\beta[t+(i+n)T]}}=n\beta T \tag{2-15-10}$$

$$\beta=\ln\frac{\theta_i}{\theta_{i+n}}\cdot\frac{1}{nT} \tag{2-15-11}$$

式中，n 为阻尼振动的周期次数，θ 为振动时的振幅，T 为阻尼振动测得的平均周期。

具体测量步骤如下：

(1)相位差读数盘的有机玻璃挡光杆仍置于水平位置。

(2)仪器选择“阻尼振荡”，确定“阻尼 1”状态(确定阻尼状态后，在实验过程中不能任意改变，也不能随意切断电源，否则由于电磁铁剩磁现象将引起 β 值变化。只有在某一阻尼系数 β 的所有实验数据测试完毕，才允许改变 β 值并测出该 β 值所对应的其他实验数据)，确认后屏幕显示图 2-15-8 中的(g)。

(3)用手将摆轮转到振幅 $\theta\geqslant160°$，在放手的同时按下测量开关▲(▼)，通过测定振动的振幅衰减过程，就可用对数逐差法确定阻尼系数 β 值，阻尼振动时振幅衰减按指数规律变化求 β 的平均值。

3. 受迫振动幅频特性与相频特性曲线的测定

(1)仪器选择“强迫振动”(阻尼系数不变)，确认后屏幕显示图 2-15-8 中的(g)，在机器已默认选中“电机”的状态下，按“▲(▼)”键电机启动。按“◀(▶)”键选择不同功能，按“▲(▼)”键交替选择“周期 1”“周期 10”“测量开”“测量关”。

周期×1 = 秒(摆轮)
= 秒(电机)
阻尼 1 振幅
测量关00 周期1 电机关 返回

(g)

周期×1 =1.425 秒(摆轮)
=1.425 秒(电机)
阻尼 1 振幅 122
测量关00 周期 1 电机开 返回

(h)

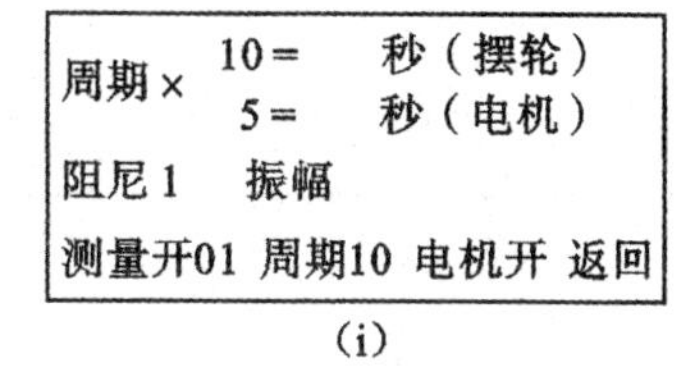

(i)

图 2-15-8

(2)用频闪法测相位差 φ。旋转“强迫力周期”旋钮(即改变电机周期)，使其小窗口显示一定值，将闪光灯放在电机转盘下方，等待受迫振动稳定，即电机周期与摆轮周期相同，振幅不变。在稳定状态下，长按闪光灯开关，在有机玻璃转盘 F 上观察到转动的挡光刻度线被闪光灯照亮的位置就是受迫振动与策动力之间的相位差 φ。

(3)测量。找到第一个 φ 值后，可以确定“强迫力周期”改变的旋转方向，顺时针 φ 值减小，逆时针 φ 值增大。取 φ 值为 30°～150°之间沿某一方向依次改变，在 90°附近测量数据要密集一些，其他位置测量数据可稀疏点，测量点为 20 个左右。按“▲(▼)”键选择“周期 1”，观察受迫振动是否达到稳定，稳定后即可测试共振时的振幅、周期，用频闪法测相位。继续旋转“强迫力周期”旋钮，即可改变电机周期，等再次稳定即可测量下组数据。将测量的振幅 θ，周期 T，相位差 φ 填入表 2-15-3。一定把振幅最大时的共振周期 T_r，$\omega_r=2\pi T_r$，共振振幅 θ_r，相位差 φ 测出来。

(4)将 T 转换为 ω,并以 ω/ω_r 为横坐标,θ 为纵坐标,作幅频特性曲线。以 ω/ω_r 为横坐标,φ 为纵坐标,作相频特性曲线。

[数据记录及处理]

1. 测定摆轮振幅 θ 不同时与其对应的固有周期 T_0(选做)

表 2-15-1 振幅 θ 与 T_0 关系

测量次序	固有周期 T_0/s	振幅 θ/(°)	测量次序	固有周期 T_0/s	振幅 θ/(°)
1			:		
2			:		
3			:		
4			50 次左右		

2. 测定阻尼系数 β

表 2-15-2

序号	振幅 θ/(°)	序号	振幅 θ/(°)	$\ln\frac{\theta_i}{\theta_{i+5}}$
θ_1		θ_6		
θ_2		θ_7		
θ_3		θ_8		
θ_4		θ_9		
θ_5		θ_{10}		
$\ln\frac{\theta_i}{\theta_{i+5}}$ 平均值				

$10T =$ ____ s,$\overline{T}=$ ____。

3. 受迫振动幅频特性与相频特性曲线的测定

表 2-15-3

测量次序	强迫力矩周期(电位器刻盘度值仅作参考)	强迫力矩周期(即电机周期)T/s	相位差 φ/(°)	振幅 θ/(°)
1				
2				
3				
:				
:				
:				
:				
20				

仪器提供的是 3 种阻尼，至少测两个阻尼系数，两种阻尼下的受迫振动，即表 2-15-2 和表 2-15-3 各测两个。

[注意事项]

(1)强迫振荡实验时，调节仪器面板“强迫力周期”旋钮，从而改变电机转动周期。

(2)在做强迫振荡实验时，须待电机与摆轮的周期相同(末位数差异不大于 2)即系统稳定后，方可记录实验数据。且每次改变了强迫力矩的周期，都需要重新等待系统稳定。

(3)因为闪光灯的高压电路及强光会干扰光电门采集数据，因此须待一次测量完成，才可使用闪光灯读取相位差。

特别注意：摆轮边缘处很锋利。

[思考题]

(1)什么是受迫振动？其振幅和相位差与哪些因素有关？

(2)什么是共振？产生共振的条件及其特征？

(3)实验中采用什么方法来改变阻尼力矩的大小？它采用了什么原理？

第三部分　电磁学实验

实验一　密立根油滴实验——电子电荷的测量

密立根油滴实验是近代物理学发展史上一个十分重要的实验，由美国实验物理学家密立根(R. A. Millikan)首先设计并完成。1907～1913年密立根利用在电场和重力场中运动的带电油滴进行实验，发现所有油滴所带电荷量均是某一最小电荷的整数倍，该最小电荷值为$e=(1.602\pm0.002)\times10^{-19}$ C，即单位电子电荷量。这一实验结果表明油滴所带的电荷量是不连续的，是量子化的。同时，密立根油滴实验还为其他一些基本物理量的测定提供了可能，如确定基本粒子——夸克的电量。

密立根油滴实验设计巧妙、原理清楚、设备简单、结果准确，是一个具有启发性的著名的物理实验。该实验中由喷雾器喷出的油滴非常微小，其半径一般为$10^{-7}\sim10^{-6}$ m，质量约为10^{-15} kg，因此对本实验，要有严谨的科学态度，严格的实验操作，准确的数据处理，以保证能得到较好的实验结果。

[实验目的]

(1)测量油滴所带电荷，验证电荷的量子性。

(2)通过学习密立根油滴实验的巧妙设计，体会一种微观量的宏观测量方法。

(3)实验过程中通过仪器的调整、油滴的选择、耐心的跟踪和测量以及数据的处理等一系列过程，培养严谨认真的科学实验方法和态度。

[实验仪器及介绍]

1. 实验仪器

密立根油滴仪、实验油、喷雾器。

2. 仪器介绍

密立根油滴仪结构如图3-1-1所示。密立根油滴仪主要包括油滴室、显微镜、调平装置、照明装置、电源、计时器等。

(1)油滴室内水平放置由上、下二极板构成的电容器，在两极板上加一定的电势差，便可在两极板之间形成匀强电场。上极板的中间有一小孔，喷雾器喷出的油雾撕裂为微小的油滴后，经由小孔落入两极板之间。在二极板间的绝缘部分开有两个窗口，一个窗口置有照明灯，用以照明油滴，另一窗口对准显微镜镜头，用以观测油滴运动。

(2)调平装置由油滴仪底部的调平螺丝组成，对油滴仪进行水平调节，其水平调节情况可根据油滴室内的水准仪进行判定。

(3)数字计时器用以对油滴的运动时间进行计时。

(4)直流电源的输出和油滴室的上、下极板相接。在油滴仪面板上有一个电源电压调节控制开关，开关分三挡："平衡"挡提供极板平衡电压，对应油滴的静止状态；换至"下落"挡时仪器自动除去极板所加电压，油滴不受电场力作用，自由下落；"提升"挡是在平衡电压基础上，仪器自动提高两极板所加电压，油滴所受电场力大于重力，油滴上升。利用该挡可以将油滴从视场的下端提升上来，作下次重复测量。

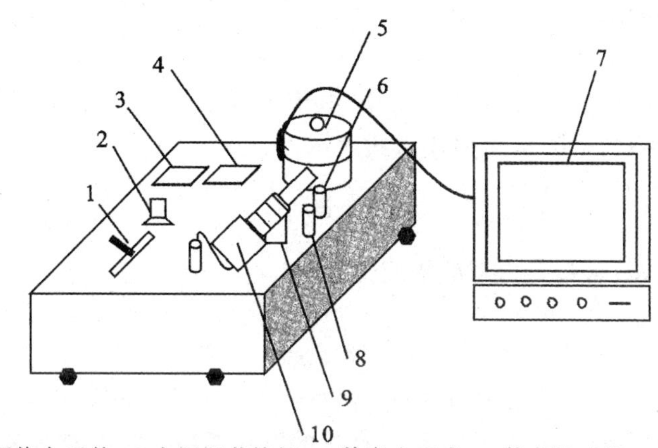

1.电压换向开关　2.电压调节旋钮　3.数字电压表　4.数字计时器　5.油滴盒　6.计时按钮　7.监视器　8.计时复位按钮　9.显微镜　10.CCD摄像头

图 3-1-1

[实验原理]

密立根油滴实验是从观察和测定带电油滴在电场中的运动规律入手，来测定油滴的电荷值。当用喷雾器喷出油滴时，细微的油滴由于摩擦一般都已带电。测量不同油滴所带电荷量 $q_1, q_2, \cdots, q_n$，从各电量值的差异去分析存在最小电荷，并得出各油滴所带电荷量均为此最小电荷的整数倍的结论。用油滴法测量电子的电荷，通常有静态(平衡)测量法和动态(非平衡)测量法两种。具体分述如下。

1. 静态(平衡)测量法

用喷雾器将油滴喷入平行极板之间。设油滴质量为 m，所带电荷为 q，两极板间的电压为 V，则油滴在平行极板间将同时受到重力 mg 和静电力 qE 的作用。如图 3-1-2 所示。如果调节两极板间的电压 V，可使油滴处于静止状态，两力达到平衡(空气浮力很小可忽略)，此时两极板间电压记为 $V_{平}$，则有

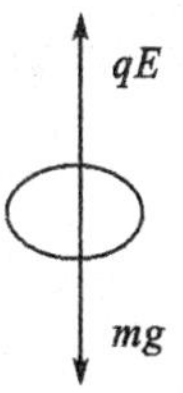

$$mg = qE = q\frac{V_{平}}{d} \tag{3-1-1}$$

qE

mg

图 3-1-2

根据(3-1-1)式，为了测出油滴所带的电量 q，需要测定油滴静止时的极板电压，即平衡电压 $V_{平}$、极板间距离 d 及油滴的质量 m。其中，油滴质量 m 很小，需用如下特殊方法测定。

油滴质量的测定：平行极板不加电压时，一开始油滴只受重力作用而加速下落，一旦

开始下落运动，油滴将同时受到空气阻力的作用。空气阻力的大小与油滴运动速率成正比，开始短时间内，油滴下落速率比较小，油滴受到的空气阻力小于重力，油滴做加速下落运动。随着油滴下落速率越来越大，最终阻力 f_r 与重力 mg 达到平衡，如图 3-1-3 所示（空气浮力忽略不计），油滴开始匀速下落。设油滴匀速下落的速率为 v_g，根据斯托克斯定律①，油滴匀速下落时阻力

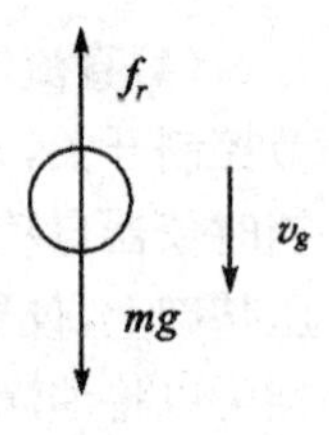

图 3-1-3

$$f_r=6\pi a\eta v_g=mg \tag{3-1-2}$$

式中，η 是空气的黏滞系数，a 是油滴的半径（由于表面张力的原因，油滴总是呈小球状）。设油的密度为 ρ，油滴的质量 m 可以用下式表示：

$$m=\frac{4}{3}\pi a^3\rho \tag{3-1-3}$$

由(3-1-2)式和(3-1-3)式，得到油滴的半径

$$a=\sqrt{\frac{9\eta v_g}{2\rho g}} \tag{3-1-4}$$

对于半径小到 10^{-6} m 的小球，它的直径已与空气分子的间隙相当，因此空气已不能看作连续的、均匀的介质。在这种情况下，空气的黏滞系数 η 应作如下修正：

$$\eta'=\frac{\eta}{1+\frac{b}{pa}}$$

这时斯托克斯定律相应修正为

$$f_r=\frac{6\pi a\eta v_g}{1+\frac{b}{pa}}$$

式中，p 为大气压强，单位用 cmHg②，$b=6.17\times10^{-6}$ m · cmHg 为修正常数。得

$$a=\sqrt{\frac{9\eta v_g}{2\rho g}\frac{1}{1+\frac{b}{pa}}} \tag{3-1-5}$$

上式根号中还包含油滴的半径 a，但因它处于修正项中，可以不十分精确，因此可用(3-1-4)式计算。将(3-1-5)式代入(3-1-3)式，得

$$m=\frac{4}{3}\pi\left[\frac{9\eta v_g}{2\rho g}\frac{1}{1+\frac{b}{pa}}\right]^{\frac{3}{2}}\rho \tag{3-1-6}$$

油滴匀速下降的速度 v_g，可用油滴匀速下降的距离 l 和相应时间 t_g 给出，即

$$v_g=\frac{l}{t_g} \tag{3-1-7}$$

将(3-1-7)式代入(3-1-6)式，(3-1-6)式代入(3-1-1)式，得

---

① F. W. Sears 等著，郭运泰等译《大学物理学》，第一册，人民教育出版社，1979 年，第 404～406 页。

② 1 cmHg=1 333.224 Pa。

$$q=\frac{18\pi}{\sqrt{2\rho g}}\left[\frac{\eta l}{t_g\left(1+\frac{b}{pa}\right)}\right]^{\frac{3}{2}}\frac{d}{V_{平}} \tag{3-1-8}$$

这就是用平衡测量法测定油滴所带电量的理论公式。

实验中，油滴半径 a 很小（≈0.001 mm），在黏性流体中运动极短的距离（≈0.001 mm）就可达到终极速度，即匀速运动状态，所以可认为在油滴室中运动的油滴做匀速运动。

2. 动态（非平衡）测量法

若平行极板上所加电压 $V>V_{平}$，则油滴在平行极板间所受到的重力 mg 小于静电力 qE，油滴加速上升。上升运动的油滴受空气阻力作用，与下落运动过程相似，随着油滴上升速率越来越大，空气阻力越来越大，很快空气阻力、重力与静电力达到平衡（空气浮力忽略不计），油滴开始匀速上升，如图 3-1-4 所示。此时两极板间电压记为 $V_{升}$，则有

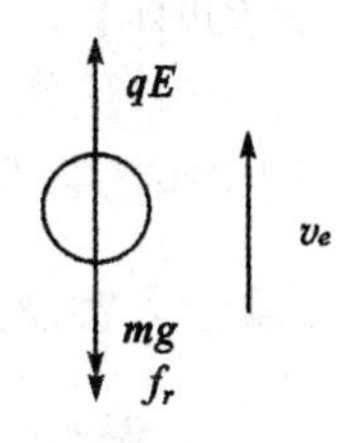

图 3-1-4

$$6\pi a\eta v_e=qE-mg=q\frac{V_{升}}{d}-mg$$

去掉平行极板上所加的电压 V 后，油滴受重力作用而加速下落。当空气阻力和重力平衡时，油滴将以匀速 v_g 下落，这时 $6\pi a\eta v_g=mg$。前两式相除得

$$\frac{v_e}{v_g}=\frac{q\frac{V_{升}}{d}-mg}{mg}$$

则有

$$q=mg\frac{d}{V_{升}}\left(\frac{v_g+v_e}{v_g}\right) \tag{3-1-9}$$

实验时取油滴匀速下落和匀速上升的距离相等，都设为 l。测出油滴匀速下降的时间为 t_g，匀速上升的时间为 t_e，则

$$v_g=\frac{l}{t_g},\quad v_e=\frac{l}{t_e} \tag{3-1-10}$$

将(3-1-6)式油滴的质量 m 和(3-1-10)式代入(3-1-9)式得

$$q=\frac{18\pi}{\sqrt{2\rho g}}\left[\frac{\eta l}{1+\frac{b}{pa}}\right]^{\frac{3}{2}}\frac{d}{V_{升}}\left(\frac{1}{t_e}+\frac{1}{t_g}\right)\left(\frac{1}{t_g}\right)^{\frac{1}{2}}$$

令 $K=\frac{18\pi}{\sqrt{2\rho g}}\left[\frac{\eta l}{1+\frac{b}{pa}}\right]^{\frac{3}{2}}d$，则

$$q=K\left(\frac{1}{t_e}+\frac{1}{t_g}\right)\left(\frac{1}{t_g}\right)^{\frac{1}{2}}\frac{1}{V_{升}} \tag{3-1-11}$$

这就是非平衡测量法测定油滴所带电量的理论公式。

从实验测量计算得到的结果，可以分析出 q 只能为某一数值的整数倍，由此可以得出油滴所带电子的总数 n，从而得到一个电子的电荷值为

$$e=\frac{q}{n} \tag{3-1-12}$$

从以上讨论可见：

(1)用平衡法测量，原理简单、直观，且油滴有平衡不动的时候，实验操作的节奏较慢，需仔细调整平衡电压；用非平衡法测量，在原理和数据处理方面较平衡法要复杂，并且油滴没有平衡不动的时候，实验操作中油滴容易丢失，但它不需要调整平衡电压。

(2)比较(3-1-8)式和(3-1-11)式，当调节电压 V 使油滴受力达到平衡时，油滴匀速上升的时间 $t_e\to\infty$，两式相一致。可见平衡测量法是非平衡测量法的一种特殊情况。

(3)比较(3-1-8)式和(3-1-11)式可知，在实验时可同时测出 $V_{平}$，$V_{升}$，t_g，t_e，然后分别用平衡法和非平衡法计算电量。

[实验内容及步骤]

1. 调整仪器

(1)将仪器放平稳，调节仪器底部左、右两只调平螺丝，使水准泡(在油滴室内)指示水平，这时平行极板处于水平状态。打开电源，预热 10 min。

(2)将油从油滴室旁的喷雾口喷入(喷一次即可)，双手微调测量显微镜的调焦手轮，直到视场中出现大量清晰的油滴，如夜空繁星。

注意：调整仪器时，如要打开有机玻璃油滴室，应先将工作电压选择开关放在“下落”位置。

2. 练习测量

(1)练习控制油滴。工作电压选择开关置“平衡”挡，喷入油滴后调节电压输出旋钮至 200 V 左右，驱走不合适的油滴，直到剩下几颗缓慢运动的油滴为止。选中其中的一颗油滴，仔细调节电压大小，使这颗油滴静止不动。这时保持电压输出调节旋钮不动，将电压选择开关置“提升”或“下降”挡，提升或去掉工作电压，让油滴上升或下落。如此反复多次地进行练习，以掌握控制油滴的方法。

提示：让运动中的油滴静止，只需要再次将工作电压选择开关由“提升”或“下降”挡换至“平衡”挡即可。

(2)练习测量油滴运动的时间。选中一颗油滴，在其开始运动的同时，按下计时器，计时开始。在油滴停止运动的同时，再按一次计时器，计时结束，此时计时器上显示的时间即为油滴的运动时间。如此反复多练几次，以掌握测量油滴运动时间的方法。

(3)练习选择油滴。要做好本实验，很重要的一点是选择合适的油滴。选的油滴体积不能太大，太大的油滴虽然比较亮，但一般带的电量比较多，下降速度也比较快，时间不容易准确测量。选的油滴体积也不能太小，太小则布朗运动明显。通常可以选择平衡电压在 200 V 以上(平衡电压也不宜过高，否则容易击穿极板电容器)，在 20 s 左右时间内匀速下降 2 mm(在显示器上是 4 格)的油滴，其大小和带电量都比较合适。

3. 正式测量

从(3-1-8)式和(3-1-11)式可见，用平衡测量法时要测量 $V_{平}$，t_g 两个量；用动态测量法时要测量 $V_{升}$，t_g，t_e 三个量。在实验中可同时测量 $V_{平}$，$V_{升}$，t_g，t_e 这四个量，便可分别用平衡法和非平衡法计算油滴所带电荷电量。

对同一颗油滴应重复进行 3 次以上测量，而且每次测量都要重新微调节平衡电压。如果油滴逐渐变得模糊，要微调测量显微镜跟踪油滴，勿使油滴丢失。

用同样方法分别对多颗油滴进行测量，求得油滴所带电量 q。

4. 数据处理

相关参数：

油的密度	$\rho=981\ \mathrm{kg\cdot m^{-3}}$
重力加速度	$g=9.80\ \mathrm{m\cdot s^{-2}}$
空气黏滞系数	$\eta=1.83\times10^{-5}\ \mathrm{kg\cdot m^{-1}\cdot s^{-1}}$
油滴匀速下降的距离取	$l=2.00\times10^{-3}\ \mathrm{m}$
修正常数	$b=6.17\times10^{-6}\ \mathrm{m\cdot cmHg}$
大气压强	$p=76.0\ \mathrm{cmHg}$
平行极板距离	$d=5.00\times10^{-3}\ \mathrm{m}$

(1)静态(平衡)测量法：

根据(3-1-8)式有

$$q=\frac{18\pi}{\sqrt{2\rho g}}\left[\frac{\eta l}{t_g\left(1+\frac{b}{pa}\right)}\right]^{\frac{3}{2}}\frac{d}{V_{平}}\text{，式中 } a=\sqrt{\frac{9\eta l}{2\rho g t_g}}$$

将相关数据代入上式得

$$q_{静}=\frac{1.43\times10^{-14}}{\left[t_g(1+0.02\sqrt{t_g})\right]^{\frac{3}{2}}}\frac{1}{V_{平}} \tag{3-1-13}$$

由于油的密度 ρ、空气的黏滞系数 η 都是温度的函数，重力加速度 g 和大气压强 p 又随实验地点和条件的变化而变化，因此上式的计算是近似的。在一般条件下，这样的计算引起的误差约 1%，但它带来的好处是使运算方便得多，对于教学实验，这是可取的。

(2)动态(非平衡)测量法：

根据(3-1-11)式有

$$q_{动}=\frac{18\pi}{\sqrt{2\rho g}}\left[\frac{\eta l}{1+\frac{b}{pa}}\right]^{\frac{3}{2}}\frac{d}{V_{升}}\left(\frac{1}{t_e}+\frac{1}{t_g}\right)\left(\frac{1}{t_g}\right)^{\frac{1}{2}}=\frac{18\pi}{\sqrt{2\rho g}}\left[\frac{\eta l}{t_g\left(1+\frac{b}{pa}\right)}\right]^{\frac{3}{2}}\frac{d}{V_{升}}\left(\frac{t_g}{t_e}+1\right)$$

令

$$K=\frac{18\pi}{\sqrt{2\rho g}}\left[\frac{\eta l}{t_g\left(1+\frac{b}{pa}\right)}\right]^{\frac{3}{2}}d=\frac{1.43\times10^{-14}}{\left[t_g(1+0.02\sqrt{t_g})\right]^{\frac{3}{2}}}=q_{静}V_{平}$$

则

$$q_{动}=K\left(\frac{t_g}{t_e}+1\right)\frac{1}{V_{升}}=q_{静}\left(\frac{t_g}{t_e}+1\right)\frac{V_{平}}{V_{升}} \tag{3-1-14}$$

由以上分析可知，动态法是对静态法的进一步修正，在进行数据处理的时候，可同时用两种方法计算油滴电荷，并进行比较。

提示：为了证明电荷的不连续性，即所有电荷都是基本电荷 e 的整数倍，并得到基本电荷 e 值，对实验测得的各个油滴的电荷量 q 求最大公约数。这个最大公约数就是基本电荷 e 值，也就是电子的电荷值。但由于测量误差可能较大，要求出 q 的最大公约数比较困难。通常用“逆向验证”的办法进行数据处理，即用公认的电子电荷值 $e=1.60\times10^{-19}$ C 去除实验测得的电荷量 q。得到一个接近于某一个整数的数值，取整后的整数就是油滴所带的基本电荷的数目 n。再用这个 n 去除实验测得的电量，即得电子的电荷值 e。

用这种方法处理数据，只能是作为一种实验验证，而且仅在油滴带电量比较少（少数几个电子）时可以采用。当 n 值较大时[这时的平衡电压 V 很低（100 V 以下），匀速下降 2 mm 的时间很短（10 s 以下）]，带来误差的 0.5 个电子的电荷在分配给 n 个电子时，误差必然很小，其结果 e 值总是十分接近于 1.60×10^{-19} C。这也是实验中不宜选用带电量比较多油滴的原因。

[数据记录及处理]

实验中油滴运动的距离取 $l=2.0$ mm，在显示器上对应 4 格。

1. 将有关测量数据记入表 3-1-1 相应位置

表 3-1-1

项目 / 油滴	$V_{平}$			$\overline{V}_{平}$	t_g			$\overline{t_g}$	$V_{升}$			$\overline{V}_{升}$	t_e			$\overline{t_e}$
1																
2																
3																
⋮																
⋮																
10																

2. 计算各油滴所带电荷值 q

按式(3-1-13)或(3-1-14)计算出每个待测油滴所带电荷电量，记入表 3-1-2 相应位置。

表 3-1-2

项目 / 油滴	$q_{静}$	$q_{动}$	$\overline{q}$	n_0	n
1					
2					
3					
⋮					
⋮					
10					

3. 分析各油滴 q 值包含基本电荷的数目 n

用公认的基本电荷电量 1.6×10^{-19} C 除油滴 q 值，得出估算值 n_0，对 n_0 取整得整数 n，记入表 3-1-2 相应位置。

4. 求基本电荷的测量结果及其不确定度

将各油滴的 q 值及 n 值，按 $q=\alpha+\beta n$ 进行线性拟合，并给出相关拟合参数 $\alpha,s_\alpha,\beta,s_\beta,r$。

[注意事项]

(1)喷雾器中注油约 5 mm 深，不能太多。喷雾时喷雾器要竖直把持，喷口对准油滴室的喷雾口，切勿伸入油雾室内，以免将油倾倒入油雾室。

(2)使用监视器时，监视器的对比度置于最大，背景亮度选择较暗视场。

(3)调节平衡电压时必须仔细认真，作为参照可将油滴置于分划板上某条横线附近，以便准确判断出这颗油滴是否平衡并保持静止。

(4)测量油滴匀速下降、上升一段距离 l 所需要的时间 t_g,t_e 时，应先让油滴下降一段微小距离后再开始测量，以保证计时开始时油滴达到匀速运动状态。

(5)选定的测量距离 l，应该在平衡极板之间的中央部分，即视场中分划板的中央部分。若太靠近上电极板，电场不均匀，会影响测量结果。太靠近下电极板，测量过程中，油滴容易丢失，影响测量。

[思考题]

(1)利用自己的实验数据，估算油滴的半径 a 及油滴质量 m。

(2)结合运动学知识，分析油滴从静止到匀速运动所需要的时间 t，及相应的位移 l 大小。

实验二 锑化铟磁电阻传感器特性的测量

磁阻器件由于灵敏度高、抗干扰能力强等优点在工业、交通、仪器仪表、医疗器械、探矿等领域具有广泛应用，如数字式罗盘、交通车辆检测、导航系统、伪钞检测、位置测量等。锑化铟(InSb)传感器是一种典型的磁阻器件，其价格低廉、灵敏度高，有着十分重要的应用价值。

[实验目的]

(1)测量锑化铟传感器的电阻与磁感应强度的关系。

(2)作出锑化铟传感器的电阻变化与磁感应强度的关系曲线。

(3)对此关系曲线的非线性区域和线性区域分别进行拟合，并对拟合结果进行简要解释。

[实验仪器及介绍]

FD-MR-Ⅱ型磁阻效应实验仪。

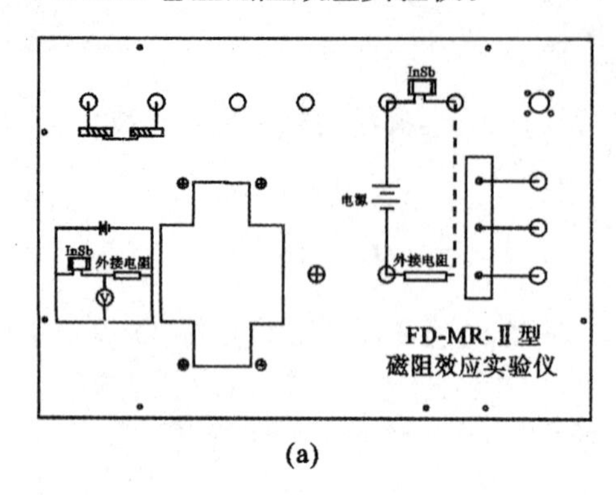

(a)

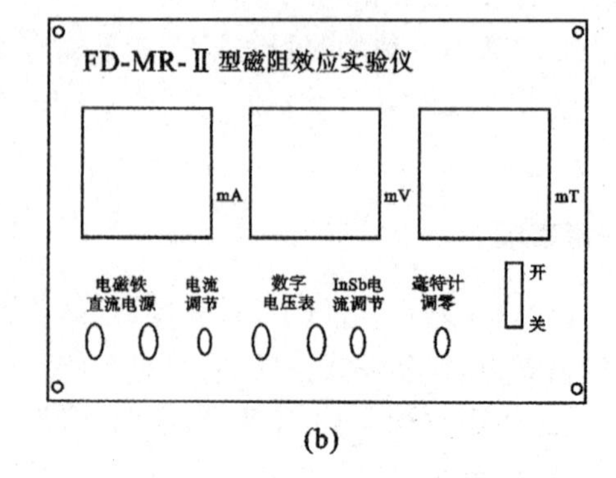

(b)

图 3-2-1

图 3-2-1 为实验采用的 FD-MR-Ⅱ型磁阻效应实验仪面板示意图。实验仪集成了直流双路恒流电源、0～2 V 直流数字电压表、电磁铁、数字式毫特计(霍尔元件 GaAs 作磁场探测器)、锑化铟(InSb)磁阻传感器、电阻箱、双向单刀开关等。同时在实验面板左下角标有电路示意图,读者可根据该图连接电路。

[实验原理]

磁阻效应是 1857 年由英国物理学家威廉·汤姆森发现的,它在金属里可以忽略,在半导体中较为明显。从一般磁阻开始,磁阻发展经历了巨磁阻(GMR)、庞磁阻(CMR)、穿隧磁阻(TMR)、直冲磁阻(BMR)和异常磁阻(EMR)。

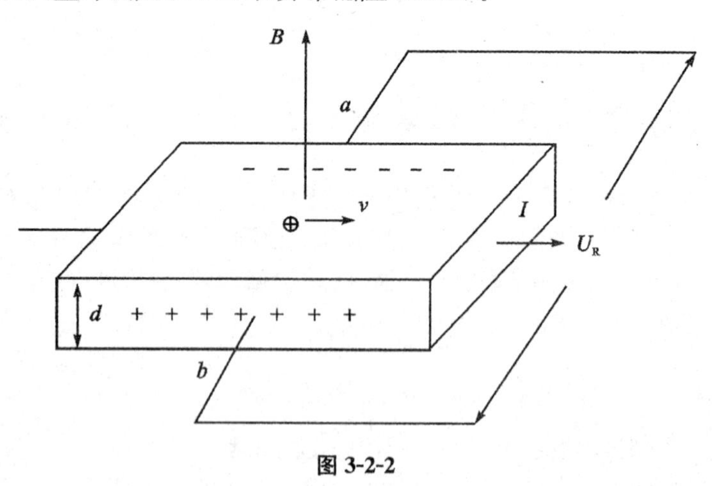

图 3-2-2

1. 磁阻效应

一定条件下,导电材料的电阻值 R 随外加磁场磁感应强度 B 的变化规律称为磁阻效应。如图 3-2-2 所示,当半导体处于外加磁场中时,半导体中的载流子将受洛仑兹力的作用而发生偏转，在与 B、I 所在平面平行的两个端面产生电荷积聚从而产生霍尔电场。霍尔电场对载流子产生的霍尔电场力和载流子所受的洛伦兹力方向相反，如果对某一速度载流子其霍尔电场力作用和洛仑兹力作用刚好抵消，那么小于或大于该速度的载流子将发生偏转，因而沿外加电场方向运动的载流子数量将减少，半导体电阻增大，表现出横向磁阻效应。若将图 3-2-2 中 a 端和 b 端短路，则磁阻效应更明显。

通常用电阻率的相对改变量来表示磁阻的大小，即用 $\Delta\rho/\rho(0)$ 表示，其中 $\rho(0)$ 为零磁场时的电阻率。设磁电阻在磁感应强度为 B 的磁场中电阻率为 $\rho(B)$，则 $\Delta\rho=\rho(B)-\rho(0)$。由于磁阻传感器电阻的相对改变量 $\Delta R/R(0)$ 正比于 $\Delta\rho/\rho(0)$，其中 $\Delta R=R(B)-R(0)$，因此也可以用磁阻传感器电阻的相对改变量 $\Delta R/R(0)$ 来表示磁阻效应的大小。

2. 倍频效应

实验证明，当金属或半导体处于较弱磁场中时，一般磁阻传感器电阻相对变化率 $\Delta R/R(0)$ 正比于磁感应强度 B 的平方，而在强磁场中 $\Delta R/R(0)$ 与磁感应强度 B 呈线性关系。磁阻传感器的上述特性在物理学和电子学方面有着重要应用。

如果半导体材料磁阻传感器处于角频率为 ω 的弱周期性交流磁场中，由于磁阻传感器电阻相对改变量 $\Delta R/R(0)$ 正比于 B^2，则磁阻传感器的电阻值 R 将以角频率 2ω 做周期性变化，即磁阻传感器具有倍频性能。设外加周期性交流磁场的磁感应强度 B 为

$$B=B_0\cos\omega t \tag{3-2-1}$$

式中，B_0 为磁感应强度的振幅，ω 为角频率，t 为时间。

设在弱磁场中

$$\Delta R/R(0)=KB^2 \tag{3-2-2}$$

式中，K 为常量。由(3-2-1)式和(3-2-2)式可得

$$\begin{aligned}R(B)&=R(0)+\Delta R=R(0)+R(0)\times[\Delta R/R(0)]\\&=R(0)+R(0)KB_0{}^2\cos^2\omega t\\&=R(0)+\frac{1}{2}R(0)KB_0{}^2+\frac{1}{2}R(0)KB_0{}^2\cos2\omega t\end{aligned} \tag{3-2-3}$$

式中，$R(0)+\frac{1}{2}R(0)KB_0{}^2$ 为不随时间变化的电阻值，而 $\frac{1}{2}R(0)KB_0{}^2\cos2\omega t$ 为以角频率 2ω 做余弦变化的电阻值。因此，磁阻传感器的电阻值在弱周期性交流磁场中，将产生倍频交流电阻阻值变化。

[实验内容及步骤]

图 3-2-3 所示为实验电路连接示意图。

(1)按图 3-2-3 所示正确连接电路。提示：仪器面板上所示实线连接部分表示实物已经连接，虚线连接部分表示实物未进行连接，需要自己动手连接。

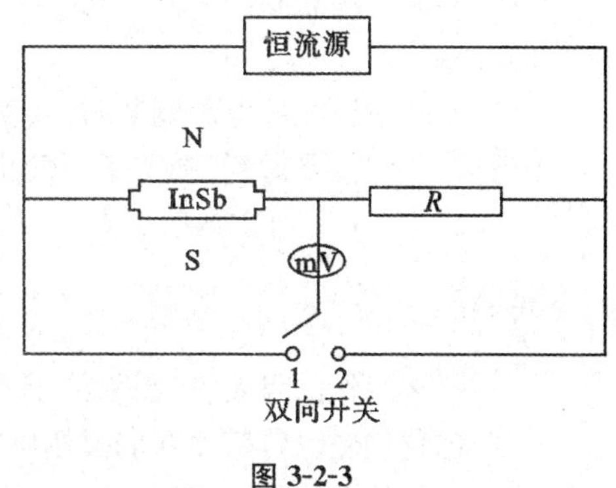

图 3-2-3

(2)将外接电阻箱阻值调至几百欧姆，双向开关与“2”接线柱连接。调节恒流源电流输出，

通过伏特表示数及电阻箱阻值，确定电阻工作电流，即回路中电流。

(3)保持恒流源电流输出大小不变，将双向开关与“1”接线柱连接，调节电磁铁工作电流，测量锑化铟磁阻传感器两端的相应电压值。

(4)数据处理。

[数据记录及处理]

取样电阻 $R=$ ，电阻两端电压 $U=$ ，电阻电流 $I=$ 。

表 3-2-1

电磁铁工作电流 I_M/mA	InSb 电压 U/mV	B-$\Delta R/R(0)$对应关系			
		B/mT	R/Ω	$\Delta R/\Omega$	$\Delta R/R(0)$
0		0			
		…			
		60			
		…			
350					

(1)将 I_M、U、B 值分别记入表 3-2-1 相应位置。

(2)计算 R、ΔR、$\Delta R/R(0)$，计算结果记入表 3-2-1 相应位置。

(3)对 $\Delta R/R(0)$与 B 进行曲线拟合。

[注意事项]

(1)在正式测量之前要先对毫特计进行调零。

(2)实验时注意 GaAs 和 InSb 传感器工作电流应小于 3 mA；电磁铁工作电流不要超过 350 mA。

(3)回路中恒流源电流调节时，要做到“慢”“稳”，防止数字电压表失控；电磁铁直流电源的电流调节时，要做到“慢”“稳”，禁止往复地调。

(4)$B<60$ mT 时数据取点要密，$B>60$ mT 时数据取点可疏。

[思考题]

(1)什么叫作磁阻效应，霍尔传感器为何有磁阻效应？

(2)锑化铟磁阻传感器在弱磁场中电阻值与磁感应强度的关系和在强磁场中时有何不同，这两种特性有什么应用？

实验三 直流电位差计的原理与使用

电位差计是电磁学测量中用来直接精密测量电位差的主要仪器之一。其最早典型线路是波甘多夫(Poggedorff)于1841年提出来的,目的是为了解决测量极化电动势的问题。发展至今,其用途已十分广泛,可用来测量直流电动势和电压,在配合标准电阻时也可测量电流和电阻,还可以用来校准直流电桥和精密电表等直读式仪表。电位差计中所采用的补偿原理还常用在一些非电量(如电力、温度、位移等)的测量中及自动检测和控制系统中,其精确度可达0.001%。

[实验目的]

(1)学习补偿的测量方法。

(2)掌握电位差计的工作原理、结构和特点。

(3)学习用线式电位差计测量电动势或电位差。

[实验仪器及介绍]

1. 实验仪器

直流电位差计实验仪(实验仪集成了4.5 V的直流稳压电源,1.018 6 V标准电动势,两个待测电动势E_{x1}、E_{x2},数字检流计,0～999 Ω可调变阻器)、滑线式十一线电位差计、导线若干。

2. 仪器介绍

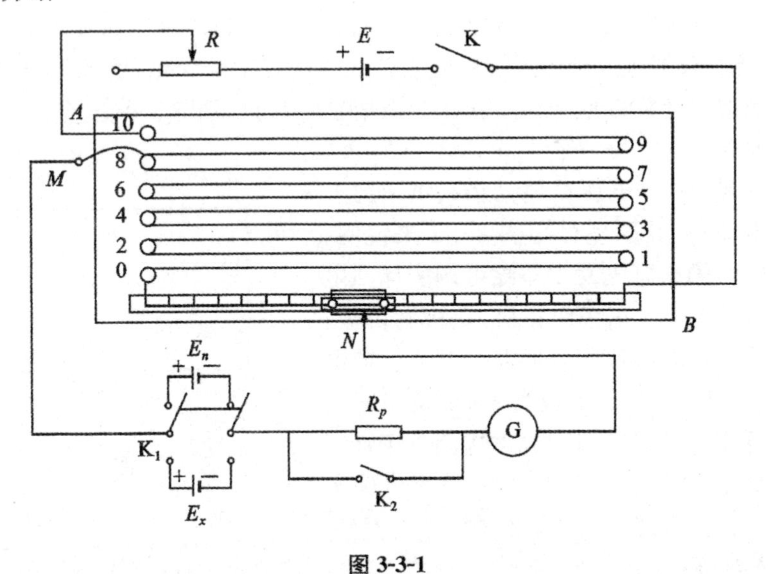

图 3-3-1

本实验中所用的板式电位差计又称十一线电位差计,其构造如图3-3-1所示。其电阻丝AB全长11.000 m,往复绕在木板的十一个接线插孔0,1,…,10上,两个相邻编号插孔间电阻丝长为1.000 m，插头M可选插入0,1,…,10中任意一孔。电阻丝B～0下面附带毫米刻度尺，插头N是滑动块与铜片接触点的引出端，可在毫米刻度尺上滑动，其活动范围为1.000 m，在电位差计调平衡时起微调的作用。0～N之间电阻丝的长度可由毫米刻度尺读出，如果电位差计的灵敏度足够高，则L值可读到毫米位。

电路中标准电池E_n和检流计G都不能通过较大电流，但在测量时，可能因接头M,N之间的电位差V_{MN}和E_n(或E_x)相差较大，而使标准电池和检流计中通过较大电流，因此在回路中串接一只大电阻R_p，但这样就降低了电位差计的灵敏度，即可能接头M,N之间电位差V_{MN}和E_n(或E_x)还没有完全平衡，由于大电阻R_p的存在而使检流计无明显偏转。因此，在电位差计平衡后，还应该合上电键K_2再次对L_{MN}长度进行微调，以提高电位差计的灵敏度。由于电阻R_p起保护标准电池和检流计的作用，故称保护电阻。

由以上介绍可以看出电位差计具有以下特点：

(1)其准确度高(仅依赖于标准电阻、检流计、标准电池)，可作为标准器来校正电表；测量范围宽广，可测量小电压或电压的微小变化。

(2)“内阻”高，不影响待测电路。避免了伏特计测量电位差时从电路上分流的缺点。

(3)电位差计在测量过程中，其工作条件容易发生变化，为保证工作电流标准化，每次测量都必须经过定标和测量两个步骤，且每次达到补偿都要进行细致的调节，所以操作繁琐、费时。

(4)鉴于板式电位差计的十一根电阻丝长度不可能完全相等，因此长度测量存在着系统误差。

[实验原理]

在电学量的测量中，使用普通的各种系列指针式直读仪表进行测量时，由于仪表存在一定的内阻，测量仪器进入被测系统后使该系统的状态发生变化，引入一定的测量误差，从而不能得到被测量量的客观值。采用补偿法测量就可以消除这种误差。

1. 补偿原理

补偿就是利用一个电压或电动势去抵消另外一个电压或电动势，其原理可用图3-3-2来说明。如图3-3-2所示，输出电压大小连续可调的标准电源E_n和待测电动势E_x正极对正极、负极对负极，与一个检流计G串联接成闭合回路。调节标准电源E_n的大小，当检流计G示数为零时，说明回路中没有电流通过，此时$E_n=E_x$，这时电路处于补偿状态。若已知补偿状态下E_n的大小，就可以确定E_x。这种利用补偿原理测电动势的方法叫补偿法。

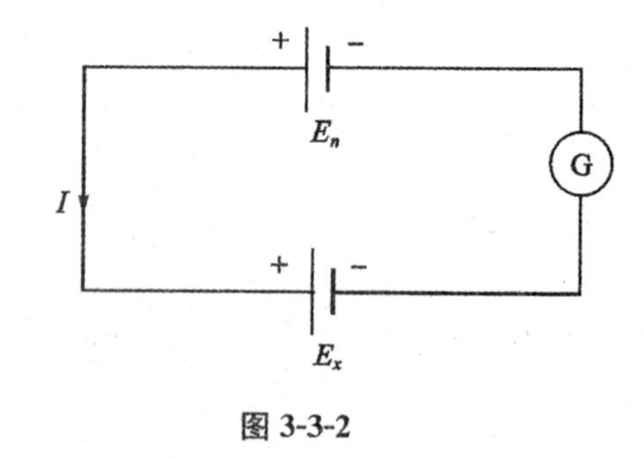

图 3-3-2

2. 电位差计原理

利用补偿法测量电位差的实验装置称为电位差计，其测量原理可分别用图3-3-3和图3-3-4说明。图中闭合回路$ABCD$为工作回路，由电源E、限流电阻R、均匀电阻丝AB串联而成。可调电阻R用来调节回路中工作电流I的大小，从而调节单位长度电阻丝上

的电位差 V_0 的大小。M,N 为电阻丝 AB 上的两个活动触点,可以在电阻丝上移动,改变 M,N 之间的距离,便可从 AB 上截取长度不同的电阻丝,即从 AB 上截取大小不同的电位差,与测量支路上的电位差补偿。从 AB 上截取的电位差就相当于补偿电路图 3-3-1 中的标准电源 E_n。

实验可分为两步:

(1)定标。电位差计的定标就是利用高精确度的标准电池 E_n 确定单位长度电阻丝上的电位差 V,使其准确的达到某一预设值 V_0。图 3-3-3 为电位差计定标原理图。根据图 3-3-3 连接电路,移动滑动头 M,N,将 M,N 之间的长度固定在 $L_{MN}=E_n/V_0$,其中 V_0 为预先设计的单位长度电阻丝上的电位差。调节工作回路中的电阻 R,从而改变工作回路 $ABCD$ 中的电流,即改变 M,N 两端的电势差 V_{MN}。若 M,N 之间的电位差 $V_{MN}>E_n$ 时,标准电池充电,检流计的示数不为零;若 $V_{MN}<E_n$ 时,标准电池放电,检流计的示数也不为零;当 $V_{MN}=E_n$ 时,补偿回路中的定标回路达到平衡,标准电池中没有电流流过,检流计示数为零,此时有

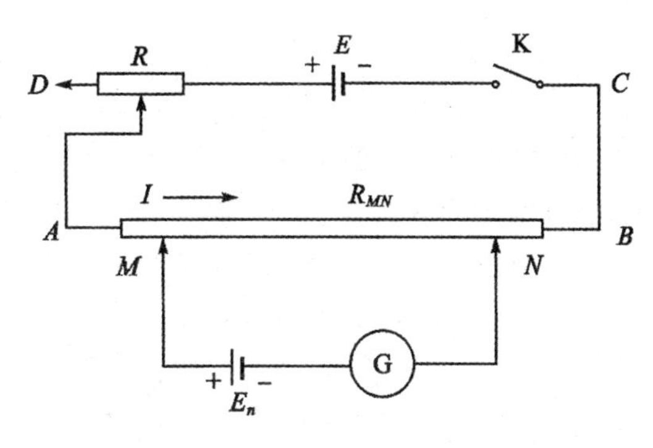

图 3-3-3

$$V_{MN}=E_n$$

即 $E_n=V_0L_{MN}$。在实际操作中,只要确定 V_0 也就完成了定标过程。

(2)测量。图 3-3-4 为电位差计测量原理图。完成定标过程后,便可以用电位差计测量未知电池的电动势。如图 3-3-4 所示,保持定标后工作回路中电阻 R 阻值不变(工作回路中总电阻保持不变,回路中电流大小保持不变,从而单位长度电阻丝上的电位差 V_0 的大小保持不变),将测量回路中的 E_n 换为 E_x。由于一般情况下 $E_x\neq E_n$,补偿回路失去平衡,检流计的示数不为零。重新调节 M,N 之间的长度 $L_{M'N'}$(为了和定标时从 AB 上截取的长度 L_{MN} 相区别,此时记为 $L_{M'N'}$),使 M,N 之间的电位差 $V_{M'N'}$ 等于待测电动势 E_x,此时流过检流计 G 的示数为零,测量回路再次达到补偿,即

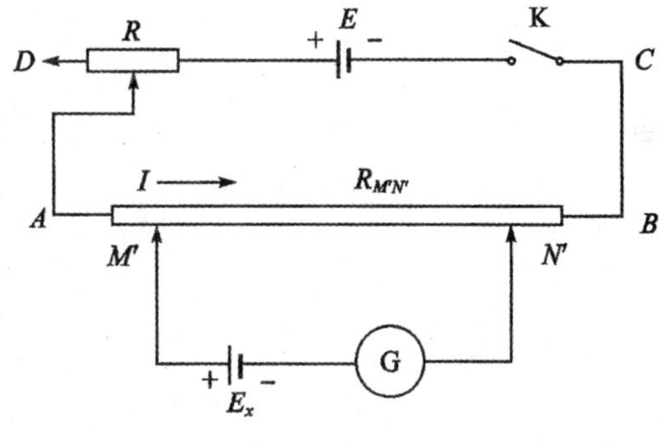

图 3-3-4

$$E_x=V_{M'N'}=V_0L_{M'N'}$$

下面举例说明定标和测量过程,标准电池 $E_n=1.018\ 6$ V,取 $V_0=0.100\ 00\ \text{V}\cdot\text{m}^{-1}$。

定标:为了保证电阻丝单位长度上的电压降 $V_0=0.100\ 00\ \text{V}\cdot\text{m}^{-1}$,则要使接入电路的电阻丝长度 $L_{MN}=E_n/V_0=10.186$ m,然后调节限流电阻 R 使检流计 G 的示数为零,此时 $V_{MN}=E_n$,R_{AB} 上的单位长度电压降即为 $V_0=0.100\ 00\ \text{V}\cdot\text{m}^{-1}$。

测量:经过定标的电位差计才可以用来测量待测电位差,调节接入的电阻丝的长度,

使V_{MN}和E_x达到补偿，检流计G的示数再次为零，此时有

$$E_x = V_{M'N'} = V_0 L_{M'N'}$$

若$L_{MN}=14.864\ 0$ m，则$E_x=0.100\ 00\times 14.864\ 0=1.486\ 40$(V)。

[实验内容及步骤]

(1)按图3-3-1连接电路，注意电池正、负极的连接。

(2)利用标准电池E_n定标。取$V_0=0.100\ 00\ \mathrm{V\cdot m^{-1}}$，将$M,N$之间的长度$L_{MN}$固定在10.186 0 m处，断开$K_2$，合上K，$K_1$扳到$E_n$，按下$N$端的触头铜片，使其与电阻丝接触。调整电阻$R$使检流计示数基本为零，合上$K_2$，并反复调节电阻$R$，直到检流计示数为零。调节过程中检流计的精确度档位应该从大到小逐步调节，且当检流计示数基本为零时，调节电阻R，检流计示数仍不能为零，而且变化很大时，可通过稍微移动触头N的位置使检流计示数为零，即达到平衡。

(3)测量未知电动势E_x。将K_1扳到E_x方向，分别接入待测电动势E_{x1}，E_{x2}，断开K_2，调整M,N之间的长度，使检流计示数接近零，合上K_2反复调节M,N之间的距离，直到检流计示数再次为零，记下此时M,N之间的距离$L_{M'N'}$，则待测电池电动势为$E_x=V_0L_{M'N'}$。

(4)分别取不同V_0值，重复步骤(2)和(3)。

(5)数据处理。

[数据记录及处理]

有关实验数据及计算结果记入表3-3-1。

表3-3-1

$V_0/\mathrm{V\cdot m^{-1}}$	L_{MN}/m	$L_{M'N'1}$/m	$L_{M'N'2}$/m	E_{x1}/V	E_{x2}/V
0.100 00					
0.200 00					
0.300 00					
平均值	——	——	——		

[思考题]

定标或测量过程中，无论怎样调节电阻或M,N之间的距离，检流计总偏向一个方向，试分析原因可能有哪些。

实验四 用单桥和双桥法测电阻

电桥电路在电学中是一种基本的电路，用途十分广泛。利用电桥平衡原理设计制造的电测仪器，不仅可以测量电阻，也可用来测量电容、电感、频率、温度、湿度、压力以及真

空度等。因此,掌握电桥平衡原理及电桥的使用方法对于科学研究和实际生产都具有十分重要的意义。常见电桥电路主要有两种:单桥和双桥。单桥又称惠斯通电桥或两端式电桥,是一种用比较法测量电阻的精密仪器,可测电阻范围为 $10\sim10^6\ \Omega$。双桥又称开尔文电桥或四端式电桥,可用于测量 $10^{-6}\sim10\ \Omega$ 的电阻。

[实验目的]

(1)掌握单桥的结构、测量原理及用单桥测量电阻的方法。

(2)掌握电桥的灵敏度的表征方法,会计算电桥灵敏度。

(3)学习双桥的结构、测量原理并用双桥法测量低值电阻。

[实验仪器及介绍]

1. 实验仪器

20 型非平衡多用直流电桥仪一台,标准电阻箱两个,黄铜、纯铝和纯铁金属棒,待测电阻若干,四端式电阻器一个,导线若干。

2. 仪器介绍

直流电桥是一种精密的电阻测量仪器,因其结构简单、直观,便于分析、讨论、理解而适宜学生进行实验操作。20 型非平衡多用直流电桥仪是一种综合性的电桥实验仪器,可以组成固定倍率、自主倍率等平衡电桥——两端式电桥(俗称单桥)、四端式电桥(俗称双桥)。当桥臂接入各类电阻型传感器之后,又可以组成各种非平衡电桥。本实验中我们利用该仪器进行平衡电桥实验。

仪器面板如图 3-4-1 所示。实验箱盖内侧所示分别为两端式电桥、四端式电桥电路连接示意图。实验过程中,可根据所选择的实验类型按所示相应电路(分别为固定倍率单桥、自主倍率单桥和双桥测量电阻)连线进行测量。实验箱内集成了非平衡电桥实验(单桥、双桥)的绝大部分电路,包括电源、倍率转换旋钮、数显表,可调电阻箱等。实验类型(单双桥、倍率类型)可通过调节实验箱中部的倍率旋钮进行选择。其中,固定倍率单桥可以将倍率调节为 0.01、0.1、1、10、100 五挡;自主倍率单桥调节为 R_1/R_2,同时调节左、右侧电阻箱 R_1 和 R_2 进行倍率设置;双桥则需要调节至“双”。实验箱下侧按钮 B、G 用于实验线路检测。线路连接完成后,按 G 按钮,数显表为零则说明线路正常。测量过程中需同时按下 B、G 两个按钮,调节电阻箱直至数显表读数为零。

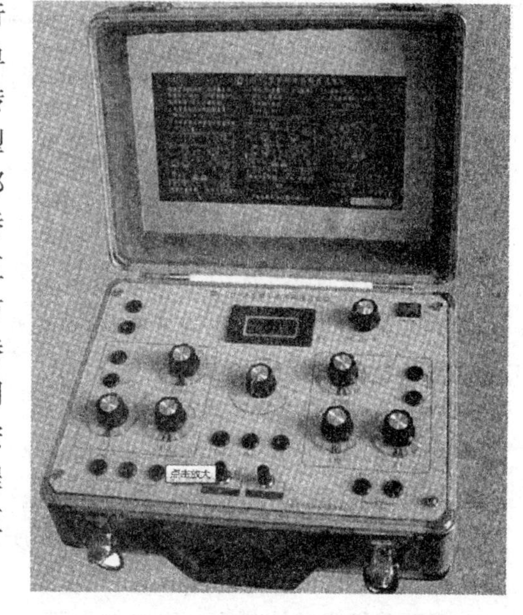

图 3-4-1

[实验原理]

1. 单桥法测量电阻的基本原理

图 3-4-2 所示为两端式电桥的基本电路图。“桥”是指接有数显毫伏表 G 的对角线 BD 段电路，电阻 R_1、R_2、R 和 R_x 构成四个桥臂，A、C 两点接电源。若 G 的示数不为零，表明 B,D 两点电势不同，即 $U_B-U_D\neq 0$，电桥处于非平衡状态。当 G 的示数为零时，表明 B、D 两点电势相等，电桥处于平衡状态。电桥平衡时毫伏表 G 中没有电流通过，此时通过 R_1、R_x 的电流相等，记为 I_1；通过 R_2、R 的电流相等，记为 I_2。由欧姆定律可知

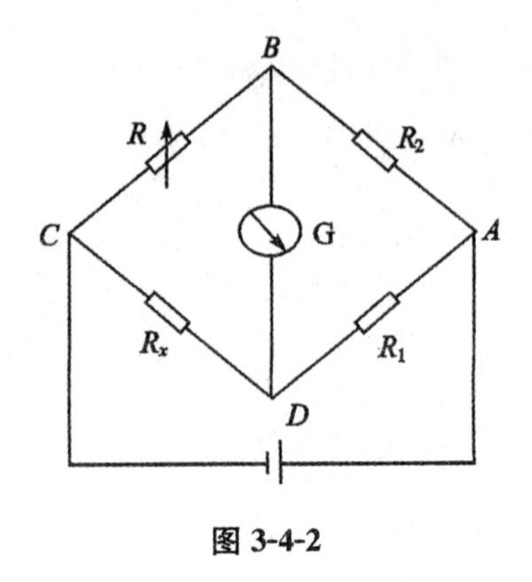

图 3-4-2

$$\begin{cases} I_1R_x=I_2R \\ I_1R_2=I_2R_2 \end{cases} \Rightarrow \frac{R_1}{R_2}=\frac{R_x}{R} \Rightarrow R_x=\frac{R_1}{R_2}R=MR \quad (3\text{-}4\text{-}1)$$

式中，K 称作倍率。

若 K 是一个可调整的比，R 是由电阻箱组成的可调标准电阻，在调整电桥达到平衡后，就可以根据 K 及 R 的值由公式(3-4-1)求出 R_x。可见调整电桥平衡是测定 R_x 的关键。

当电桥达到平衡后，若 R 有微小的改变量 ΔR，则毫伏表 G 就有相应的偏转量 Δn，由 R 的单位改变量所引起的毫伏表 G 的偏转量，定义为电桥的灵敏度，用 S 来表示，则有

$$S=\frac{\Delta n}{\Delta R} \quad (3\text{-}4\text{-}2)$$

而将

$$S_{相}=\frac{\Delta n}{\Delta R/R} \quad (3\text{-}4\text{-}3)$$

定义为电桥的相对灵敏度。可以证明改变任一桥臂，电桥的相对灵敏度都是相同的。

2. 双桥法测量低值电阻的原理

电阻按照阻值大小分为三类：阻值在 1 Ω 以下的为低电阻，阻值在 1 Ω～100 kΩ 之间的为中值电阻，阻值在 100 kΩ 以上为高电阻。单桥电路中，单电桥桥臂上的导线电阻和接点处的接触电阻是 $10^{-2}\sim10^{-4}$ Ω 的量级，在测量中值电阻时，待测电阻远远大于这些附加电阻，后者无疑可以忽略不计。但是在测量 1 Ω 以下电阻时，这些附加电阻对测量结果的影响就突显出来，不能忽略。所以，在测量低值电阻时应选择双桥电路进行测量。

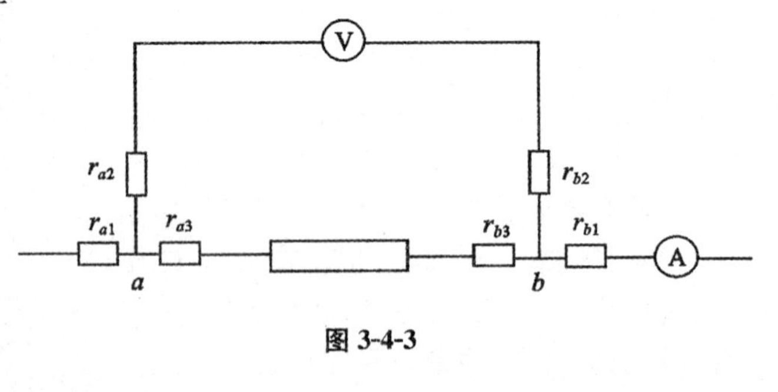

图 3-4-3

下面我们来具体分析一下接触电阻对待测电阻的影响。如图 3-4-3 所示 r_{a1}、r_{a2}、r_{a3}

是与接点 a 相连的三条支路的附加电阻；r_{b1}、r_{b2}、r_{b3} 是与接点 b 相连的三条支路的附加电阻。r_{a1}、r_{b1} 与电流测量回路或供电回路串联，其阻值很小，所以它们的串入对电路状态不会产生太大的影响。r_{a2}、r_{b2} 与电压测量回路串联，与被测电阻 R_x 并联，它们的接入相当于加大了电压表内阻，这对测量是有益的。r_{a3} 和 r_{b3} 与 R_x 串联，是对 R_x 测量直接有影响的部分。所以，为了减小附加电阻对 R_x 测量的影响，就应尽量减小 r_{a3} 和 r_{b3}，而相对地加大 r_{a2}、r_{b2}。

为实现以上目的，可将低值电阻改用四端式连接法连接，即将“电流接头”和“电压接头”分开，如图 3-4-4(a)所示。C_1、C_2 是电流接头，称电流端，P_1、P_2 是电压接头，称电压端。采用四端接法后，其等效电路如图 3-4-4(b)所示。此时虽然附加电阻仍然存在，但由于电压表的内阻远大于 r_3、r_4、R_x，所以电压表和电流表的读数仍然可以相当准确地反映待测电阻 R_x 上的电压降和通过它的电流。也就是说，采用四端接法后，可以大大减小附加电阻对测量结果的影响。

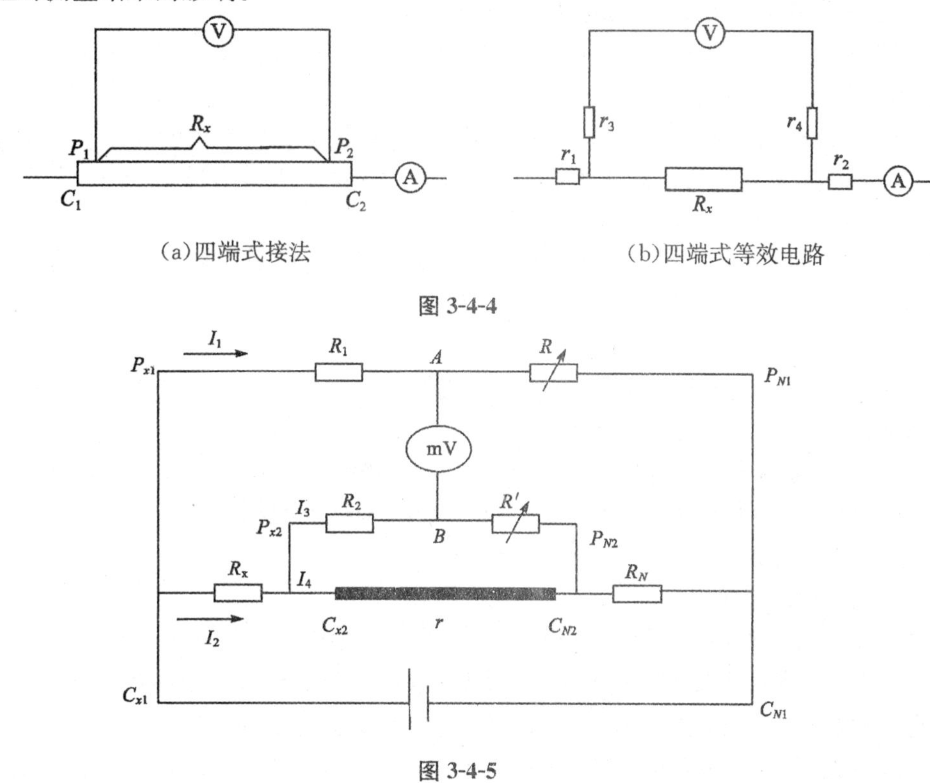

(a)四端式接法　　(b)四端式等效电路

图 3-4-4

图 3-4-5

双桥就是利用四端式连接法的优势制成的测量电路，如图 3-4-5 所示，所测的待测电阻为 P_{x1}，P_{x2} 之间的电阻。在图中，调节 R，R_1（R_2，R' 同步变化）、R_N 使数显毫伏表 G 示数为零，电桥达到平衡：$U_A=U_B$，$I_1=I_2$，$I_3=I_4$，有

$$\begin{cases} IR_X+I_3R_2=I_1R_1 \\ IR_N+I_3R'=I_1R \\ I_3(R_2+R')=(I-I_3)r \end{cases}$$

解此联立方程得

$$R_X=\frac{R_1}{R}R_N+\frac{r(R_1R'-RR_2)}{(R_2+R'+r)R} \tag{3-4-4}$$

在实际使用中为测量方便，桥路设计为 $R_1=R_2, R=R'$，故电桥平衡条件为

$$R_X=\frac{R_1}{R}R_N=CR_N \quad (其中,C=\frac{R_1}{R}) \tag{3-4-5}$$

由上可知，R_1, R_2 或 R, R' 称为比例臂，R_N 称为比较臂，R_X 称为待测臂。

[实验内容及步骤]

1. 用单桥法测电阻

用万用表粗测待测电阻的阻值，并记录。选取电阻值大于 100 Ω 的被测电阻，采用单桥法精确测量其阻值。

(1)用固定倍率挡测电阻的阻值。

1)按照仪器箱上图 1 所示连接线路，电压选用 2 V。

2)正确选择倍率挡 K，将单桥量程旋钮放置到适当位置。K 的选择与 R_x 值有关，若 R_x 有 N 个整数位，则 $K=10^{N-5}$。

3)开通面板的电源开关，先按 G 按钮，数显毫伏表指零，说明线路正常。测量时依次按下 B，G 按钮，若数显毫伏表不为零，可调节电阻箱 R 的值，直到数显表为零，即电桥平衡为止。此时，$R_x=K\cdot R$。

(2)用自主倍率法测未知电阻阻值。变换器旋到单桥的 R_1/R_2 挡，按照仪器箱上图 2 所示接线，其他与固定倍率法相同，但 $R_x=R_1R_3/R_2$。

2. 电桥灵敏度的测定

结合电桥灵敏度的定义，测量电桥的灵敏度 S，至少取 5 个不同的微小改变量 ΔR。

3. 用双桥法测量金属棒的电阻率

由实验知金属导体电阻与其长度成正比，与其横截面积成反比，有 $R=\rho l/S$，显然 $\rho=RS/l$。若金属棒为圆柱体则 $\rho=R(\pi d^2/4)/l$，其中 R 为金属棒的电阻值，ρ 为金属电阻率，d 为圆柱体金属棒的直径，l 为金属棒长度。

(1)选择待测金属棒。

(2)按照仪器箱上图 3 所示连接电路，R_N 用标准电阻 0.01 或者 0.1 值。

(3)将变换器指向旋到"双"符号，此时 $R=R'=500\ \Omega$，同步调节面板上 R_1、R_2 两电阻值，直到电桥平衡为止，读取 R_1 的阻值，代入(3-4-5)式计算金属棒电阻。

提示：实验中接通电路后，数显表头若显示一组数字，此属于表头在空载(开路)时表头内部回路的端电压，与测量值无关；此时，可按下"G 键"，表头显示为"00.00"，表示调"零"，即初始值为"0"的状态。

4. 数据处理。

[数据记录及处理]

(1)单桥法固定倍率法测量及计算结果记入表 3-4-1。

表 3-4-1

	K	R_3/Ω	$R_{测}/\Omega$
R_{x1}			
R_{x2}			

(2)单桥法自主倍率法测量及计算结果记入表 3-4-2。

表 3-4-2

K				
R_3/Ω				
R_{x1}/Ω				
R_{x2}/Ω				

(3)双桥法测量金属棒电阻率测量及计算结果记入表 3-4-3。

表 3-4-3

	l/cm			R_x/Ω			$\bar{\rho}$
纯铝							
黄铜							
纯铁							

[注意事项]

(1)电桥使用时应避免将 R_1、R_2 同时调到零。

(2)电阻箱的量程要选择 0～111.111 kΩ,在改变电阻箱阻值时,注意慢调旋钮。

(3)B、G 按钮只在观察电桥是否平衡时短时间接通。

(4)拆卸连线时不要用力过猛,以免损坏仪器。仪器使用完毕务必关闭电源。

(5)在平衡电桥中,电桥平衡的标志为数显表显示零。仪器数显表为毫伏表,量程较小,若电阻箱读数过大、过小都将引起电桥极度不平衡导致数显表超量程,因此在实际操作中需要合理估计电阻箱示数范围以免损伤仪器。

[思考题]

对于单桥法,当电桥平衡后,若互换电源与毫伏表 G 的位置,电桥是否仍平衡?试说明之。

实验五　霍尔效应及其应用

置于磁场中的载流体,如果电流方向与磁场垂直,则在垂直于电流和磁场的方向会产生一附加的横向电场,这个现象是霍普斯金大学研究生霍尔于 1879 年发现的,后被称为霍尔效应。如今,霍尔效应不但是测定半导体材料电学参数的主要手段,而且利用该效应制成的霍尔器件已广泛用于非电量检测、自动控制和信息处理等方面。在工业生产要求自动检测和控制的今天,作为敏感元件之一的霍尔器件,将有更广阔的应用前景。了解这一富有实用性的电学元件,对日后的工作将大有益处。

[实验目的]

(1)观察霍尔效应现象,了解有关霍尔器件对材料要求的知识。

(2)学习用"对称测量法"消除副效应的影响。

(3)确定试样的导电类型、载流子浓度以及迁移率。

[实验仪器及介绍]

1. 实验仪器

TH-H 型霍尔效应实验仪和霍尔效应测试仪,实物外形分别如图 3-5-1(a)和(b)所示。

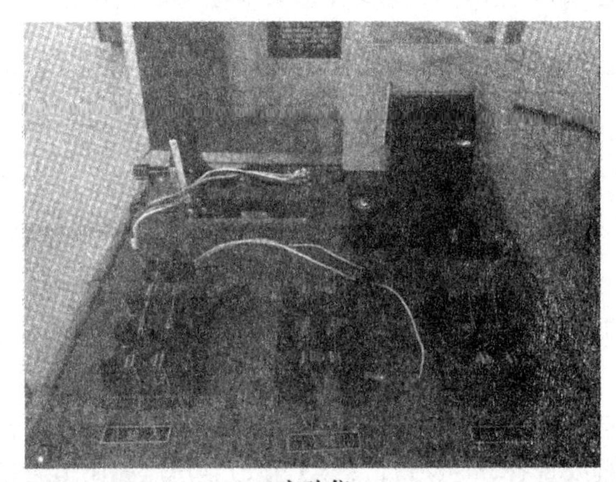

(a)实验仪

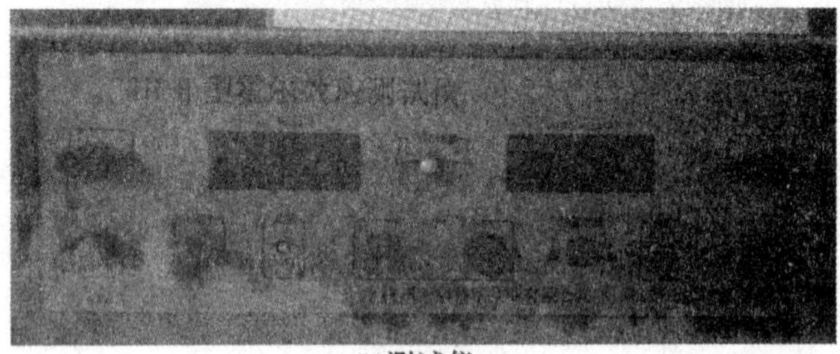

(b)测试仪

图 3-5-1

2. 仪器介绍

(1)霍尔效应实验仪主要包括待测样品、二维位置调节架、带铁芯的螺线管(提供稳恒磁场)、三个单刀双掷开关(改变电流方向)。

(2)霍尔效应测试仪主要作用包括控制霍尔元件的电流、螺线管中的励磁电流和测量霍尔元件的霍尔电压 V_H 与纵向电压 V_σ。

[实验原理]

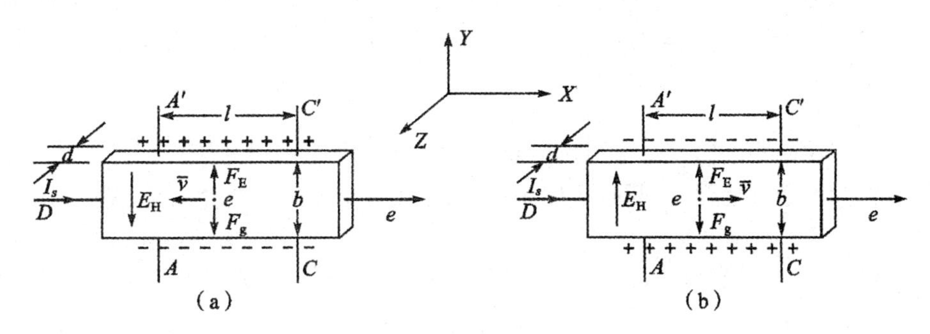

图 3-5-2

当电流通过一块导体或半导体制成的薄片时，载流子(电子或空穴)的漂移方向和它所带电荷的性质有关。若载流子带正电荷，它的漂移方向即为电流方向；若载流子带负电荷，则它的漂移方向与电流方向相反。若将这种通有电流的半导体薄片置于磁场中，并使薄片平面垂直于磁场方向，例如，对于图 3-5-2(a)所示的 N 型半导体试样，若在 X 方向通以电流 I_s，在 Z 方向加磁场 B，试样中载流子(电子)将受洛仑兹力

$$F_g = e\bar{v}B \tag{3-5-1}$$

则在 Y 方向即试样 A 和 A' 电极两侧就开始聚积异号电荷而产生相应的附加电场——霍尔电场。电场的指向取决于试样的导电类型。对 N 型试样，霍尔电场逆 Y 方向，P 型试样则霍尔电场沿 Y 方向，分别如图 3-5-2(a)，(b)所示，有

$$I_s(X), B(Z) \quad \begin{matrix} E_H(Y) < 0 & (\text{N 型}) \\ E_H(Y) > 0 & (\text{P 型}) \end{matrix}$$

显然，该电场是阻止载流子继续向侧面偏移。当载流子所受的横向电场力 eE_H 与洛仑兹力 $e\bar{v}B$ 相等时，样品两侧电荷的积累就达到平衡，故有

$$eE_H = e\bar{v}B \tag{3-5-2}$$

式中，E_H 为霍尔电场，$\bar{v}$ 是载流子在电流方向上的平均漂移速度。

设试样的宽度为 b，厚度为 d，载流子浓度为 n，则

$$I_s = ne\bar{v}bd \tag{3-5-3}$$

由式(3-5-2)和(3-5-3)可得

$$V_H = E_H b = \frac{1}{ne}\frac{I_s B}{d} = R_H \frac{I_s B}{d} \tag{3-5-4}$$

即霍尔电压 V_H(A，A' 电极之间的电压)与 $I_s B$ 乘积成正比，与试样厚度成反比。比例系数 $R_H = \frac{1}{ne}$ 称为霍尔系数，它仅与材料的载流子浓度有关，是反映材料霍尔效应强弱的重要参数，只要测出 V_H(V)以及 I_s(A)，B(Gs)和 d(cm)，可按下式计算 R_H($\text{cm}^3 \cdot \text{C}^{-1}$)：

$$R_H = \frac{V_H d}{I_s B} \times 10^8 \tag{3-5-5}$$

式中的 10^8 是由于磁感应强度 B 用电磁单位(Gs)，而其他量均采用厘米克秒 CGS 实用单

位而引入。

根据 R_H 可进一步确定以下参数：

(1)由 R_H 的符号(或霍尔电压的正、负)判断样品的导电类型。判断的方法是按图 3-5-2 所示的 I_s 和 B 的方向，若测得的 $V_H=V_{AA'}<0$(即点 A 的电位低于点 A' 的电位)，则 R_H 为负，样品属 N 型，反之则为 P 型。

(2)由 R_H 求载流子浓度 n，即 $n=\frac{1}{|R_H|e}$。应该指出，这个关系式是假定所有的载流子都具有相同的漂移速度得到的，严格一点，考虑载流子的速度统计分布，需引入 $3\pi/8$ 的修正因子。

(3)结合电导率的测量，求载流子的迁移率 μ。电导率 σ 与载流子浓度 n 以及迁移率 μ 之间有如下关系：

$$\sigma=ne\mu \tag{3-5-6}$$

即 $\mu=|R_H|\sigma$，通过实验测出 σ 值即可求出 μ。

根据以上所述可知，要得到大的霍尔电压，关键是要选择霍尔系数大(即迁移率 μ 高、电阻率 ρ 亦较高)的材料。因 $|R_H|=\mu\rho$，就金属导体而言，μ 和 ρ 均很低，而不良导体 ρ 虽高，但 μ 极小，因而这两种材料的霍尔系数都很小，不能用来制造霍尔器件。半导体 μ 高，ρ 适中，是制造霍尔器件较理想的材料，由于电子的迁移率比空穴的迁移率大，所以霍尔器件大都采用 N 型材料。其次，霍尔电压的大小与材料的厚度成反比，因此薄膜型的霍尔器件的输出电压较片状要高得多。就霍尔器件而言，其厚度是一定的，所以实际采用

$$K_H=\frac{1}{ned} \tag{3-5-7}$$

来表示霍尔器件的灵敏度，K_H 称为霍尔灵敏度，单位为 $mV \cdot mA^{-1} \cdot T^{-1}$ 或 $mV \cdot mA^{-1} \cdot (kGs)^{-1}$。

[实验方法]

1. 霍尔电压 V_H 的测量

应该说明，在产生霍尔效应的同时，因伴随着多种副效应，以致实验测得的 A，A' 两电极之间的电压并不等于真实的 V_H 值，而是包含着各种副效应引起的附加电压，因此必须设法消除。根据副效应产生的机理(参阅附录)可知，采用电流和磁场换向的对称测量法，基本上能够把副效应的影响从测量的结果中消除，具体的做法是 I_s 和 B(即 I_M)的大小不变，并在设定电流和磁场的正、反方向后，依次测量由下列四组不同方向的 I_s 和 B 组合的 A 与 A' 两点之间的电压 V_1、V_2、V_3 和 V_4，即

$$\begin{array}{ccc} +I_s & +B & V_1 \\ +I_s & -B & V_2 \\ -I_s & -B & V_3 \\ -I_s & +B & V_4 \end{array}$$

然后求上述四组数据 V_1、V_2、V_3 和 V_4 的代数平均值，可得

$$V_H=\frac{V_1-V_2+V_3-V_4}{4}$$

通过对称测量法求得的 V_H，虽然还存在个别无法消除的副效应，但其引入的误差甚小，可以忽略不计。

2. 电导率 σ 的测量

σ 可以通过图 3-5-2 所示的 A，C（或 A'，C'）电极进行测量，设 A 与 C 间的距离为 l，样品的横截面积为 $S=bd$，流经样品的电流为 I_s，在零磁场中，若测得 A 与 C（A'，C'）间的电位差为 V_σ（V_{AC}），可由下式求得 σ：

$$\sigma=\frac{I_s l}{V_\sigma S} \tag{3-5-8}$$

［实验内容和步骤］

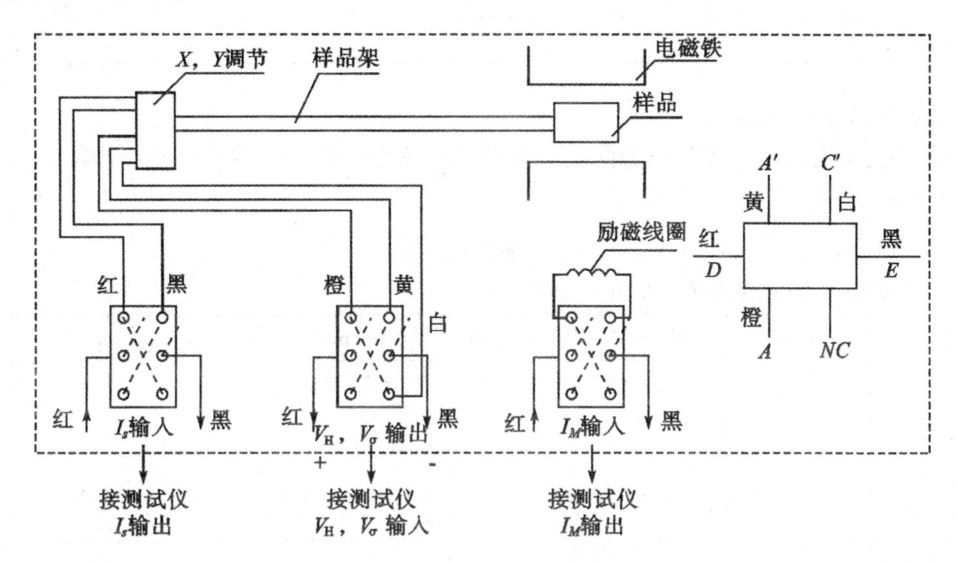

图 3-5-3

按图 3-5-3 连接测试仪和实验仪之间相应的 I_s、V_H和 I_M各组连线，I_s及 I_M换向开关投向上方，表明 I_s及 I_M均为正值（即 I_s沿 X 方向，B 沿 Z 方向），反之为负值。“V_H，V_σ”切换开关投向上方测 V_H，投向下方测 V_σ（样品各电极及线包引线与对应的双刀开关之间连线已由制造厂家连接好）。

注意：严禁将测试仪的励磁电源“I_M输出”误接到实验仪的“I_s输入”或“V_H，V_σ输出”处，否则一旦通电，霍尔器件即遭损坏！

为了准确测量，应先对测试仪进行调零，即将测试仪的“I_s调节”和“I_M调节”旋钮均置零位，待开机数分钟后若 V_H显示不为零，可通过面板左下方小孔的“调零”电位器实现调零，即“0.00”。

1. 测绘 V_H-I_s曲线

将实验仪的“V_H，V_σ”切换开关投向 V_H 侧，测试仪的“功能切换”置 V_H。保持 I_M值不变（取 I_M=0.6 A），测绘 V_H-I_s曲线，记入表 3-5-1 中。

表 3-5-1

$I_M=0.6$ A ,I_s 取值范围为 1.00～4.00 mA。

I_s/mA	V_1/mV	V_2/mV	V_3/mV	V_4/mV	$V_H=\frac{V_1-V_2+V_3-V_4}{4}$/mV
	$+I_s,+B$	$+I_s,-B$	$-I_s,-B$	$-I_s,+B$	
1.00					
1.50					
2.00					
2.50					
3.00					
4.00					

2. 测绘 V_H-I_M曲线

实验仪及测试仪各开关位置同上。保持 I_s值不变(取 $I_s=3.00$ mA),测绘 V_H-I_M曲线,记入表 3-5-2 中。

表 3-5-2

$I_s=3.00$ mA,I_M 取值范围为 0.300～0.800 A。

I_M/A	V_1/mV	V_2/mV	V_3/mV	V_4/mV	$V_H=\frac{V_1-V_2+V_3-V_4}{4}$/mV
	$+I_s,+B$	$+I_s,-B$	$-I_s,-B$	$-I_s,+B$	
0.300					
0.400					
0.500					
0.600					
0.700					
0.800					

3. 测量 V_σ值

依次选取 $I_s=0.20,0.40,0.60$ mA,将“V_H,V_σ”切换开关投向 V_σ侧,“功能切换”置 V_σ。在零磁场中,分别测量 V_σ。

注意:I_s取值不要过大,以免 V_σ太大,毫伏表超量程(此时首位数码显示为 1,后三位数码熄灭)。

4. 确定样品的导电类型

将实验仪三组双刀开关均投向上方,即 I_s 沿 X 方向、B 沿 Z 方向,毫伏表测量电压为 $V_{AA'}$。

取 $I_s=2.00$ mA,$I_M=0.6$ A,测量 V_H 大小及极性,判断样品导电类型。

5. 求样品的 R_H、n、σ 和 μ 值。

注:样品及规格

样品材料为 N 型半导体硅单晶片,根据空脚的位置不同,样品分两种形式,分别如图

3-5-4(a)和(b)所示，样品的几何尺寸为：厚度 $d=0.5$ mm，宽度 $b=4.0$ mm，A 和 C 电极间距 $l=3.0$ mm。

样品共有三对电极，其中 A,A' 或 C,C' 用于测量霍尔电压 V_H；A,C 或 A',C' 用于测量电导；D,E 为样品工作电流电极。

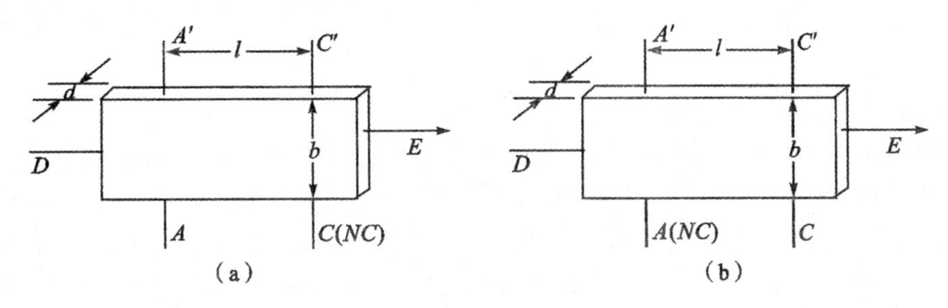

图 3-5-4

[思考题]

(1)列出计算霍尔系数 R_H、载流子浓度 n、电导率 σ 及迁移率 μ 的计算公式，并注明单位。

(2)已知霍尔样品的工作电流 I_s 及磁感应强度 B 的方向，如何判断样品的导电类型？

[附录]霍尔器件中的副效应及其消除方法

1. 不等势电压 V_o

如附图 3-5-1 所示，由于器件的 A,A' 两电极的位置不在一个理想的等势位面上，因此，即使不加磁场，只要有电流 I_s 通过，就有电压 $V_o=I_s r$ 产生，r 为 A,A' 所在的两等势面之间的电阻，结果在测量 V_H 时，就迭加了 V_o，使得 V_H 值偏大(当 V_o 与 V_H 同号)或偏小(当 V_o 与 V_H 异号)。显然，V_H 的符号取决于 I_s 和 B 两者的方向，而 V_o 只与 I_s 的方向有关，因此可以通过改变 I_s 的方向予以消除。

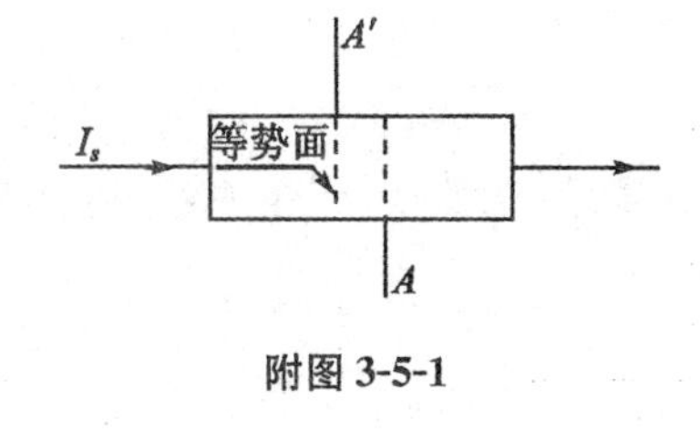

附图 3-5-1

2. 温差电效应引起的附加电压 V_E

如附图 3-5-2 所示，由于构成电流的载流子速度不同，若速度为 v 的载流子所受的洛仑兹力与霍尔电场的作用力刚好抵消，则速度大于或小于 v 的载流子在电场和磁场作用下，将各自朝对立面偏转，从而在 Y 方向引起温差 $T_A-T_{A'}$，由此产生的温差电效应，在 A,A' 电极上引入附加电压 V_E，且 $V_E \propto I_s B$，其符号与 I_s 和 B 的方向关系跟 V_H 是相同的，因此不能用改变 I_s 和 B 方向的方法予以消除，但其引入的误差很小，可以忽略。

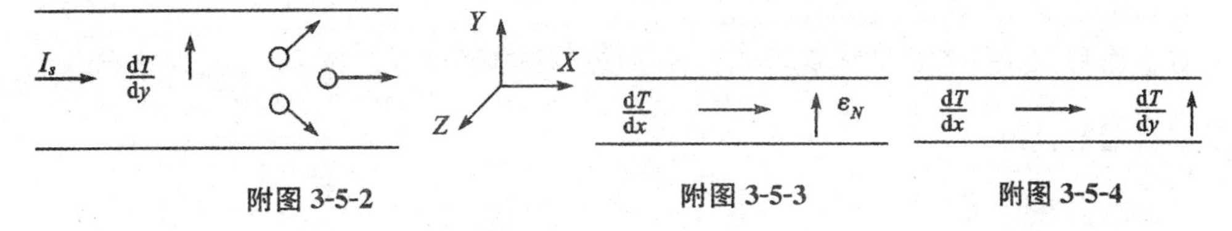

附图 3-5-2　附图 3-5-3　附图 3-5-4

3. 热磁效应直接引起的附加电压 V_N

如附图 3-5-3 所示，因器件两端电流引线的接触电阻不等，通电后在两接点处将产生不同的焦耳热，导致在 X 方向有温度梯度，引起载流子沿梯度方向扩散而产生热扩散电流，热流 Q 在 Z 方向磁场作用下，类似于霍尔效应在 Y 方向产生一附加电场 ε_N，相应的电压 $V_N \propto QB$，而 V_N 的符号只与 B 的方向有关而与 I_s 的方向无关，因此可通过改变 B 的方向予以消除。

4. 温度差引入的附加电压 V_{RL}

如附图 3-5-4 所示，温度差 $T_A - T_{A'}$，由此引入的附加电压 $V_{RL} \propto QB$，V_{RL} 的符号只与 B 的方向有关，亦能消除。

综上所述，实验中测得的 A，A'之间的电压除 V_H 外还包含 V_o，V_N，V_{RL} 和 V_E 各电压的代数和，其中 V_o，V_N 和 V_{RL} 均可通过 I_s 和 B 换向对称测量法予以消除。设 I_s 和 B 的方向均为正向时，测得 A，A'之间电压记为 V_1，即

当 $+I_s$，$+B$ 时　　$V_1 = V_H + V_o + V_N + V_{RL} + V_E$

将 B 换向，而 I_s 的方向不变，测得的电压记为 V_2，此时 V_H，V_N，V_{RL} 和 V_E 均改号而 V_o 符号不变，即

当 $+I_s$，$-B$ 时　　$V_2 = -V_H + V_o - V_N - V_{RL} - V_E$

同理可得

当 $-I_s$，$-B$ 时　　$V_3 = V_H - V_o - V_N - V_{RL} + V_E$

当 $-I_s$，$+B$ 时　　$V_4 = -V_H - V_o + V_N + V_{RL} - V_E$

求以上 V_1、V_2、V_3 和 V_4 的代数平均值，可得

$$V_H + V_E = \frac{V_1 - V_2 + V_3 - V_4}{4}$$

由于 V_E 符号与 I_s 和 B 两者方向的关系和 V_H 是相同的，故无法消除，但在非大电流、非强磁场下，$V_H \gg V_E$，因此 V_E 可忽略不计，所以霍尔电压为

$$V_H = \frac{V_1 - V_2 + V_3 - V_4}{4}$$

实验六　霍尔法测螺线管轴向磁场分布

本实验是第三部分实验五的延伸内容，给出了一个具体的霍尔元件实际应用例子。除此之外，本教材涉及霍尔元件应用的实验项目还包括第二部分实验十四和第三部分实验二等。

[实验目的]

(1)学习利用霍尔效应测量磁感应强度的原理和方法。

(2)用霍尔元件测量螺线管轴线上磁感应强度的分布。

[实验仪器及介绍]

1. 实验仪器

TH-S 型霍尔效应实验仪和螺线管磁场测试仪实物外形分别如图 3-6-1(a)和(b)所示。

(a)实验仪

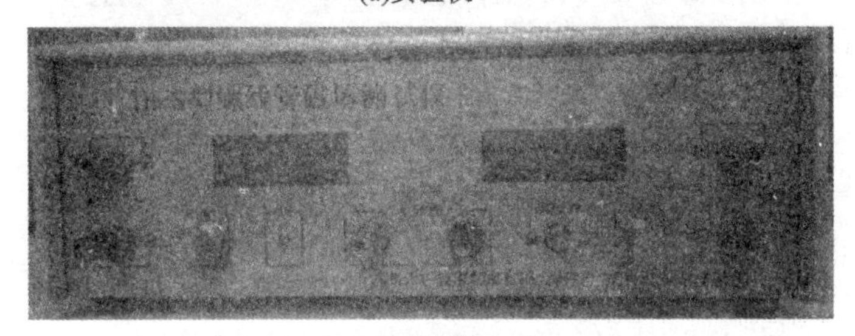

(b)测试仪

图 3-6-1

2. 仪器介绍

(1)螺线管磁场实验仪主要包括霍尔元件及二维位置调节架、待测长轴螺线管、三个单刀双掷开关。

(2)螺线管磁场测试仪主要包括通入霍尔元件的电流、螺线管中的励磁电流和测量霍尔元件的霍尔电压 V_H 与纵向电压 V_σ。

[实验原理]

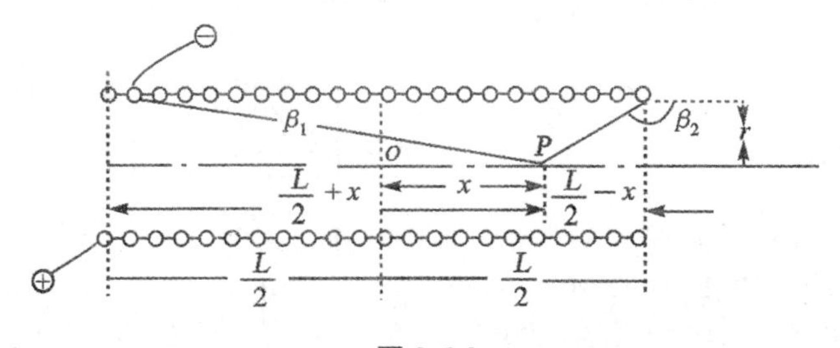

图 3-6-2

图 3-6-2 表示一通电螺线管,其半径为 r,长度为 L,单位长度线圈匝数为 n,线圈中电流为 I,根据毕奥—萨伐尔定律,螺线管轴线上任一点的磁感应强度为

$$B=\frac{\mu_0 nI}{2}(\cos\beta_1-\cos\beta_2) \tag{3-6-1}$$

式中，$\mu_0=4\pi\times10^{-7}\ \mathrm{H\cdot m^{-1}}$为真空中磁导率。螺线管轴线上磁感应强度分布如图 3-6-3 所示，内部中央位置处的磁感应强度大小为 $B=\mu_0 nI_M$。从图中磁力线的分布情况可知，其内腔中磁力线是平行于轴线的直线系，渐近两端口时，这些直线变为从两端口离散的曲线，说明其内部的磁场是均匀的，仅在靠近两端口处，才呈现明显的不均匀性。根据理论计算，长直螺线管的磁感应强度为内腔中部磁感应强度的 1/2。

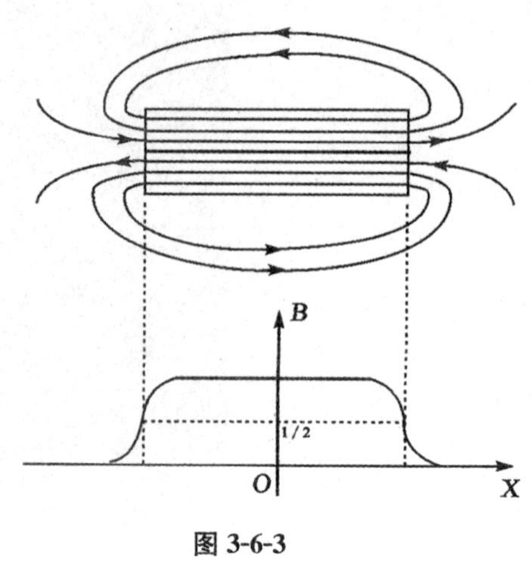

图 3-6-3

霍尔元件可作为磁传感器，用来检测磁场及其变化，也可在各种与磁场有关的场合使用。霍尔电压 V_H与流过霍尔元件的电流 I_s、磁感应强度 B 成正比，即满足以下关系式：

$$V_H=K_H I_s B \tag{3-6-2}$$

式中，K_H称为霍尔元件的灵敏度，与霍尔元件所用材料及材料的尺寸有关，对某个霍尔元件来说，K_H为一个固定值。K_H的常用单位一般为 $\mathrm{mV\cdot mA^{-1}\cdot T^{-1}}$或 $\mathrm{mV\cdot mA^{-1}\cdot (kGs)^{-1}}$，$1\ \mathrm{T}=10^4\ \mathrm{Gs}$。霍尔元件的灵敏度标在实验仪器上，实验中只要测出霍尔电压和工作电流的大小，就可以计算出磁感应强度 B，即

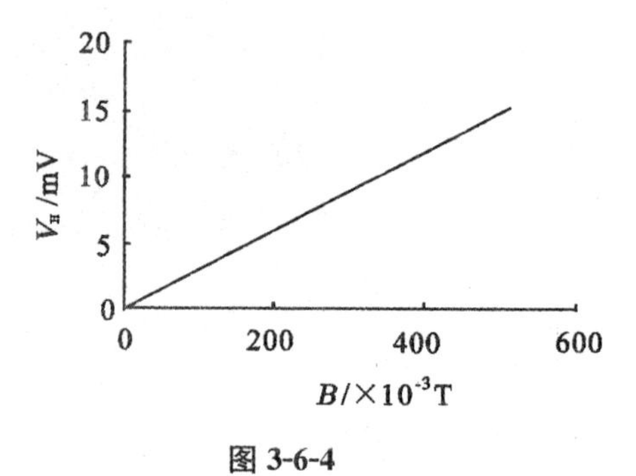

图 3-6-4

$$B=\frac{V_H}{K_H I_s} \tag{3-6-3}$$

其中霍尔电压 V_H 可以通过对称测量的方法求得。

霍尔元件的输出特性曲线（图 3-6-4）表示霍尔元件的灵敏度和线性度，灵敏度越高、线性度越好，对测量磁感应强度越有利。

［实验内容和步骤］

1. 霍尔元件的输出特性测量

按图 3-6-5 连接测试仪和实验仪之间相对应的各组连线，并经指导教师检查后开启测试仪的电源。

（1）测绘 V_H-I_s 曲线。通过转动霍尔元件探杆支架上的 X_1、X_2旋钮，使霍

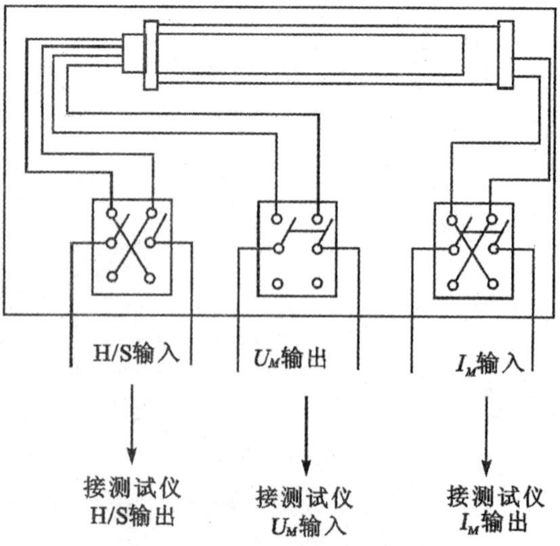

图 3-6-5

尔元件位于螺线内部中央位置。取 I_M=0.800 A,依次取霍尔元件的工作电流 I_s=1.00 mA,2.00 mA,3.00 mA,…,10.00 mA,霍尔电压数据记录于表 3-6-1。绘制 V_H-I_s曲线。

表 3-6-1

I_s/mA	V_1/mV	V_2/mV	V_3/mV	V_4/mV	V_H/mV
	$+I_s,+B$	$+I_s,-B$	$-I_s,-B$	$-I_s,+B$	
1.00					
2.00					
3.00					
4.00					
5.00					
6.00					
7.00					
8.00					
9.00					
10.00					

(2)取定 I_s=8.00 mA,I_M=0.100,0.200,…,1.000 A,测量并记录霍尔电压 V_H数据于表 3-6-2,算出磁感应强度 $B=\mu_0 n I_M$。画出 V_H-B 曲线,此曲线越接近直线,说明霍尔元件的线性越好。

表 3-6-2

I_M/A	B/kGs	V_1/mV	V_2/mV	V_3/mV	V_4/mV	V_H/mV
		$+I_s,+B$	$+I_s,-B$	$-I_s,-B$	$-I_s,+B$	
0.100						
0.200						
0.300						
0.400						
0.500						
0.600						
0.700						
0.800						
0.900						
1.000						

2. 测绘螺线管轴线上磁感应强度的分布

取 $I_s=8.00\ \text{mA}$，$I_M=0.800\ \text{A}$。

(1)以相距螺线管两端口等远的中心位置为坐标原点，探头离中心位置 $X=14-X_1-X_2$，调节旋钮 X_1、X_2，使测距尺读数 $X_1=X_2=0.0\ \text{cm}$。先调节 X_1 旋钮，保持 $X_2=0.0\ \text{cm}$，使 X_1 停留在 0.0、0.5、1.0、1.5、2.0、5.0、8.0、11.0、14.0 cm 等读数处，再调节 X_2 旋钮，保持 $X_1=14.0\ \text{cm}$，使 X_2 停留在 3.0、6.0、9.0、12.0、12.5、13.0、13.5、14.0 cm 等读数处，按对称测量法测出各相应位置的 V_1、V_2、V_3、V_4 值，并计算相对应的 V_H 及 B 值，记入表 3-6-3 中。

(2)绘制 B-X 曲线，验证螺线管端口的磁感应强度为中心位置磁强的 1/2。

(3)将螺线管中心的 B 值与理论值进行比较，求出相对误差。

注：根据磁感应强度的理论分布图，选择适当的数据点间隔。记录线圈长度、单位长度的线圈匝数、霍尔元件的灵敏度等参数。

表 3-6-3

X_1 /cm	X_2 /cm	X /cm	V_1/mV	V_2/mV	V_3/mV	V_4/mV	V_H/mV	B/kGs
			$+I_s,+B$	$+I_s,-B$	$-I_s,-B$	$-I_s,+B$		
0.0	0.0							
0.5	0.0							
1.0	0.0							
1.5	0.0							
2.0	0.0							
5.0	0.0							
8.0	0.0							
11.0	0.0							
14.0	0.0							
14.0	3.0							
14.0	6.0							
14.0	9.0							
14.0	12.0							
14.0	12.5							
14.0	13.0							
14.0	13.5							
14.0	14.0							

[注意事项]

(1)霍尔元件易碎，其电极接线也较细，实验中调节霍尔元件位置时，一定要轻缓，不要用手或其他物体去碰霍尔元件，以免损坏。

(2)绝对不能将“I_M输出”接到“I_s输入”或“V_H输出”端，否则一旦通电，霍尔元件即被烧坏。

(3)开、关机前，应将“I_s调节”和“I_M调节”旋钮逆时针方向转到底，使输出电流最小，然后再开或关电源。

实验七　电表的改装和校准

电表在电测量中得到广泛的应用，因此了解电表和使用电表就显得十分重要。电流计是用来测量微小电流的，它是非数字式测量仪器的一个基本组成部分，我们常用它来改装成毫安表和电压表。

[实验目的]

(1)按照实验原理设计测量线路。

(2)了解电流计的量程 I_g和内阻 R_g在实验中所起的作用，掌握测量它们的方法。

(3)掌握电表的改装、校准和使用方法，了解电表面板上符号的含义。

[实验原理]

1. 电流计及其改装

图 3-7-1 是常见的磁电式电流计的构造，它的主要部分是放在永久磁场中的由细漆包线绕制成的可以转动的线圈、用来产生机械反力矩的游丝、指示用的指针和永久磁铁。当电流通过线圈时，载流线圈在磁场中就产生一磁力矩 $M_{磁}$，使线圈转动，从而扭转与线圈转动轴连接的上、下游丝，使游丝发生形变产生机械反力矩 $M_{机}$，线圈满刻度偏转过程中的磁力矩 $M_{磁}$只与电流强度有关而与偏转角度无关，而游丝因形变产生机械反力矩 $M_{机}$与偏转角度成正比。因此，当接通电流后线圈在 $M_{磁}$作用下偏转角逐渐增大，同时反力矩 $M_{机}$也逐渐增大，直到 $M_{磁}=M_{机}$时线圈就很快地停下来。线圈偏转角的大小与通过的电流大小成正比（也与加在电流计两端的电势差成正比），由于线圈偏转的角度，通过指针的偏转是可以直接指示出来的，所以上述电流或电势差的大小均可由指针的偏转直接指示出来。

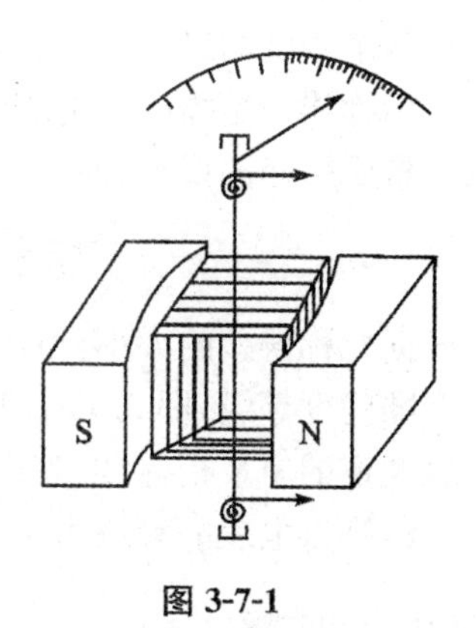

图 3-7-1

电流计允许通过的最大电流称为电流计的量程，用 I_g表示，电流计的线圈有一定内阻，用 R_g表示，I_g与 R_g是表示电流计特性的两个重要参数。

电流计可以改装成毫安表或电流表，电流计 G 只能测量很小的电流，为了扩大电流计的量程，可以选择一个合适的分流电阻 R_p与电流计并联，这就组成为一只毫安表或安培表（又称电流表），这时电流计指针的示值就要按毫安表或安培表的满量程设计来读取数据。

若测出电流计 G 的 I_g与 R_g，则根据图 3-7-2 就可以算出将此电流计改装成量程为 I 的毫安表所需的分流电阻 R_p：

$$I_g R_g=(I-I_g)R_p \tag{3-7-1}$$

$$R_p=\left(\frac{I_g}{I-I_g}\right)R_g \tag{3-7-2}$$

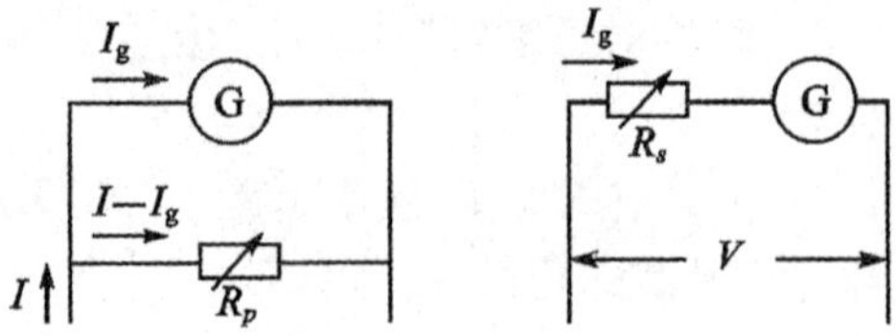

图 3-7-2

电流计也可以改装成电压表：由于电流计 I_g很小，R_g也不大，所以只允许加很小的电位差，为了扩大其测量电位差的量程可与一高阻 R_s串联，这时两端的电位差 V 大部分分配在 R_s上，而加在电流计上的小部分电压与所加电位差 V 成正比。只需选择合适的高电阻 R_s与电流计串联作为分压电阻，这就组成为一只伏特表（又称电压表），这时电流计指针的示值就要按电压表的满量程设计来读取数据。

如果改装后的电压表量程为 V，则 R_s的选择由图 3-7-2 可见：

$$R_s=\frac{V}{I_g}-R_g \tag{3-7-3}$$

$$V=I_g(R_g+R_s) \tag{3-7-4}$$

2. 电表的校准

电表在扩大量程或改装后，还需要进行校准。所谓校准是使被校电表与标准电表同时测量一定的电流或电压，观察其指示值与相应的标准值相符的程度。校准的结果是得到电表各个刻度的绝对误差。选取其中最大的绝对误差除以量程，即得到该电表的标称误差。标称误差是指改装电表的读数和准确值的差异，它包括了电表在构造上各种不完善的因素所引起的误差，即

$$标称误差=\left|\frac{最大绝对误差}{量程}\right|\times 100\% \tag{3-7-5}$$

根据标称误差的大小，可确定电表的准确度等级。按照国家标准，指针式电表一般分为 7 个准确度等级，即 0.1，0.2，0.5，1.0，1.5，2.5，5.0 共 7 个等级。电表的等级是国家对电表规定的质量指标，电表出厂时一般将级别标在表盘上。例如，若 0.5%＜标称误差≤1.0%，则该电表的等级为 1.0 级。

［实验内容和步骤］

1. 设计测量电路并测定电流计 G 的量程 I_g和内阻 R_g

内阻 R_g的测量，可以采用替代法和中值法等多种方法。

(1)替代法：如图 3-7-3 所示，将被测电流计接在电路中读取标准表的电流值，然后切换开关 S 的位置，用十进位电阻箱替代它，并改变电阻值 R，当电压不变时，使流过标准表的电流保持不变，则电阻箱的电阻值即为被测改装电流

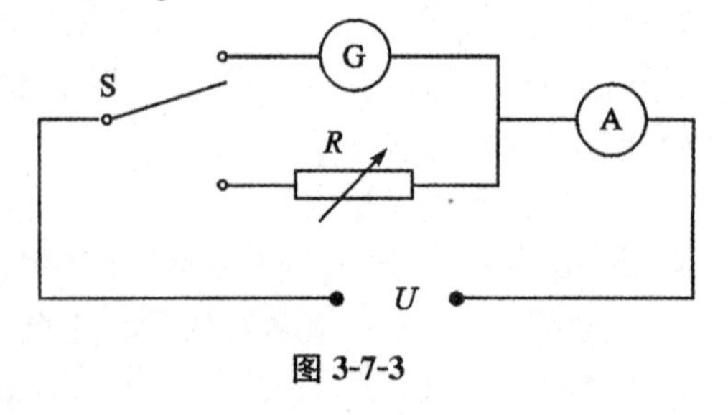

图 3-7-3

计的内阻。

(2)中值法：当被测电流计接在电路中时，使电流计满偏，再用十进位电阻箱与电流计并联作为分流电阻，改变电阻值即改变分流程度，当电流计指针指示到中间值且总电流强度保持不变时，分流电阻值就等于电流计的内阻。

2. 改装电流计为 15 mA 量程的毫安表

根据分流原理，将电流计改装成量程为 15 mA 的毫安表，并按图 3-7-4 用所提供的 0.5 级三位半数字毫安表来校准被改装成的毫安表。从零到满量程，以校准毫安表的读数为横坐标，作出校准曲线 δ_I-$I_{改}$，数值记入表 3-7-1 中。

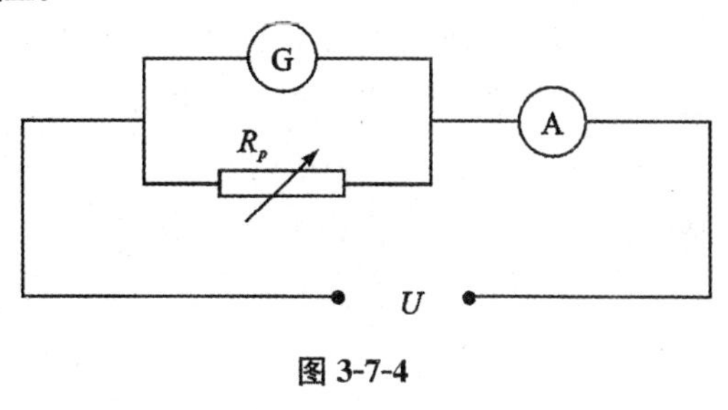

图 3-7-4

表 3-7-1

电流计指针位置	0.1	0.2	0.3	0.4	0.5	0.6	0.7	0.8	0.9	1.0
$I_{改}$/mA										
$I_{标}$/mA										
δ_I/mA										

3. 改装电流计为 1 V 量程的电压表

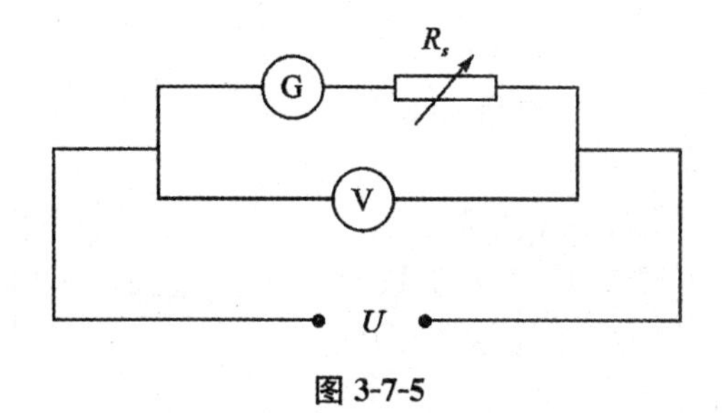

图 3-7-5

表 3-7-2

电流计指针位置	0.1	0.2	0.3	0.4	0.5	0.6	0.7	0.8	0.9	1.0
$V_{改}$/V										
$V_{标}$/V										
δ_V/V										

根据分压原理，将电流计改装成量程为 1 V 电压表，并按图 3-7-5 用所提供的 0.5 级三位半数字电压表来校准被改装成的电压表。从零到满量程，以校准电压表的读数为横坐标，作出校准曲线 δ_V-$V_{改}$，记入表 3-7-2 中。

4. 定出改装后的毫安表和电压表的级别

通常改装表的级别不能高于校准表的级别，根据实际测量与计算的结果来确定改装表的级别，参考指针式电表7个准确度等级，即0.1，0.2，0.5，1.0，1.5，2.5，5.0，并作出相应的校准曲线。

[思考题]

(1)校准电流表时发现改装表的读数相对于校准表的读数偏高，试问要达到校准表的数值，改装表的分流电阻应调大还是调小？

(2)校准电压表时发现改装表的读数相对于校准表的读数偏低，试问要达到校准表的数值，改装表的分压电阻应调大还是调小？

(3)0.5级三位半数字电流表的含义是什么？

实验八　动态磁滞回线实验研究

铁磁质可用于制造永久磁体、电磁铁及电机等设备的材料，它是以铁为主的一类磁性很强的物质，如铁、钴、镍、钆磁性材料的磁滞回线和磁化曲线表征了磁性材料的基本磁特性。在工业、交通、通信、电器等领域，大量应用各种特性的铁磁材料。

铁磁物质在磁化和去磁过程中，磁感应强度 B 的变化总是落后与外加磁场强度 H 的变化，这一现象称为磁滞现象，包括 H 的动态交流变化过程和不连续变化(准静态)的过程。用图形表示铁磁物质磁滞现象的曲线称为磁滞回线，它可以通过实验测得，如图3-8-1所示。当外加磁场 H 从零逐渐增加时，磁感应强度 B 将沿 OM 增加，直至接近饱和磁感应强度 B_s，OM 称为起始磁化曲线。如果将外加磁场 H 减小，B 并不沿原来的曲线减小，而是沿 MR 曲线下降，即使外加磁场降至零点时，铁磁材料仍然具有一定的剩余磁感应强度 B_r。当反向增加外加磁场时，B 继续逐渐减小，当 B 降至零时，所加外场 H 为 H_c，称为矫顽力。矫顽力的大小直接反映了材料的磁化难易程度，如 H_c 大于 3×10^4 $A\cdot m^{-1}$ 属于永磁材料，小于 1×10^3 $A\cdot m^{-1}$ 属于软磁材料，介乎其中的属于半永磁材料。当反向外加磁场继续增大时，磁感应强度 B 又逐渐增加，这样多次重复改变磁场强度，磁感应强度将形成一闭合曲线，即磁滞回线。

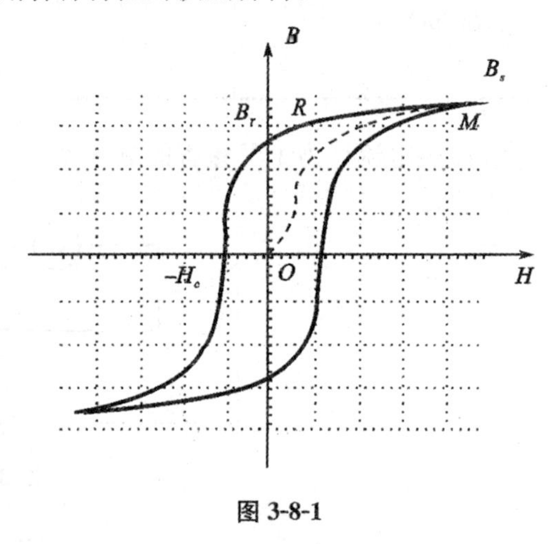

图 3-8-1

[实验目的]

(1)认识铁磁物质的磁化规律，比较两种典型的铁磁物质的动态磁化特性。

(2)学会在示波器上标定 H 和 B 的方法。

(3)测试实验样品的磁化曲线，并确定样品在一定频率下的饱和磁感应强度 B_s、剩磁 B_r 和矫顽力 H_c 的值。

[实验仪器]

DM-1 动态磁滞回线实验仪(图 3-8-2)、双踪示波器。

1. 信号源输出幅度调节旋钮　2. 信号源输出“一”接线柱　3. 输出信号(交流)频率指示　4. 信号源输出“+”接线柱　5. 信号源频率调节指示　6. 交流电压/电流指示　7. 交流电流测量或定标输入接线柱　8. 交流电压/电流测量或定标公共(地)接线柱　9. 电压/电流测量和测量单位转换开关　10. 交流电压测量或定标输入接线柱　11. 电源 220 V 输入插座　12. 电源开关　13. H一电流采样电阻(外接)　14. 示波器 X 输入 Q9 插座　15. Y一电压定标输入接线柱　16. X一电流定标输入接线柱　17. 磁化电流输入接线柱　18. 实验样品架　19. 积分电阻(外接)　20. 积分电容(外接)　21. 示波器 Y 输入 Q9 插座

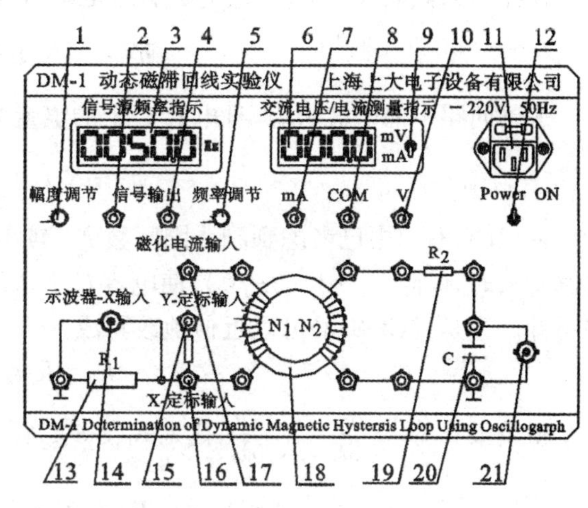

图 3-8-2

[实验原理]

利用示波器测动态磁滞回线的原理电路如图 3-8-3 所示。

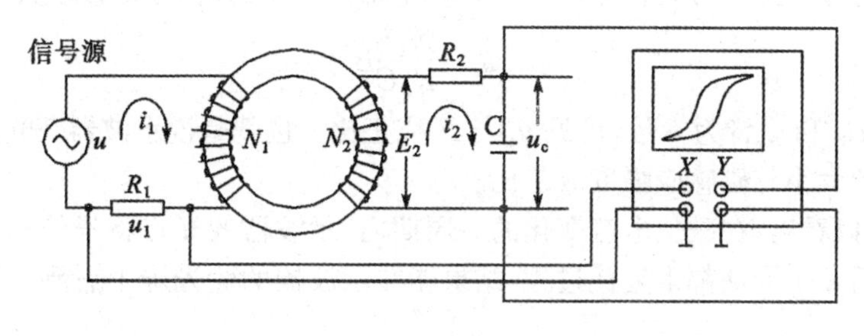

图 3-8-3

将实验样品制成闭合的环形,其上均匀地绕以磁化线圈 N_1 及副线圈 N_2。交流电压 u 加在磁化线圈上,线路中串联一取样电阻 R_1。将 R_1 两端的电压 u_1 加到示波器的 X 输入端;副线圈 N_2 与电阻 R_2 和电容 C 串联成一回路。电容 C 两端的电压 u_c 加到示波器的 Y 输入端。

1. 示波器的 X 输入与磁场强度成正比

设环状样品的平均周长为 L,磁化线圈的匝数为 N_1,磁化电流为 i_1(交流电流的瞬时值),根据安培环路定律有 $HL=N_1i_1$,即 $i_1=HL/N_1$。而 $u_1=R_1i_1$,所以可得

$$u_1=\frac{R_1L}{N_1}H \tag{3-8-1}$$

式中，R_1，L 和 N_1 皆为常数，可见 u_1 与 H 成正比。它表明示波器荧光屏上电子束水平偏转的大小与样品中的磁场强度成正比。

2. 示波器的 Y 输入在一定条件下与磁感应强度成正比

设样品的截面积为 S，根据电磁感应定律，在匝数 N_2 的副线圈中感应电动势为

$$E_2=-N_2S\frac{\mathrm{d}B}{\mathrm{d}t} \tag{3-8-2}$$

若副回路中的电流为 i_2，且电容 C 上的电量为 q，则应有

$$E_2=R_2i_2+\frac{q}{C} \tag{3-8-3}$$

在式(3-8-3)中已考虑到副线圈匝数 N_2 较小，因而自感电动势可忽略不计。在选定电路参数时，电阻 $R_2\gg1/(2\pi fC)$，使电容 C 上电压降比电阻上的电压降 R_2i_2 小到可以忽略不计。于是式(3-8-3)可以近似地改写成

$$E_2=R_2i_2 \tag{3-8-4}$$

将关系式 $i_2=\frac{\mathrm{d}q}{\mathrm{d}t}=C\frac{\mathrm{d}u_c}{\mathrm{d}t}$ 代入式(3-8-4)得

$$E_2=R_2C\frac{\mathrm{d}u_c}{\mathrm{d}t} \tag{3-8-5}$$

将式(3-8-5)与式(3-8-2)比较，不考虑其负号(在交流电中负号相当于相位差为 $\pm\pi$)时应有

$$N_2S\frac{\mathrm{d}B}{\mathrm{d}t}=R_2C\frac{\mathrm{d}u_c}{\mathrm{d}t}$$

将上式等号两边对时间积分，由于 B 和 u_c 都是交变的，积分常数取为 0，整理后得

$$u_c=\frac{N_2S}{R_2C}B \tag{3-8-6}$$

式中，N_2，S，R_2 和 C 皆为常数，可见 u_c 与 B 成正比。也就是说示波器荧光屏上电子束竖直方向偏转的大小与磁感应强度成正比。

至此，可以看出，在磁化电流变化的一周期内，示波器的光点将描绘出一条完整的磁滞回线。以后每个周期都重复此过程，结果能在示波器的荧光屏上看到一稳定的磁滞回线图形。

3. X 轴的定标

在实验中，测出光点沿 X 轴的偏转大小与电压 u_1 的关系，进而可根据公式(3-8-1)确定外加磁场 H 的大小。为此采用如图 3-8-4 所示的电路，其中交流电流表 ⓂⒶ 用于测量 I_X。调节 I_X 使荧光屏上呈现长度为 X 的水平线，设 X 轴的灵敏度为 S_X，则 $S_X=I_X/X$，I_X 对应于 u_1 的有效值，

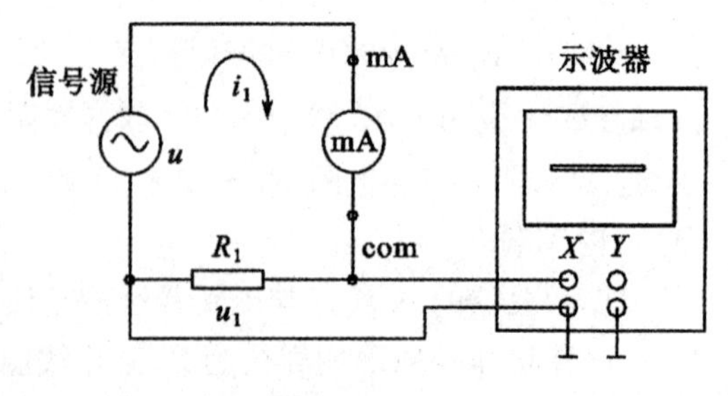

图 3-8-4

而示波器光迹长度为 u_1 的峰一峰值，即 u_1 有效值的 $2\sqrt{2}$ 倍。所以

$$H=\frac{2\sqrt{2}N_1\cdot I_X}{L}$$

即

$$H=\frac{2\sqrt{2}N_1\cdot S_X\cdot X}{L} \tag{3-8-7}$$

式中，L 为实验铁芯样品的平均磁路长度，N_1 为磁化线圈匝数。I_X 为对应长度 X 时数字电流表的读数。因此实验中读出 X 轴的坐标值后，可得对应的 H 值。

由于被测样品是铁磁性材料，它的 B 与 H 的关系是非线性的，电路中的电流的波形会发生畸变，成为非正弦形，结果电流表的读数也不再是正弦交流电的有效值，因此在定标过程中，去掉被测样品，用数字电流表连接。

4. Y 轴的定标

在实验中，测出光点沿 Y 轴的偏转大小与电压 u_1 的关系，进而可确定 U_Y。为此采用如图 3-8-5 所示的线路，其中交流电压表 (mV) 用于测量 U_Y。调节信号源输出，使荧光屏上呈现长度为 Y 的垂直线，设 Y 轴的灵敏度为 S_Y，则 $S_Y=U_Y/Y$，U_Y 对应于 u_1 的有效值，而示波器光迹长度为 u_1 的峰—峰值，即 u_1 有效值的 $2\sqrt{2}$倍。所以

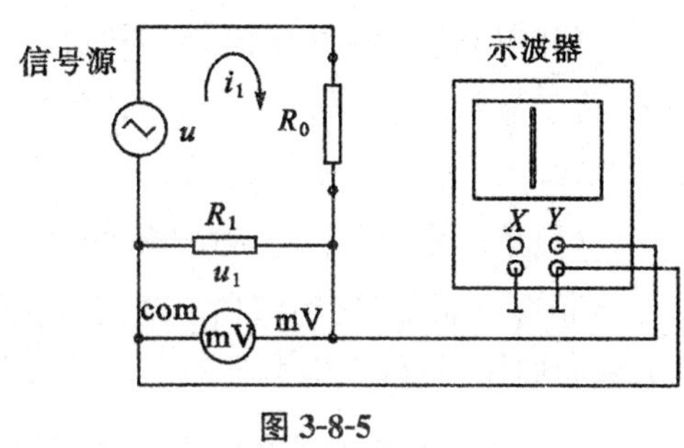

图 3-8-5

$$B=\frac{2\sqrt{2}R_2C\cdot U_Y}{N_2S}$$

即

$$B=\frac{2\sqrt{2}R_2C\cdot S_Y\cdot Y}{N_2S} \tag{3-8-8}$$

式中，R_2 为积分电阻，C 为积分电容，N_2 为副线圈的匝数，S 为实验样品的截面积。因此实验中读出 Y 轴的坐标值后，可得对应的 B 值。

实验线路中，因积分电压较低，故定标时接入 R_0 分压（衰减）电阻，去掉被测样品，用数字电压表测量 R_1 两端的电压。

［实验内容和步骤］

注意：实验前先将信号源输出幅度调节旋钮逆时针旋到底（多圈电位器），使输出信号为最小。

1. 练习测量

显示和观察两种实验样品在 25，50，100，200 Hz 交流信号下的磁滞回线图形。

（1）按图 3-8-3 所示线路接线。

①逆时针调节 幅度调节 旋钮到底，使信号输出最小。

②调示波器显示工作方式为 X-Y，即图示仪方式。

③示波器 X 输入为 AC 方式，测量采样电阻 R_1 的电压。

④示波器 Y 输入为 DC 方式,测量积分电容的电压。

⑤将环状硅钢带实验样品插于实验仪样品架。

⑥接通示波器和 DM-1 动态磁滞回线实验仪电源,适当调节示波器辉度,以免荧光屏中心受损(示波器的调节使用根据所用的示波器型号进行)。

(2)示波器光点调至显示屏中心,调节实验仪[频率调节]旋钮,频率显示窗显示 25.0 Hz。

(3)单调增加磁化电流,即顺时针缓慢调节[幅度调节]旋钮,使示波器显示的磁滞回线上 B 值缓慢增加,达到饱和。改变示波器上 X,Y 输入增益电位器,使得示波器显示典型美观的磁滞回线图形。

(4)单调减小磁化电流,即逆时针缓慢调节[幅度调节]旋钮,直到示波器最后显示为一点,位于显示屏的中心,即 X 和 Y 轴线的交点。如不在中间,可调节示波器的 X 和 Y 位移旋钮。

(5)单调增加磁化电流,即顺时针缓慢调节[幅度调节]旋钮,使示波器显示的磁滞回线上 B 值缓慢增加,达到饱和。改变示波器上 X,Y 输入增益电位器,示波器显示典型美观的磁滞回线图形,在水平方向上的读数范围为(−25.0,+25.0),单位为小格。

(6)逆时针调节[幅度调节]旋钮到底,使信号输出最小。调节实验仪[频率调节]旋钮,频率显示窗分别显示 50,100,200 Hz,重复步骤(3)~(5)的操作,比较磁滞回线形状的变化,表明磁滞回线形状与信号频率有关。

(7)换环状铁氧体实验样品,重复步骤(2)~(6)观察磁滞回线形状的变化。比较磁滞回线形状与材料和交流信号频率的关系。

2. 正式实验操作

测量动态磁滞回线,实验样品为环状硅钢带。

(1)实验样品插于实验仪样品架,逆时针调节[幅度调节]旋钮到底,使信号输出最小。将示波器光点调至显示屏中心,调节实验仪[频率调节]旋钮,频率显示窗显示 50。

(2)退磁。

1)单调增加磁化电流,即顺时针缓慢调节[幅度调节]旋钮,使示波器显示的磁滞回线上 B 值缓慢增加,达到饱和。改变示波器上 X,Y 输入增益波段开关和增益电位器,使示波器显示典型美观的磁滞回线图形。磁滞回线曲线在水平方向上的读数接近(−25.0,+25.0),单位为小格,此后保持示波器上 X,Y 输入增益电位器的位置固定不变,以便进行 H 和 B 的标定。

2)单调减小磁化电流,即逆时针缓慢调节[幅度调节]旋钮,直到示波器最后显示为一点,位于显示屏的中心,即 X 和 Y 轴线的交点。如不在中间,可调节示波器的 X 和 Y 位移旋钮。实验中可用示波器 X,Y 输入的接地开关检查示波器的中心是否对准屏幕 X 和 Y 坐标的交点。

(3)测量动态磁滞回线。当磁滞回线在 X 方向上的坐标读数接近(−25.0,+25.0)

时，记录示波器显示的磁滞回线上各点的 X 和 Y 方向的坐标。测量数据记录在表格 3-8-1 中。

3. 定标 H 和 B

保持示波器上 X，Y 输入增益电位器的位置不变，进行 H，B 的标定。

(1)H 的标定。按图 3-8-4 连线后，信号源输出经三位半数字电流/电压表的电流输入端，经 COM 端接采样电阻 R_1 的右端即示波器的 X 输入端，数字电流/电压表旁的钮子开关拨向 mA 挡，调节幅度调节旋钮，在示波器屏上显示一水平直线，当直线两端坐标为(−5.0，+5.0)，(−10.0，+10.0)，(−15.0，+15.0)，(−20.0，+20.0)，(−25.0，+25.0)时，分别记录数字电流表上的读数，如表 3-8-2 所示。因为电流表有一定的量程，如果在它的量程范围内水平直线的长度达不到表 3-8-2 所列的数据，可以根据实验情况在电流表的量程范围之内测量 5 组值进行定标。

(2)B 的标定。按图 3-8-5 连线后，信号源输出经分压电阻 R_0($R_0=470\ \Omega$)接采样电阻 R_1 的右端，数字电流/电压表旁的钮子开关拨向 mV 挡，三位半数字电流/电压表的电压输入端和 COM 端与采样电阻 R_1 呈并联状态，采样电阻 R_1 示波器接线柱连接示波器 Y 轴输入，调节幅度调节旋钮，在示波器屏上显示一垂直直线，当直线两端坐标为(−4.0，+4.0)，(−8.0，+8.0)，(−12.0，+12.0)，(−16.0，+16.0)，(−20.0，+20.0)时，分别记录数字电流表上的读数，如表 3-8-3 所示。同样，因为电压表有一定的量程，如果在它的量程范围内垂直线的长度达不到表 3-8-3 所列的数据，可以根据实验情况在电流表的量程范围之内测量 5 组值进行定标。

[数据记录及处理]

1. 硅钢带磁滞回线数据记录表

表 3-8-1

X/DIV	H/A·m^{-1}	Y/DIV	B/mT	X/DIV	H/A·m^{-1}	Y/DIV	B/mT
顶点				一顶点			

(续表)

X/DIV	H/A·m^{-1}	Y/DIV	B/mT	X/DIV	H/A·m^{-1}	Y/DIV	B/mT
-顶点				顶点			

观察铁氧体的磁滞回线图形，并与硅钢带的磁滞回线相比较，说明二者差别。

2. X 轴定标数据

表 3-8-2

X/DIV	10.0	20.0	30.0	40.0	50.0
I_X/mA					

用图像法(或最小二乘法拟合)，求示波器 X 轴的灵敏度 $S_X=$　　mA·DIV^{-1}。

3. Y 轴定标数据

表 3-8-3

Y/DIV	8.0	16.0	24.0	32.0	40.0
U_Y/mV					

用图像法(或最小二乘法拟合)，求示波器 Y 轴的灵敏度 $S_Y=$　　mV·DIV^{-1}。

4. 数据处理及作图

上述定标 H 和 B 中，数字电流表和数字电压表均为有效值读数，示波器光迹显示为

$$U=2\sqrt{2}U_Y$$

$$R_2C\ S_YY$$

$$L=0.141\ \text{m},\ S=9.1\times10^{-5}\ \text{m}^2$$
$$N_1=68\ \text{T},\ N_2=68\ \text{T}$$
$$R_1=10\ \Omega,\ R_2=100\ \text{k}\Omega,\ C=1.0\times10^{-6}\ \text{F}$$

式中,L 为铁芯实验样品平均磁路长度,单位为 m;S 为铁芯实验样品截面积,单位为 m^2;N_1 为磁化线圈匝数,单位为 T(圈);N_2 为副线圈匝数,单位为 T(圈);R_1 为磁化电流采样电阻,单位为 Ω;R_2 为积分电阻,单位为 Ω;C 为积分电容,单位为 F。S_X 为示波器 X 轴灵敏度,单位 $\text{mA}\cdot\text{DIV}^{-1}$;$S_Y$ 为示波器 Y 轴灵敏度,单位 $\text{mV}\cdot\text{DIV}^{-1}$;定标后利用 S_X 和 S_Y 完善表 3-8-1 中的 H 和 B 列数据。

由表 3-8-1 的数据作磁滞回线 H-B 图。

B 最大值对应饱和磁感应强度 $-B_s=$ 　　mT, $B_s=$ 　　mT;

$H=0$ 时,B 读数对应剩磁 $-B_r=$ 　　mT, $B_r=$ 　　mT;

$B=0$ 时,B 读数对应矫顽力 $-H_c=$ 　　$\text{A}\cdot\text{m}^{-1}$, $H_c=$ 　　$\text{A}\cdot\text{m}^{-1}$。

[思考题]

(1)用示波器法测量铁磁物质的磁滞回线为什么要对示波器定标?

(2)磁滞回线包围面积的大小有何意义?

实验九 电子射线的电偏转及其灵敏度的测定

示波管、显像管等电子射线管都需要控制电子束在互相垂直的两个方向上发生偏转,这种偏转可以用静电场或者磁场来实现。本实验通过对电子束电偏转特性的研究,进一步了解电子束在电场中的运动规律和示波管、显像管的偏转特点。

[实验目的]

(1)了解电子射线管的结构和基本工作原理。

(2)了解并掌握电子射线电聚焦和电偏转的基本原理,加深对电子(及带电粒子)在电场中运动规律的理解。

(3)掌握示波管的灵敏度的表征方法。

[实验仪器及介绍]

1. 实验仪器

EMB-2 型电子射线、电子比荷测定仪,励磁螺线管,导线。

2. 仪器介绍

本实验所用的 8SJ31 型示波管的构造以及有关几何参数如图 3-9-1 所示。阴极 K 是一个表面涂有氧化物的金属圆筒,经灯丝 H 加热后温度上升,一部分电子获得能量做逸出功后脱离金属表面逸出成为自由电子。自由电子在外电场作用下形成电子流。栅极 G 为顶端开有小孔的圆筒,套于阴极之外,其电位比阴极低,阴极与栅极之间形成减速电场。由阴极逸出、具有一定初速度的电子,通过栅极和阴极间的电场时减速。初速度大的电子可以穿过栅极顶端小孔射向荧光屏，初速度小的电子则被电场排斥返回阴极。如果栅极所加电位足够低，可使阴极逸出的全部电子返回阴极。因此，通过调节栅极电位可以控制射向荧光屏的电子射线密度，即控制荧光屏上光点的亮度。这就是亮度调节，记为符号¤。

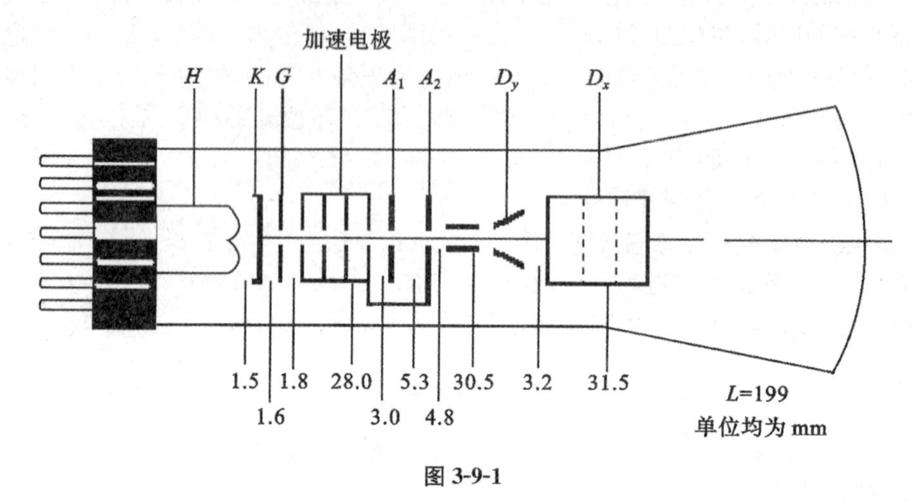

图 3-9-1

为了使电子以较大的速度打在荧光屏上，使荧光物质发光亮些，在栅极之后装有加速电极，相对于阴极的电压一般为 1～2 kV，加速电极与阴极之间形成加速电场。加速电极是一个长金属圆筒，筒内装有具有同轴中心孔的金属膜片，用于阻挡离开轴线的电子，使电子射线具有较细的截面。加速电极之后是第一阳极 A_1 和第二阳极 A_2。第二阳极通常和加速电极相连，而第一阳极对阴极的电压一般为几百伏特。加速电极、第一阳极和第二阳极三个电极所形成的电场，除对阴极发射的电子进行加速外，还会使电子会聚成更细的电子射线，这种作用称为聚焦作用。改变第一阳极电压，可以改变电场分布，使电子射线在荧光屏上聚焦成细小的光点，这就是聚焦调节，记为符号⊙。当然，改变第二阳极电压，也会改变电场分布，从而进一步改变电子射线在荧光屏上聚焦的好坏，这是辅助聚焦调节，记为符号○。

为了使电子射线能够达到荧光屏上的任何一点，必须使电子射线在两个互相垂直的方向上都能偏转，这种偏转可以用静电场或者磁场来实现。一般示波管采用静电场使电子射线偏转，称为静电偏转。静电偏转所需要的电场，由两对互相垂直的偏转极板提供。其中一对能使电子射线在 X 方向发生偏转，称 X 向偏转板 D_x。另一对能使电子射线在 Y 方向发生偏转，称 Y 向偏转板 D_y。

[实验原理]

1. 电子射线的聚焦原理

在示波管中，阴极发出的电子处于加速电极形成的加速电场中，这个加速电场从加速电极经过栅极的小圆孔而到达阴极表面，如图 3-9-2 所示。加速电场的分布具有使由阴极表面不同位置发出的电子，在向阳极方向运动时在栅极小圆孔前方会聚的性质。即形成一个电子射线的交叉点，称为第一聚焦点，记为 F_1。由加速电极、第一阳极和第二阳极组成的电聚焦系统，把 F_1 成像在示波管的荧光屏上，呈现为直径足够小的光点，称为第二聚焦点，记为 F_2，如图 3-9-3 所示。这与凸透镜对光的会聚作用相似，故称为电子透镜。

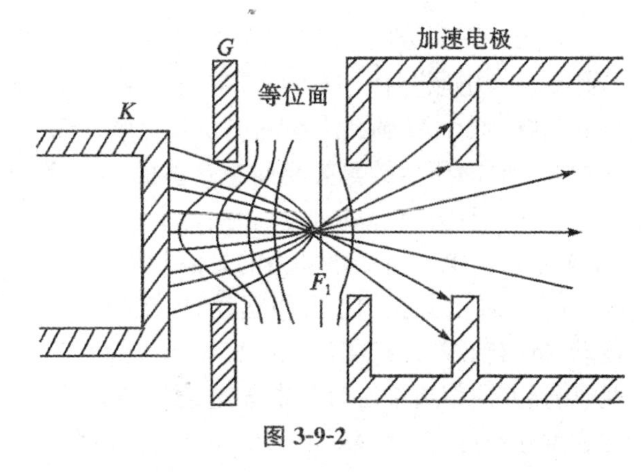

图 3-9-2

为了说明电子透镜的电聚焦原理，在两块电位差为 10 V 的带电平行板中间放一块带有圆孔的金属膜片 M，如图 3-9-4 所示。设图 3-9-4(a)中的膜片 M 上加 4 V 的电位，让膜片 M 处在“自然”电位状态。这时膜片左右的电场都是平行的均匀电场，左极板出发的电子，通过膜片至右极板的整个过程都是匀加速运动，不存在透镜作用。

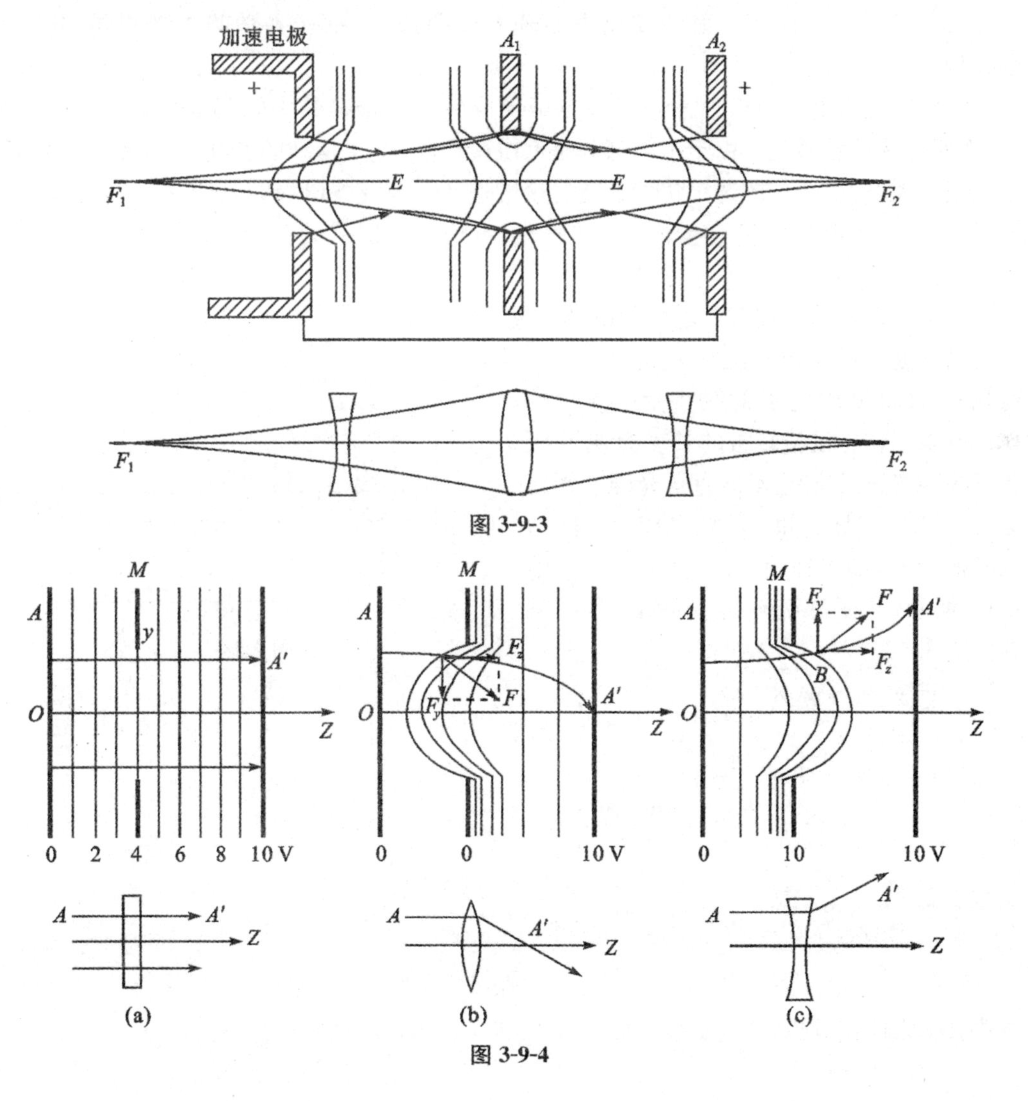

图 3-9-4

在图 3-9-4(b)中，设膜片 M 的电位为 0 V，低于"自然"电位，这时在膜片 M 左方远离开孔处没有电场存在，而在右方电场强度(或等势面密度)却增加了。由于右极板上正电位的影响，膜片 M 圆孔中心的电位要比膜片略高些，其等位面伸向左边低电位空间，形成如图 3-9-4(b)所示的等势曲面。这些曲面关于中心轴成轴对称。由于电场 E 的方向与等势面保持垂直，自高电位点指向低电位点，这时在小孔附近场强的方向偏离孔的中心轴(未图示)，而电子所受电场力的方向与场强 E 的方向相反。因此，自左极板出发的电子，经过膜片 M 的圆孔向右极板运动时，在圆孔处由于受到偏向中心轴的电场力作用而弯曲运动，折向轴线，最终与轴线相交于 A' 点。这个作用与光学凸透镜类同，起会聚作用。因此，场强方向偏离中心轴的电子透镜是会聚透镜。膜片 M 的电位降得越低，等位面的弯曲程度就越厉害，透镜对电子的会聚能力越强。

与图 3-9-4(b)相反，设图 3-9-4(c)中膜片 M 的电位为 10 V，高于"自然"电位。等位面在膜片 M 的圆孔处伸向右方高电位空间，此时电场的方向向中心轴会聚(未图示)。因此，该电场使电子射线偏离中心轴而弯曲运动，这与光学凹透镜类同，起发散的作用。

根据以上讨论，8SJ31 型示波管各电极形成的电子透镜的中间部分将是一个会聚透镜，而两边是发散透镜。由于中间部分是低电位空间，电子运动的速度小，滞留的时间长，因而偏转大，所以合成的透镜仍然具有会聚的性质。改变各电极的电位，特别是改变第一阳极的电位，相当于改变了电子透镜的焦距，可使电子射线的会聚点恰好和荧光屏相重合，这就是电子射线的电聚焦原理。

2. 电子射线的电偏转及示波管电偏转灵敏度的测定

当示波管的偏转板上加一偏转电压 V 时，通过极板间的电子射线将受电场力的作用发生偏转。设偏转板的长度为 b，间距为 d，偏转板的前沿至示波管荧光屏的距离为 $l_{前}$。并以足标 b 和 l 区别在相应区间内的其他参量，如加速度 a、时间 t 等。如图 3-9-5 所示，电子在荧光屏上的位移，即偏转的距离

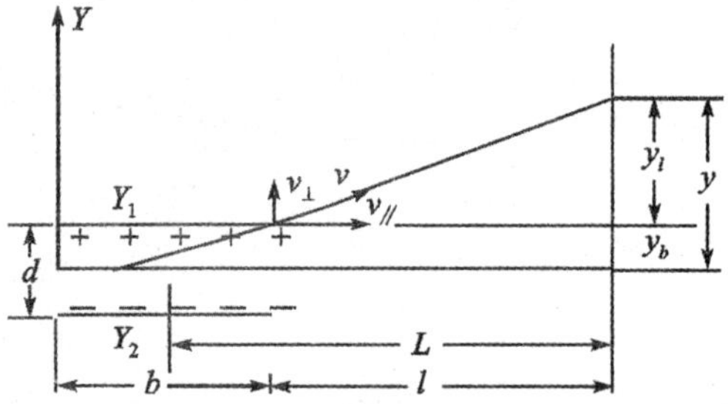

图 3-9-5

$$
\begin{aligned}
y &= y_b + y_l \\
&= \frac{1}{2}a_b t_b^2 + a_b t_b t_l \\
&= \frac{1}{2}\frac{eV}{md}\left(\frac{b}{v_{//}}\right)^2 + \frac{eV}{md}\frac{b}{v_{//}}\frac{l_{前}}{v_{//}}
\end{aligned}
$$

又因 $L = l_{前} + \frac{1}{2}b$ 及 $\frac{1}{2}mv_{//}{}^2 = eU_a$，得

$$y = \frac{bL}{2dU_a}V$$

式中，U_a 为加速电压。今分别以足标 x、y 区别 X、Y 偏转板的有关参量，得

$$y=\frac{b_yL_y}{2d_yU_a}V_y,\ x=\frac{b_xL_x}{2d_xU_a}V_x$$

从以上两式可见，加在偏转板上的电压 V 越大，荧光屏上光点的位移也越大，两者呈线性关系。比例常数在数值上等于偏转电压 V 为 1 V 时，荧光屏上光点位移的大小，称为示波管的偏转灵敏度 S，其倒数称为偏转因数。因此有

偏转灵敏度

$$S_x=\frac{x}{V_x}=\frac{b_xL_x}{2d_xU_a},\ S_y=\frac{y}{V_y}=\frac{b_yL_y}{2d_yU_a}$$

偏转因数

$$\frac{1}{S_x}=\frac{V_x}{x}=\frac{2d_xU_a}{b_xL_x},\ \frac{1}{S_y}=\frac{V_y}{y}=\frac{2d_yU_a}{b_yL_y}$$

根据以上公式，即可测定示波管的偏转灵敏度（单位为 $\mathrm{cm\cdot V^{-1}}$）和偏转因数（单位为 $\mathrm{V\cdot cm^{-1}}$）。

[实验内容及步骤]

(1)按图 3-9-6 连接电路。

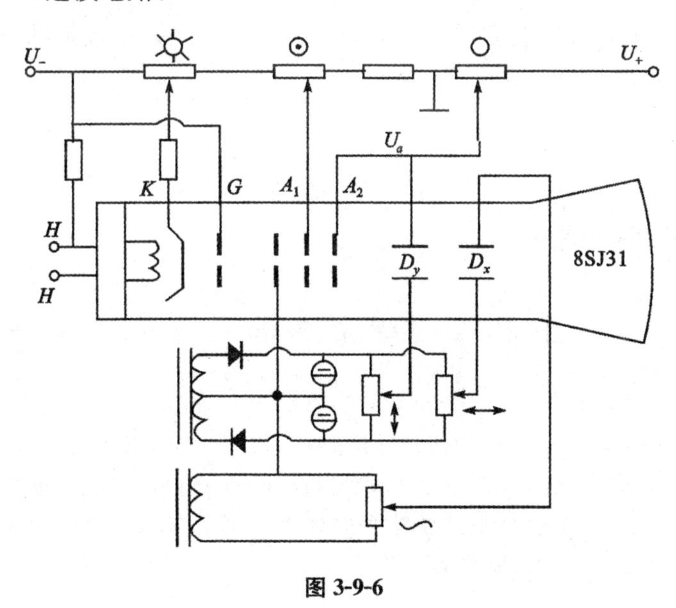

图 3-9-6

(2)选定加速电压 U_a（如 850 V，950 V，…），调节偏转电压，使荧光屏上亮线的长度分别为 1.0 cm，2.0 cm，…，记下相应的偏转电压。

(3)自拟实验方案，研究偏转灵敏度 S 与加速电压 U_a 的关系。

(4)数据处理。

[数据记录及处理]

(1)将实验数据记入表 3-9-1。

表 3-9-1

偏转值/cm		1.0	2.0	3.0	4.0	5.0	偏转灵敏度 S/cm·V^{-1}	偏转因数/V·cm^{-1}
X 偏转板	850 V							
	950 V							
	1 050 V							
	1 150 V							
Y 偏转板	850 V							
	950 V							
	1 050 V							
	1 150 V							

(2)分别计算不同加速电压下示波管的偏转灵敏度的平均值及偏转因数，记入表 3-9-1。

(3)作 x-V_x，y-V_y 关系曲线，并求偏转灵敏度和偏转因数。

[注意事项]

荧光屏亮线的长度是与正弦电压的峰一峰值相对应的，所读取的偏转电压值乘以 $2\sqrt{2}$，才是实际偏转电压值。

[思考题]

(1)在不同阳极电压下，为什么偏转灵敏度会不同？

(2)电偏转的灵敏度是如何定义的？

实验十　电子射线的磁聚焦和电子荷质比的测定

电子的比荷又称荷质比，即电子的电荷与其质量之比 e/m，由 J. J. 汤姆孙于 1897 年在英国剑桥卡文迪许实验室首次测得。之后，密立根于 1911 年用油滴法测得了电子的电荷。这两项杰出的成就不仅证实了电子的客观存在，而且进一步说明原子是具有内在结构的。因此，电子比荷的测定在近代物理学发展史上占有重要地位。在本实验中，我们将利用磁聚焦的方法测量电子的荷质比。

[实验目的]

(1)掌握电子射线磁聚焦的基本原理，加深对电子(及带电粒子)在磁场中运动规律的理解。

(2)通过用零电场法测电子的荷质比，学习科学实验的分析方法和培养对科学实验的探索精神。

[实验仪器]

EMB-2 型电子射线、电子比荷测定仪，励磁螺线管，导线。仪器的详细信息请参考本书第三部分实验九。

[实验原理]

1. 电子射线的磁聚焦原理(电场为零)

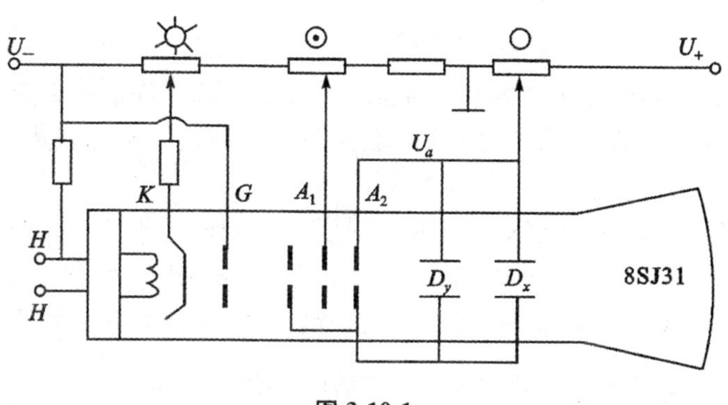

图 3-10-1

如图 3-10-1 所示,若将示波管的加速电极、第一阳极 A_1、第二阳极 A_2、偏转电极 D_x 和 D_y 全部连在一起,并相对于阴极 K 加同一加速电压 U_a,这样电子一进入加速电极就在零电场中做匀速运动。这时来自电子射线第一聚焦点 F_1 的发散的电子射线将不再会聚,而是在荧光屏上形成一个光斑。为了使电子射线聚焦,可在示波管外套一个通电螺线管,在电子射线前进的空间产生一个均匀磁场,磁感应强度记为 B。在 8SJ31 型示波管中,栅极和加速电极之间的距离很小,仅 1.8 mm。因此,可以认为电子离开第一聚焦点 F_1 后立即进入电场为零的均匀磁场中运动。在均匀磁场中以速度 v 运动的电子,受到洛仑兹力的作用,记为 F,则有

$$\boldsymbol{F}=-e\boldsymbol{v}\times\boldsymbol{B}$$

当 v 和 B 平行时,力 F 等于零,电子的运动不受磁场的影响。当 v 和 B 垂直时,力 F 垂直于速度 v 和磁感应强度 B,电子在垂直于 B 的平面内做匀速圆周运动,如图 3-10-2(a)所示。维持电子做圆周运动的向心力就是洛仑兹力,所以有 $F=evB=m\dfrac{v^2}{R}$。

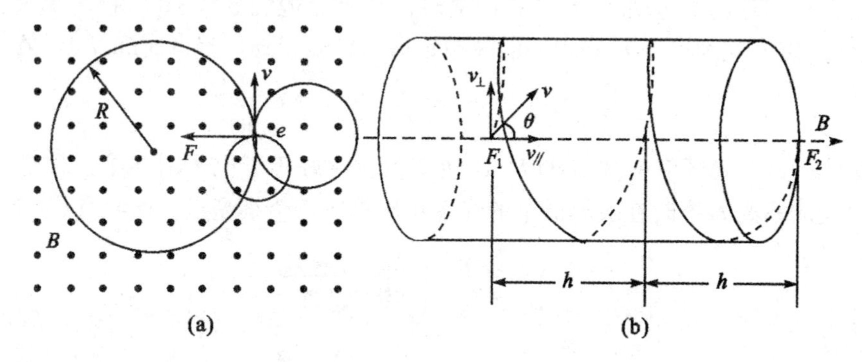

图 3-10-2

电子做圆周运动的运动轨道半径为

$$R=\frac{mv}{eB} \tag{3-10-1}$$

电子做圆周运动的周期为

$$T=\frac{2\pi R}{v}=\frac{2\pi m}{eB} \tag{3-10-2}$$

虽然速度不同的电子所绕圆周的半径 R 不同，但由以上两式可以看出，周期 T 和电子运动速度 v 无关，即在匀强磁场中不同速度的电子绕圆一周所需的时间是相同的。因此，已经聚焦的电子射线，绕圆一周后又将会聚到一点。这一结论很重要，是磁聚焦重要理论依据。

在一般情况下，电子的速度 v 和磁感应强度 B 之间成一角度 θ，这时可将 v 分解为与 B 平行的轴向速度 $v_{/\!/}$ ($v_{/\!/}=v\cos\theta$) 和与 B 垂直的径向速度 $v_{\perp}$ ($v_{\perp}=v\sin\theta$) 两部分，如图 3-10-2(b)所示。$v_{/\!/}$ 使电子沿轴方向做匀速运动，而 $v_{\perp}$ 在洛仑兹力作用下使电子绕轴做圆周运动。合成的电子运动的轨迹为一条螺旋线，其螺距为 $h=v_{/\!/}T=\frac{2\pi m}{eB}v_{/\!/}$。

对于从第一聚焦点 F_1 出发的不同电子，虽然径向速度 $v_{\perp}$ 不同，所走的圆周半径 R 也不同，但只要轴向速度 $v_{/\!/}$ 相等，并选择合适的轴向速度 $v_{/\!/}$ 和磁感应强度 B(改变 v 的大小可通过调节加速电压 U_a 改变，改变 B 的大小可通过调节螺线管中的励磁电流 I)，使电子在经过的路程 l 中恰好包含有整数个螺距 h，这时电子射线又将会聚于一点，这就是电子射线的磁聚焦原理。

2. 零电场法测定电子荷质比

已知电子速度 v 由加速电压 U_a 决定(电子离开阴极时的初速度相对来说很小，可以忽略不计)，即

$$\frac{1}{2}mv^2=eU_a$$

因 θ 角很小，近似

$$v_{/\!/}\approx v=\sqrt{\frac{2eU_a}{m}}$$

可见电子在均匀磁场中运动时，具有相同的轴向速度。但因 θ 角不同，径向速度将不同。因此，它们将以不同的半径 R 和相同的螺距 h 做螺旋线运动。经过时间 T 后，在

$$h=\frac{2\pi m}{eB}v$$

的地方聚焦。调节磁感应强度 B 的大小，使螺距 h 恰好等于电子射线第一聚焦点 F_1 到荧光屏之间的距离 l，这时在荧光屏上的光斑将聚焦成一个小亮点。此时有

$$l=h=\frac{2\pi m}{eB}v=\frac{2\pi m}{eB}\sqrt{\frac{2eU_a}{m}}$$

电子荷质比

$$\frac{e}{m}=\frac{8\pi^2U_a}{l^2B^2} \tag{3-10-3}$$

提示：螺线管的磁感应强度 B，应按多层密绕螺线管的磁场公式计算，但为简便，仍采

用薄螺线管公式计算。轴线中点的磁感应强度 $B=\mu_0 nI\cos\beta$，式中 $\mu_0=4\pi\times10^{-7}\ \mathrm{H\cdot m^{-1}}$，n 为螺线管单位长度的匝数($\mathrm{T\cdot m^{-1}}$)。螺线管的总匝数 $N=1\ 596$ T，螺线管的长度 $L=0.260$ m，螺线管的内直径 $D_{内}=0.090$ m。绕线后的外直径 $D_{外}=0.098$ m。8SJ31 型示波管 $l=0.199$ m，即电子射线的第一聚焦点 F_1 到荧光屏的距离。根据以上数据和实验中测出的加速电压 U_a 与螺线管中的励磁电流 I，即可计算出电子的荷质比。

[实验内容及步骤]

(1)按图 3-10-1 连接电路。

(2)选定一定的加速电压 U_a(如 850 V，950 V，…)，调节励磁电流的大小实现电子射线的三次磁聚焦。第一次、第二次和第三次聚焦时的励磁电流分别记为 I_1、I_2 和 I_3。

提示：I_1、I_2 和 I_3要仔细测量，为了减小偶然误差，各测 4 次，求平均值。

(3)改变加速电压的大小重复步骤(2)。

提示：改变加速电压后亮点的亮度会改变，应重新调节亮度勿使亮点过亮。亮点过亮一则容易损坏荧光屏，二则聚焦好坏不容易判断。调节亮度后加速电压也可发生微小变化，再调到规定的加速电压即可。

(4)将螺线管磁场的方向反向，重复步骤(2)、(3)。

(5)数据处理。

[数据记录及处理]

(1)电子比荷的测定数据列入表 3-10-1。

(2)将各计算值记入表 3-10-1。提示：加权平均值 $I=\dfrac{I_1+I_2+I_3}{1+2+3}$。

表 3-10-1

<table>
<tr><th>B 的方向</th><th>加速电压 U_a/V</th><th colspan="4">励磁电流 I/A</th><th>平均值 I/A</th><th>加权平均值 I/A</th><th>电子荷质比 e/m /$\times10^{11}\mathrm{C\cdot kg^{-1}}$</th></tr>
<tr><td rowspan="6">正向</td><td rowspan="3">900</td><td>I_1</td><td></td><td></td><td></td><td></td><td rowspan="3"></td><td rowspan="3"></td></tr>
<tr><td>I_2</td><td></td><td></td><td></td><td></td></tr>
<tr><td>I_3</td><td></td><td></td><td></td><td></td></tr>
<tr><td rowspan="3">1 100</td><td>I_1</td><td></td><td></td><td></td><td></td><td rowspan="3"></td><td rowspan="3"></td></tr>
<tr><td>I_2</td><td></td><td></td><td></td><td></td></tr>
<tr><td>I_3</td><td></td><td></td><td></td><td></td></tr>
<tr><td rowspan="6">反向</td><td rowspan="3">900</td><td>I_1</td><td></td><td></td><td></td><td></td><td rowspan="3"></td><td rowspan="3"></td></tr>
<tr><td>I_2</td><td></td><td></td><td></td><td></td></tr>
<tr><td>I_3</td><td></td><td></td><td></td><td></td></tr>
<tr><td rowspan="3">1 100</td><td>I_1</td><td></td><td></td><td></td><td></td><td rowspan="3"></td><td rowspan="3"></td></tr>
<tr><td>I_2</td><td></td><td></td><td></td><td></td></tr>
<tr><td>I_3</td><td></td><td></td><td></td><td></td></tr>
</table>

(3)将计算得到的电子荷质比与公认值 $e/m=1.76\times10^{11}\ \mathrm{C\cdot kg^{-1}}$ 相比较。

[注意事项]

(1)B 换向再测时,应保证 U_a 值与未换向前相同。

(2)电路有高压,谨防触电！防止电源短路。

(3)螺线管中通电流会发热,不测时断开磁场电流,避免螺线管过热。

[思考题]

1. 请设计一种不同于本实验的测量电子荷质比的方法。
2. 如何发现和消除地磁场对测量电子荷质比的影响?

[选做或拓展]

电场偏转法测定电子荷质比(仅观察实验现象即可):

如图 3-9-6 所示,电场偏转法是在示波管的偏转板(图示为 X 偏转板。Y 偏转板与变压器中心抽头连在一起,并接到第二阳极 A_2 上,保持与 A_2 有相同的电位,以防杂散电子散落在 Y 偏转板上,产生附加电场)上加以交流电压,使电子获得偏转速度 $v_{/\!/}$。在螺线管未通电流时,因电子射线偏转而在荧光屏上出现一条亮线。接通励磁电流后,不同偏转速度 v_x 的电子将沿不同的螺旋线运动,但在荧光屏上所见的轨迹仍是一条亮线。随着磁感应强度 B 的逐渐增大,亮线开始转动,并逐渐缩短,如图 3-10-3 所示。当转过角度 π 时,亮线缩成一点,这是因不同偏转速度 v_x 的电子经过一个螺距 h 后又会聚在一起的原因。故第一次聚焦时,螺距 h 在数值上等于 X 偏转板到荧光屏的距离 l,电子荷质比

$$\frac{e}{m}=\frac{8\pi^2U_a}{l^2B^2} \tag{3-10-4}$$

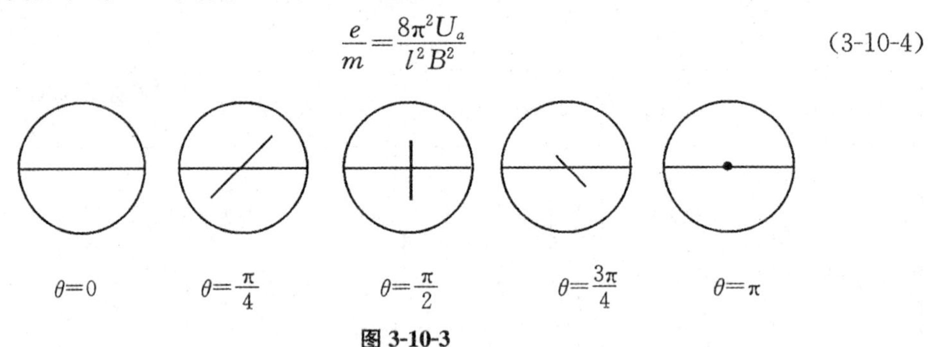

图 3-10-3

请注意:l 值虽然也是第一次聚焦时螺旋线的一个螺距 h,但螺旋线的起点是在偏转板中,然而在偏转板的什么位置却不明确。而且螺旋线的起点会不会随加速电压 U_a 的改变而发生变化,也不明确。一般的教材都将螺旋线的起点从偏转板的中点算起,这是一种折中的办法,见图 3-9-5。根据图 3-9-1 示波管的几何参数,经计算,X 偏转板的中间位置到荧光屏的距离

$$l_{中}=0.107\ \mathrm{m}$$

而以 X 偏转板的后沿(离荧光屏最远)到荧光屏的距离计算,则

$$l_{后}=0.123\ \mathrm{m}$$

由此计算得

$$\left(\frac{e}{m}\right)_{l_{中}}=\frac{8\pi^2 U_a}{l^2 B^2}=\frac{8\times 3.14^2}{0.107^2\times(4\times 3.14\times 10^{-7}\times 6\ 138\times 0.94)^2}\frac{U_a}{I^2}$$

$$=1.31\times 10^8\frac{U_a}{I^2}$$

$$\left(\frac{e}{m}\right)_{l_{后}}=1.00\times 10^8\frac{U_a}{I^2}$$

如果亮线对 X 轴的旋转角不是 π 而是 θ，如 $\frac{\pi}{4}$、$\frac{\pi}{2}$，则(3-10-4)式应改为

$$\frac{e}{m}=\frac{8U_a}{l^2}\left(\frac{\theta}{B}\right)^2$$

经反复实验，螺旋线的起点位置似应相当于在 $l_{中}$ 和 $l_{后}$ 之间，并随加速电压 U_a 的改变而变化。

实验十一　RLC 串联交流电路的研究

［实验目的］

(1)研究 RLC 串联电路的交流谐振现象。

(2)测量 RLC 串联谐振电路的幅频特性曲线。

(3)学习并掌握电路品质因数 Q 的测量方法及其物理意义。

［实验仪器］

THMJ-1 型交流电路实验仪、双踪示波器。

［实验原理］

在 RLC 串联电路中，若接入一个电压幅度一定、频率 f 连续可调的正弦交流信号源(图 3-11-1)，则电路参数都将随着信号源频率的变化而变化。

图 3-11-1

电路总阻抗

$$Z=\sqrt{R^2+(X_L-X_C)^2}=\sqrt{R^2+\left(\omega L-\frac{1}{\omega C}\right)^2} \tag{3-11-1}$$

$$I=\frac{u_i}{Z}=\frac{u_i}{\sqrt{R^2+\left(\omega L-\frac{1}{\omega C}\right)^2}} \tag{3-11-2}$$

式中，信号源角频率 $\omega=2\pi f$，容抗 $X_C=\frac{1}{\omega C}$，感抗 $X_L=\omega L$。各参数随信号源频率 f 变化的趋势如图 3-11-2 所示。ω 很小时，电路总阻抗 $Z\to\sqrt{R^2+\left(\frac{1}{\omega C}\right)^2}$；$\omega$ 很大时，电路总阻

抗 $Z \to \sqrt{R^2+(\omega L)^2}$，当 $\omega L=\frac{1}{\omega C}$，容抗与感抗互相抵消，电路总阻抗 $Z=R$，为最小值，而此时回路电流则成为最大值 $I_{\max}=\frac{V_i}{R}$，这个现象即为谐振现象。发生谐振时的频率 f_0 称为谐振频率，此时的角频率 ω_0 即为谐振角频率，它们之间的关系为

$$\omega=\omega_0=\sqrt{\frac{1}{LC}} \tag{3-11-3}$$

$$f_0=\frac{\omega_0}{2\pi}=\frac{1}{2\pi\sqrt{LC}} \tag{3-11-4}$$

谐振时，通常用品质因数 Q 来反映谐振电路的固有性质：

$$Q=\frac{Z_C}{R}=\frac{Z_L}{R}=\frac{V_C}{V_R}=\frac{V_L}{V_R} \tag{3-11-5}$$

$$Q=\frac{1}{\omega_0 RC}=\frac{\omega_0 L}{R}=\frac{1}{R}\sqrt{\frac{L}{C}} \tag{3-11-6}$$

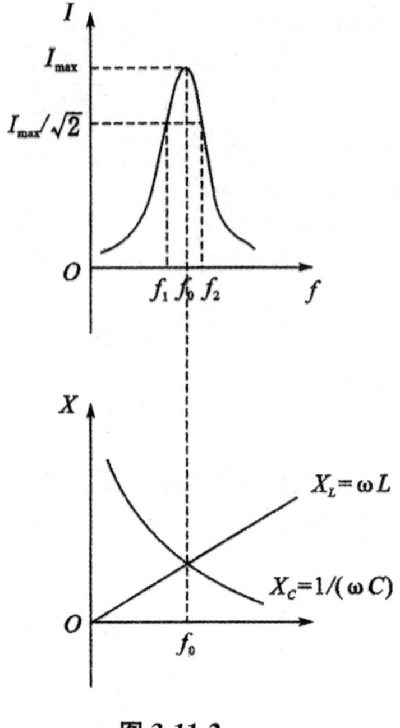

图 3-11-2

结论：

(1)在谐振时，$u_R=u_i$，$u_L=u_C=Qu_i$，所以电感和电容上的电压达到信号源电压的 Q 倍，故串联谐振电路又称为电压谐振电路。

(2)Q 值决定了谐振曲线的尖锐程度，或称为谐振电路的通频带宽度，见图 3-11-2。当电流 I 从最大值 $I_{\max}$ 下降到 $\frac{1}{\sqrt{2}}I_{\max}$ 时，在谐振曲线上对应有 f_1 和 f_2 两个频率，定义 $BW=f_2-f_1$，即为通频带宽度。显然，BW 越小，曲线的峰就越尖锐，电路的选频性能就越好，可以证明

$$Q=\frac{f_0}{BW} \tag{3-11-7}$$

[实验内容和步骤]

1. 观测 RLC 串联谐振电路的特性

按照图 3-11-3 所示连接线路，将实验仪信号发生器的输出信号作为 RLC 串联电路的输入交流信号源，注意保持信号源电压 u_i 的峰值不变(如 $u_i=4$ V)。将 u_i 和 u_R 接入双踪示波器的两个 Y 轴输入端。电路和各元件的参考值为 $R=50\ \Omega$，$L=10$ mH，$C=0.47\ \mu$F。

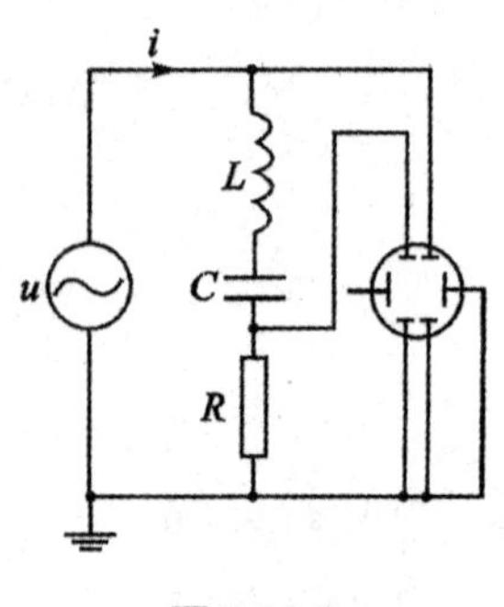

图 3-11-3

2. 测量 u_R-f 曲线，计算 Q 值

在示波器上先观测 u_i，u_R 二波形，改变 u_i 的频率 f，先定性观察 u_R 的变化，再定量测量 u_R 随 f 的变化，并测出谐振频率 f_0，用交流电压表测量谐振时 u_C 及 u_L 的数

值。

注意：为了较准确地测出谐振频率 f_0 及谐振曲线，应根据 u_R 的变化规律选取测量点，在 f_0 附近应多选几个点，测得密些，而在远离 f_0 处则可测得稀些。另外，为了测量通频带宽度，同时为了保证谐振曲线的完整，测量点的频率应该覆盖到 R 两端最大电压的 $1/\sqrt{2}$倍以外所对应的频率，在尽可能宽的范围内测量 30 个以上的数据点。

对测得的实验数据，作如下分析处理：

(1)作谐振曲线 u_R-f，由曲线测出通频带宽度 BW。f 的参考范围：500～5 000 Hz，可以每间隔 100 Hz 测一次数据。

(2)由公式(3-11-4)计算出 f_0 的理论值，并与测得的 f_0 进行比较，求出相对误差。

(3)用式(3-11-5)，(3-11-6)，(3-11-7)分别计算 Q 值，并进行比较。

3. 选做

改变电阻 R 的值，取 $R=500\ \Omega$，测出 u_R 随 f 的变化，计算电路的 Q 值，并画出 i-f 谐振曲线，与内容 2 作出的 u_R-f 曲线进行比较，并分析结果。

［思考题］

(1)根据 RLC 串联电路的谐振特点，在实验中如何判断电路达到了谐振？

(2)串联电路谐振时，为什么测量电容与电感上电压要将电表的量程置于较大的挡位？

(3)收音机里的陶瓷滤波器，其等效电路与 RLC 串联电路相当，若谐振频率是 465 kHz，Q 值等于 465。问陶瓷滤波器的带宽等于多少？为什么称为滤波器？

实验十二　RLC 电路的暂态过程

［实验目的］

(1)研究 RC，RL，RLC 等电路的暂态过程。

(2)理解时间常数 τ 的概念及其测量方法。

［实验仪器］

THMJ-1 型交流物理实验仪、双踪示波器。

［实验原理］

R、L、C 元件的不同组合，可以分别构成 RC，RL，LC 和 RLC 电路，这些电路对阶跃电压的响应是不同的，从而有一个从一种平衡态转变到另一种平衡态的过程，这个转变过程即为暂态过程。

1. RC 电路

在由电阻 R 及电容 C 组成的直流串联电路中，暂态过程即是电容器的充放电过程(图 3-12-1)，当开关 K 打向位置 1 时，电源对电容器充电，直到其两端电压等于电源电压

E,在充电过程中回路方程为

$$\frac{\mathrm{d}u_c}{\mathrm{d}t}+\frac{1}{RC}u_c=\frac{E}{RC} \tag{3-12-1}$$

考虑到初始条件 $t=0$ 时 $\mu_c=0$,得到方程的解

$$u_c=E(1-\mathrm{e}^{-t/RC}) \tag{3-12-2}$$

上式表示电容器两端的充电电压是按指数增长,稳态时电容器两端的电压等于电源电压 E,如图 3-12-2 所示。式中,$RC=\tau$ 具有时间量纲,称为电路的时间常数,是表征暂态过程进行的快慢的一个重要物理量,由电压 u_c 上升到 $0.63e$,所对应的时间即为 τ。

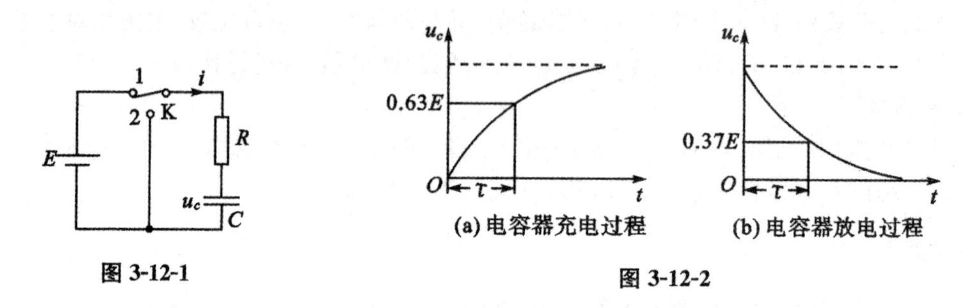

图 3-12-1　　图 3-12-2

当把开关 K 打向位置 2 时,电容 C 通过电阻 R 放电,回路方程为

$$\frac{\mathrm{d}u_c}{\mathrm{d}t}+\frac{1}{RC}u_c=0 \tag{3-12-3}$$

结合初始条件 $t=0$ 时 $\mu_c=E$,得到方程的解 $u_c=E\mathrm{e}^{-t/\tau}$,表示电容器两端的放电电压按指数规律衰减到零,$\tau$ 也可由此曲线衰减到 $0.37E$ 所对应的时间来确定。充放电曲线如图 3-12-2 所示。

2. RL 电路

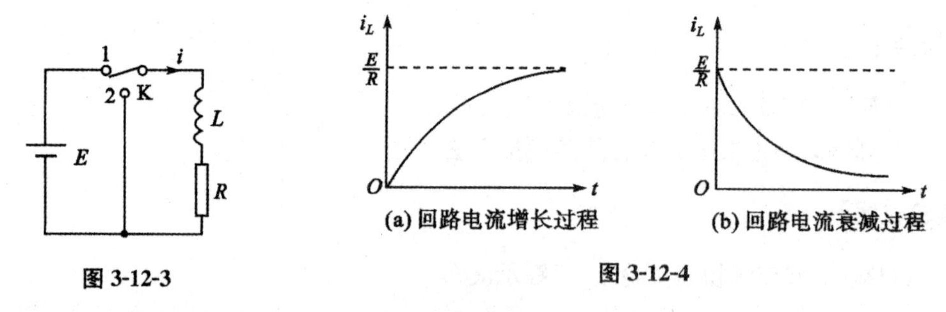

图 3-12-3　　图 3-12-4

在由电阻 R 及电感 L 组成的直流串联电路(图 3-12-3)中,当开关 K 打向位置 1 时,由于电感 L 的自感作用,回路中的电流不能瞬间突变,而是逐渐增加到最大值 E/R。回路方程为

$$L\frac{\mathrm{d}i}{\mathrm{d}t}+iR=E \tag{3-12-4}$$

考虑到初始条件 $t=0$ 时 $i=0$,可得方程的解为 $i=\frac{E}{R}(1-\mathrm{e}^{-tR/L})$。

可见,回路电流 i 是经过一指数增长过程,逐渐达到稳定值 E/R 的。i 增长的快慢由

时间常数$\tau=L/R$决定。

当开关K打向位置2时，电路方程为

$$L\frac{\mathrm{d}i}{\mathrm{d}t}+iR=0 \tag{3-12-5}$$

由初始条件$t=0$时$i=E/R$，可以得到方程的解为$i=\frac{E}{R}\mathrm{e}^{-t/\tau}$，表示回路电流从$i=E/R$逐渐衰减到零。回路电流增减曲线如图3-12-4所示。

3. RLC电路

以上讨论的都是理想化的情况，即认为电容和电感中都没有电阻，可实际上不但电容和电感本身都有电阻，而且回路中也存在回路电阻，这些电阻是会对电路产生影响的。电阻是耗散性元件，将使电能单向转化为热能，可以想象，电阻的主要作用就是把阻尼项引入到方程的解中。

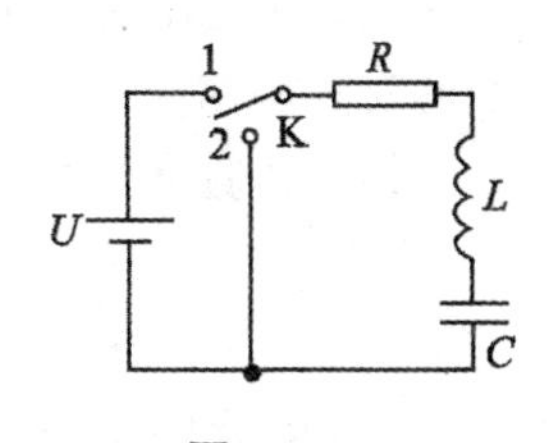

图3-12-5

充电过程：在一个由电阻R、电容C及电感L组成的直流串联电路(图3-12-5)中，当把开关K置于1时，电源对电容器进行充电，回路方程为

$$L\frac{\mathrm{d}i}{\mathrm{d}t}+iR_c+\frac{Q}{C}=U \tag{3-12-6}$$

对上式求微分得

$$LC\frac{\mathrm{d}^2i}{\mathrm{d}t^2}+RC\frac{\mathrm{d}i}{\mathrm{d}t}+i=0 \tag{3-12-7}$$

放电过程：当电容器被充电到U时，将开关K从1打到位置2，则电容器在闭合的RLC回路中进行放电。此时回路方程为

$$L\frac{\mathrm{d}i}{\mathrm{d}t}+iR+\frac{Q}{C}=0 \tag{3-12-8}$$

令$\lambda=\frac{R}{2}\sqrt{\frac{C}{L}}$，$\lambda$称为电路的阻尼系数，那么由充放电过程的初始条件：充电，$t=0$时$i=0$，$\mu_c=0$；放电，$t=0$时$i=0$，$\mu_c=U$，方程(3-12-7)、(3-12-8)的解可以有三种形式：

(1)阻尼较小，$\lambda<1$，即$R^2<4\frac{L}{C}$，此时方程的解为充电过程：

$$i=\sqrt{\frac{4C}{4L-R^2C}}U\mathrm{e}^{-t/\tau}\sin\omega t$$

$$u_L=\sqrt{\frac{4C}{4L-R^2C}}U\mathrm{e}^{-t/\tau}\cos(\omega t+\varphi)$$

$$u_C=U\left[(1-\sqrt{\frac{4C}{4L-R^2C}}\mathrm{e}^{-t/\tau})\cos(\omega t+\varphi)\right]$$

放电过程：

$$i=-\sqrt{\frac{4C}{4L-R^2C}}U\mathrm{e}^{-t/\tau}\sin\omega t$$

$$u_L=-\sqrt{\frac{4C}{4L-R^2C}}U\mathrm{e}^{-t/\tau}\cos(\omega t+\varphi)$$

$$u_C=\sqrt{\frac{4C}{4L-R^2C}}Ue^{-t/\tau}\cos(\omega t-\varphi)$$

其中时间常数

$$\tau=\frac{2L}{R} \tag{3-12-9}$$

由上述各式可知，电路中的电压、电流均按正弦规律作衰减（或称欠阻尼）振荡状态。见图 3-12-6 中曲线 a 所示的周期性衰减振荡曲线。

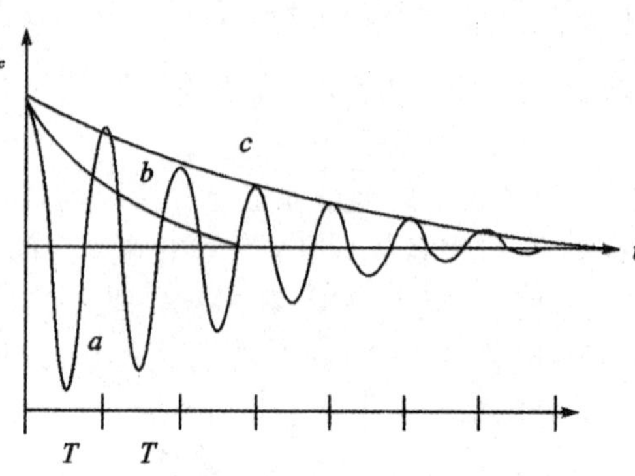

图 3-12-6

振荡角频率

$$\omega=\frac{1}{\sqrt{LC}}\sqrt{1-\frac{R^2C}{4L}}$$

(2) 临界阻尼状态，$\lambda=1$，即 $R^2=4\frac{L}{C}$，此时方程的解为充电过程：

$$i=\frac{U}{L}te^{-t/\tau}$$

$$u_L=U\left(1-\frac{t}{\tau}\right)e^{-t/\tau}$$

$$u_C=U\left[1-\left(1+\frac{t}{\tau}e^{-t/\tau}\right)\right]$$

放电过程：

$$i=-\frac{U}{L}te^{-t/\tau}$$

$$u_L=-U\left(1-\frac{t}{\tau}\right)e^{-t/\tau}$$

$$u_C=U\left(1+\frac{t}{\tau}\right)e^{-t/\tau}$$

由以上各式可见，此时电路中各物理量的变化过程不再具有周期性，振荡状态如图 3-12-6 中曲线 b 所示，这时的电阻值称为临界阻尼电阻。

(3)过阻尼状态，$\lambda>1$，即 $R^2>4\frac{L}{C}$，此时方程解为充电过程：

$$i=\sqrt{\frac{4C}{R^2C-4L}}Ue^{-t/\tau}\mathrm{sh}\beta t$$

$$u_L=\sqrt{\frac{4L}{R^2C-4L}}Ue^{-t/\tau}\mathrm{sh}(-\beta t+\varphi)$$

$$u_C=U\left[1-\sqrt{\frac{4C}{R^2C-4L}}Ue^{-t/\tau}\mathrm{sh}(\beta t+\varphi)\right]$$

放电过程：

$$i=-\sqrt{\frac{4C}{R^2C-4L}}Ue^{-t/\tau}\mathrm{sh}\beta t$$

$$u_L=-\sqrt{\frac{4L}{R^2C-4L}}Ue^{-t/\tau}\text{sh}(-\beta t+\varphi)$$

$$u_C=\sqrt{\frac{4C}{R^2C-4L}}Ue^{-t/\tau}\text{sh}(\beta t+\varphi)$$

式中，$\beta=\frac{1}{LC}=\sqrt{\frac{R^2C}{4L}-1}$，此时为阻尼较大的情况，电路的电压电流不再具有周期性变化的规律，而是缓慢地趋向平衡值，且变化率比临界阻尼时的变化率要小，见图 3-12-6 中曲线 c。

[实验内容和步骤]

1. RC 电路的暂态过程

(1)按图 3-12-7 接线，令方波信号输出频率 $f=500$ Hz，将方波信号接入示波器 Y_1 输入端，观察记录方波波形。

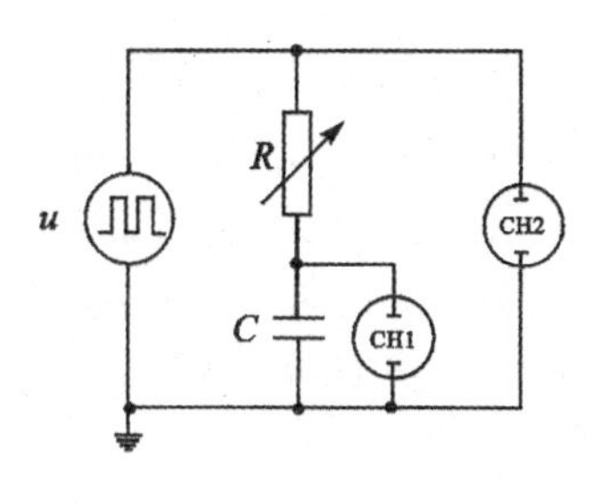

图 3-12-7

(2)观察电容器上电压随时间的变化关系。将 u_C 接到示波器 Y_2 输入端，电容 C 取 0.47 μF。改变 R 的阻值，使 τ 分别为 $\tau \ll T/2$，$\tau=T/2$，$\tau \gg T/2$，T 是输入方波信号的周期，观察并记录这三种情况下 u_C 的波形，并分别解释 u_C 的变化规律。

(3)测量时间常数 τ。先以信号发生器为标准信号来校准双踪示波器的 X 时基轴。对应 $f=500$ Hz，分别使 $T/2=3\tau, 4\tau, 5\tau, 6\tau, 7\tau$，并通过改变 R 的阻值，利用示波器的 X 时基轴，测量各种情况下的 τ 值，记入表 3-12-1 中。用作图法讨论 τ 随 R 的变化规律，并与 τ 的定义 $\tau=RC$ 进行比较。

表 3-12-1

$\tau_{理论}$/ms	$T/6$	$T/8$	$T/10$	$T/12$	$T/14$
$R_{理论}/\Omega$					
$\tau_{实验}$/ms					

2. RL 电路的暂态过程

按照图 3-12-8 所示连接电路。固定方波频率 $f=2\ 000$ Hz，电感 L 为 80 mH，电阻 R 的取值范围为 100 Ω～10 kΩ 可调。参照实验内容 1 中的步骤，观测三种不同 τ 值情况下 u_R 和 u_L 的波形，并讨论 τ 值随 R 变化的规律，与理论公式进行比较。

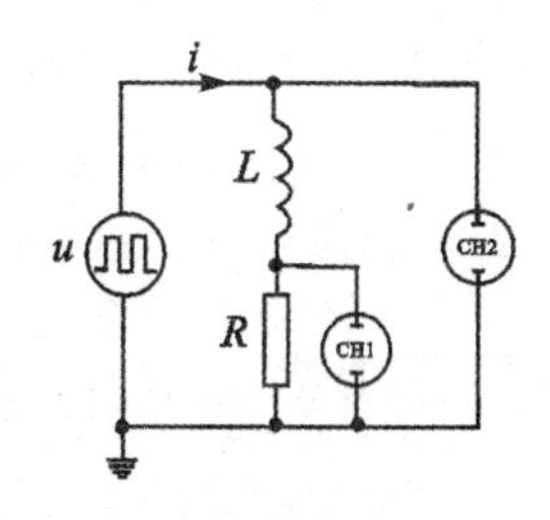

图 3-12-8

3. RLC 电路的暂态过程

(1)电路连接如图 3-12-9 所示。用示波器观察 u_C，为了清楚地观察到 RLC 阻尼振荡的全过程，需要适当调节方波发生器的频率，电感 L 取 10 mH，电容 C 取 0.047 μF，计算并记录三种阻尼状态对应的电阻值范围。

(2)选择合适的 R 值，使示波器上出现完整的阻尼振荡波形。测量振荡周期 T 及衰减常数时间 τ。改变 R 的值，观察振荡波形的变化情况，并加以讨论。

(3)观察临界阻尼状态。逐步加大 R 值，当 u_C 的波形刚刚不出现振荡时，即处于临界状态，此时回路的总电阻就是临界电阻，与用公式 $R^2>4\dfrac{L}{C}$ 所计算出来的总阻值进行比较。

(4)观察过阻尼状态。继续加大 R 值，即处于过阻尼状态，观察不同 R 对 u_C 波形的影响。

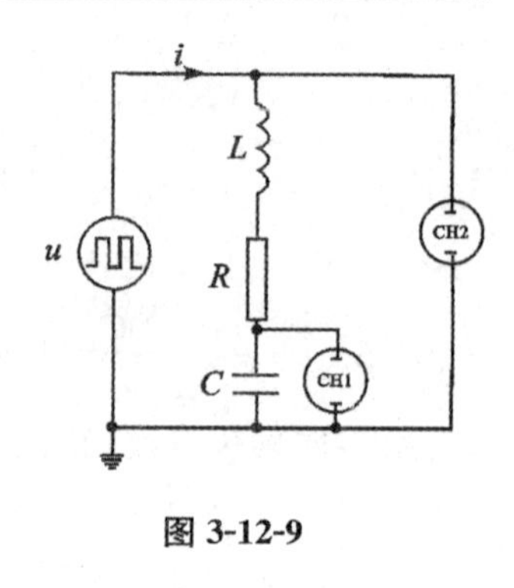

图 3-12-9

[思考题]

(1)在 RC 电路中，固定方波频率 f 而改变 R 的阻值，为什么会有不同的波形？若固定 R 而改变方波频率 f，会得到类似的波形吗？为什么？

(2)在 RLC 电路中，若方波发生器的频率很高或很低，能观察到阻尼振荡的波形吗？如何由阻尼振荡的波形来测量 RLC 电路的振荡周期 T？振荡周期 T 与角频率 ω 的关系会因方波频率的变化而发生变化吗？

实验十三　超声波的多普勒效应综合实验

当波源和接收器之间有相对运动时，接收器接收到的波的频率与波源发出的频率不同的现象称为多普勒效应。本现象是由奥地利物理学家、数学家多普勒(J. C. Doppler)在1842 年发现的。多普勒效应在科学研究、工程技术、交通管理、医疗诊断等各方面都有十分广泛的应用。例如，原子、分子和离子由于热运动使其发射和吸收的光谱线变宽，称为多普勒增宽，在天体物理和受控热核聚变实验装置中，光谱线的多普勒增宽已成为一种分析恒星大气及等离子体物理状态的重要测量和诊断手段。基于多普勒效应原理的雷达系统已经广泛应用于导弹、卫星、车辆等运动目标速度的检测。在医学上利用超声波的多普勒效应来检查人体内脏的活动情况、血液的流速等。电磁波(光波)与声波(超声波)的多普勒效应原理是一致的。

[实验目的]

测量超声接收器运动速度与接收频率之间的关系，验证多普勒效应并由 f-V 关系直线的斜率求常温空气中的声速。

[仪器介绍]

多普勒效应综合实验仪由实验仪(图 3-13-1)、超声发射/接收器、红外发射/接收器、导轨、运动小车、支架、光电门、电磁铁、弹簧、滑轮、砝码及电机控制器等组成。实验仪内置微处理器，带液晶显示屏。

1. 实验仪

实验仪采用菜单式操作，显示屏显示菜单及操作提示，由▲▼◀ ▶键选择菜单或修改参数，按“确认”键后仪器执行。可在“查询”页面，查询到在实验时已保存的实验数据。注意：仪器面板上两个指示灯状态，失锁灯亮起时，表示频率失锁，接收信号较弱（超声接收器电量不足），此时不能进行实验，须对超声接收器充电，直至该指示灯灭；充电指示灯为红色时，表示已经充满或充电插头未接触，充电指示灯为黄色时，表示已经充满，充电指示灯为绿色时，表示正在充电。

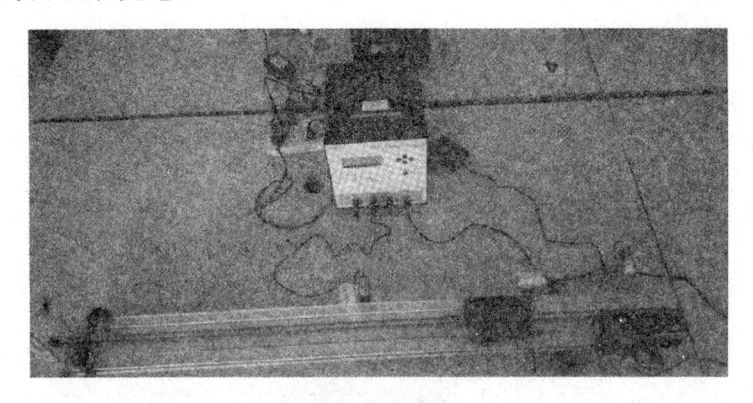

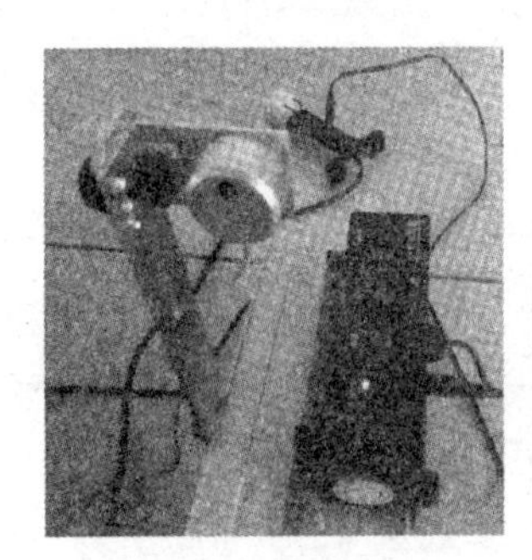

速度控制器

超声发射器

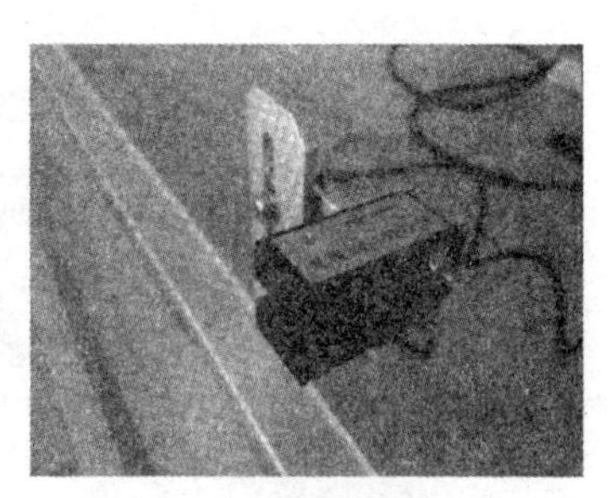

光电脉冲转换器

图 3-13-1 实验仪及部分组件示意图

2. 光电门介绍

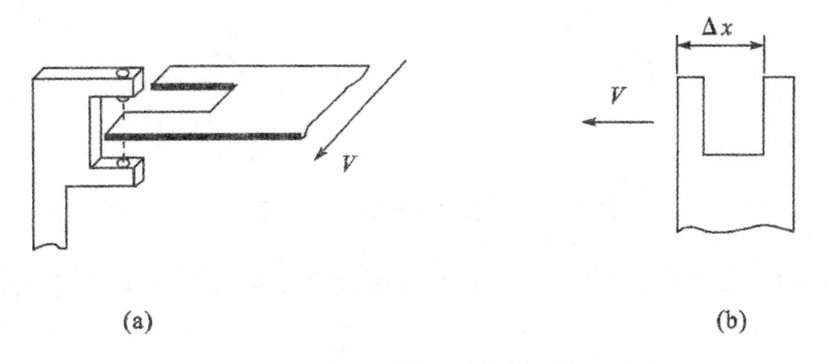

图 3-13-2 光电门测量运动物体速度的方法

在运动物体上有一个U形挡光片，当它以速度V经过光电门时，如图3-13-2(a)所示，U形挡光片两次切断光电门的光线。设挡光片的挡光前沿间距为Δx，如图3-13-2(b)所示，两次切断光线的时间间隔被光电计时器记下为Δt，则在此时间间隔中物体运动的速度V的平均值为

$$\overline{V}=\frac{\Delta x}{\Delta t}$$

若挡光片的挡光前沿间距的Δx比较小，则此时速度的平均值$\overline{V}$就近似为即时速度V。

3. 电机控制器介绍

电机控制器可手动控制小车变换5种速度，手动控制小车“启动”，并自动控制小车倒回。电机控制器上5只LED灯除了指示设定速度外，还可以反映小车运动中出现的故障，具体见表3-13-1。

表3-13-1 故障现象、原因及处理方法

故障现象	故障原因	处理方法
小车未能启动	小车尾部磁钢未处于电机控制器前端磁感应范围内	将小车移至电机控制器前端
	传送带未绷紧	调节电机控制器的位置使传送带绷紧
小车倒回后撞击电机控制器	传送带与滑轮之间有滑动	调节电机控制器的位置使传送带绷紧
5只LED灯闪烁	电机控制器运转受阻(如传送带安装过紧、外力阻碍小车运动)，控制器进入保护状态	排除外在受阻因素，手动滑动小车到控制器位置，恢复正常使用

[实验原理]

1. 超声波的多普勒效应

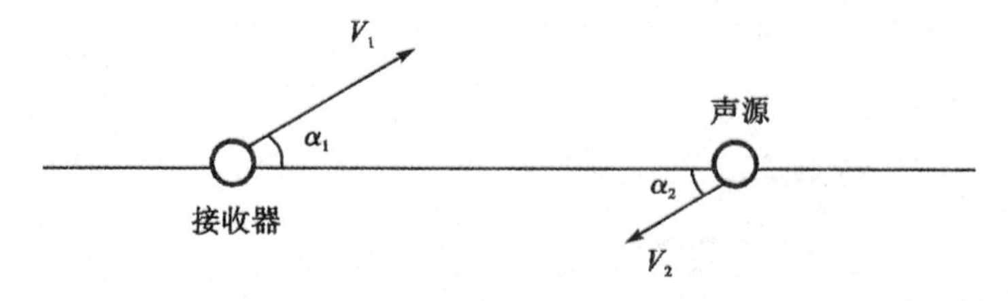

图3-13-3 超声的多普勒效应示意图

根据声波的多普勒效应公式，当声源与接收器之间有相对运动时，接收器接收到的频率f为

$$f=f_0\frac{u+V_1\cos\alpha_1}{u-V_2\cos\alpha_2} \tag{3-13-1}$$

式中，f_0为声源发射频率，u 为声速，V_1为接收器运动速率，α_1为声源和接收器连线与接收器运动方向之间的夹角，V_2为声源运动速率，α_2为声源和接收器连线与声源运动方向之间的夹角，如图 3-13-3 所示。

若声源保持不动，运动物体上的接收器沿声源与接收器连线方向以速度 V 运动，则从(3-13-1)式可得接收器接收到的频率

$$f=f_0(1+\frac{V}{u}) \tag{3-13-2}$$

当接收器向着声源运动时，V 取正，反之取负。

若 f_0保持不变，以光电门测量物体的运动速度，并由仪器对接收器接收到的频率自动计数，根据(3-13-2)式，作 f-V 关系图可直观验证多普勒效应，且由实验点作直线，其斜率应为 $k=f_0/u$，由此可计算出声速 $u=f_0/k$。

在空气中声速的理论推算可按如下方法：设空气为理想气体，则声速与温度的关系为 $u=\sqrt{\gamma RT/M}$，其中 $\gamma=C_p/C_v$ 为气体比热容比（空气中 $\gamma\approx1.4$），$R=8.31\ \mathrm{J\cdot mol^{-1}\cdot K^{-1}}$为普适气体常量，$M=2.89\times10^{-2}\ \mathrm{kg\cdot mol^{-1}}$为常温时空气的摩尔质量，$T$ 为绝对温度，换算成摄氏温标 t 为 $T=(273+t)\mathrm{K}$。将以上数据带入并简化后可得常温下声速理论值为

$$u=331\times\sqrt{\frac{273+t}{273}} \tag{3-13-3}$$

另一方面，由(3-13-2)式可解出

$$V=u(\frac{f}{f_0}-1) \tag{3-13-4}$$

若已知声速 u 及声源频率 f_0，通过设置使仪器以某种时间间隔对接收器接收到的频率 f 采样计数，由微处理器按(3-13-4)式计算出接收器运动速度，由显示屏显示 V-t 关系图，或调阅有关测量数据，即可得出物体在运动过程中的速度变化情况，进而对物体运动状况及规律进行研究。

2. 超声波的红外调制与接收

本仪器采用超声信号的调制—发射—接收—解调的传输方式，即用超声发射器对超声信号用红外波进行调制后发射，固定在运动导轨一端的红外接收端接收红外信号后，再将超声信号解调出来。由于红外发射/接收的过程中信号的传输是光速，远远大于声速，它引起的多普勒效应可忽略不计。

[实验内容与步骤]

1. 仪器安装

根据图 3-13-1 所示，所有需固定的附件均安装在导轨上，将小车置于导轨上，使其能沿导轨自由滑动，此时，水平超声发射器、超声接收器（已固定在小车上）、红外接收器在同一轴线上。将组件电缆接在实验仪的对应接口上。安装完毕后，电磁铁组件放在轨道旁边，通过连接线给小车上的传感器充电，第一次充电时间为 6～8 s，充满后（仪器面板充电灯变黄色或红色）可以持续使用 4～5 min。充电完成后连接线从小车上取下，以免影响

小车运动。

2. 测量准备

实验仪开机后，数显要求输入室温 t。因为计算物体运动速度时要代入声速，而声速是温度的函数。利用◀ ▶键将室温 t 值调到实际值，按"确认"。然后仪器将自动检测调谐频率 f_0，约几秒钟后将自动得到调谐频率，将此频率 f_0 记录下来，按"确认"进行后面实验。

3. 测量步骤

(1)在液晶显示屏上，选中"多普勒效应验证实验"，并按"确认"。

(2)利用◀ ▶键修改测试总次数(选择范围为 5～10，因为有 5 种可变速度，一般选 5 次)，按▼，选中"开始测试"。

(3)利用电机控制器上的"变速"按钮选定一个速度。选好后，按"确认"，再按电机控制器上的"启动"键，测试开始进行，仪器自动记录小车通过光电门时的平均运动速度及与之对应的平均接收频率。

(4)每一次测试完成，都有"存入"或"重测"的提示，可根据实际情况选择，"确认"后回到测试状态，并显示测试总次数及已完成的测试次数。

(5)按电机控制器上的"变速"按钮，重新选择速度，重复步骤(3)、(4)。

(6)完成设定的测量次数后，仪器自动存储数据，然后点击"确认"，显示 f-V 关系图。利用▲▼按键依次记录实验数据。

[数据记录及处理]

由 f-V 关系图可看出，若测量点成直线，符合(3-13-4)式描述的规律，即直观验证了多普勒效应。实验中可选用 $i=5$ 次，利用线性回归方法确定直线系数，计算 k 值的公式为

$$k=\frac{\overline{V_i}\times\overline{f_i}-\overline{V_i\times f_i}}{\overline{V_i}^2-\overline{V_i^2}} \tag{3-13-5}$$

由 k 计算声速 u，并与声速的理论值比较。测量数据的记录是仪器自动进行的。在测量完成后，只需在出现的显示界面上，用▼键翻阅数据并记入表 3-13-2 中，然后按照上述公式计算出相关结果并填入表格。

表 3-13-2 多普勒效应的验证与声速的测量

$t=$ ℃，$f_0=$ Hz

测量数据						直线斜率 k	声速测量值 $u=f_0/k$	声速理论值 u_0	百分误差 $(u-u_0)/u_0$
次序 i	1	2	3	4	5				
$V_i/\mathrm{m\cdot s^{-1}}$									
f_i/Hz									

[注意事项]

(1)实验前认真阅读实验教材，并按实际的环境温度设定温度。

(2)无线接收/转发器的放置方向要注意与滑轨两端的超声发射头和红外接收头的位置对应,不能放反。

(3)在实验过程中,每次实验完成后小车应该处于起始端,使其处于充电状态。

[思考题]

光电门的工作原理及主要应用?

[附录]

根据波长声波可分为可闻声波、次声波、超声波。

1. 可闻声波

人耳能听到的声波,其频率范围大致在 20～20 000 Hz 之间,对应波长范围是 17 m～17 mm。

2. 次声波

频率低于 20 Hz 的声波,不能引起人类听觉器官的感觉。次声波由于频率小,故波长较长,易发生衍射,传播距离较远。通过次声波可探知几千千米外的核武器试验和导弹的发射或预报破坏性很大的海啸、台风。

次声波对人体的影响:①1～3 Hz:可以使人产生恐惧,地震前动物的不安,也是这个频率的次声波引起的;②3～6 Hz:能使人精神失常,失去理智;③8～12 Hz:可以使人思维集中,增强记忆力;④太强的次声波将使人感到烦躁、耳鸣、头痛、恶心和心悸,人的晕船和晕车就是由于机械振动、空气和海浪摩擦发生的次声波引起;特别强的次声波还会使人四肢麻木、耳聋、鼻孔出血、内脏破裂,直至死亡。

3. 超声波

频率高于 20 000 Hz 的声波,不能引起人类听觉器官的感觉。由于频率较高,因此在振幅相同的情况下,超声波的振动能量很大。因为超声波的波长很短,不易绕过障碍物发生明显的衍射现象,故超声波基本上沿直线传播。

根据超声波的特性可以应用于:超声波加湿器、超声波雾化器、治疗各种结石疾病、超声波消毒灭菌、超声波探伤(金属、陶瓷、建筑物等)、超声波 B 超、超声波清洗污垢、声呐。

实验十四 夫兰克—赫兹实验

1913 年,丹麦物理学家玻尔(N. Bohr)提出了一个氢原子模型,并指出原子中的电子只能处于一系列不连续的状态,这些状态具有分立的、确定的能量值,称为定态。该模型在预言氢光谱的观察中取得了成功。玻尔因原子模型理论获 1922 年诺贝尔物理学奖。

根据玻尔的原子理论,原子光谱中的每一根谱线表示原子从某一个较高能级向另一个较低能级跃迁时的辐射。1914 年,德国物理学家夫兰克(J. Franch)和赫兹(G. Hertz)对勒纳用来测量电离电位的实验装置作了改进,他们同样采取慢电子(能量处于几个到几十个电子伏特)与单元素气体原子(汞原子蒸气)碰撞的办法,但着重观察碰撞后电子发生的变化(勒纳则观察碰撞后离子流的情况)。通过实验测量,电子和原子碰撞时会交换某一定值的能量，并且可以使原子从低能级激发到高能级。直接证明了原子发生跃变时吸收或发射的能量是分立的、不连续的，证明了原子能级的存在，从而证明了玻尔理论的正确性。为此，夫兰克和赫兹获得了1925年诺贝尔物理学奖。

夫兰克—赫兹实验至今仍是探索原子结构的重要手段之一，实验中用的“拒斥电压”筛去小能量电子的方法，已成为广泛应用的实验技术。

[实验目的]

(1)通过夫兰克—赫兹实验了解原子内部能量量子化的情况。

(2)学习夫兰克—赫兹实验中研究气体放电现象中低能电子与原子间相互作用的物理思想及实验方法。

(3)通过测定氩原子元素的第一激发电位(即中肯电位)，证明原子能级的存在。

[实验仪器]

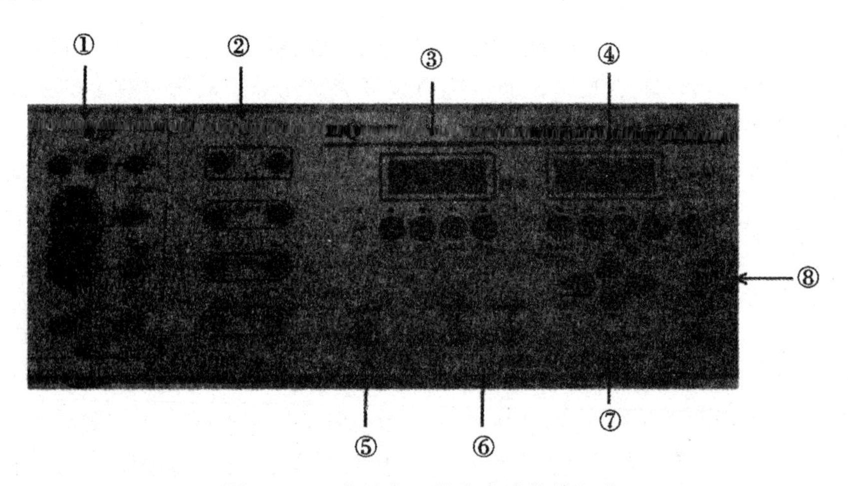

图3-14-1 夫兰克—赫兹实验仪的组成

本实验包括夫兰克—赫兹实验仪(充氩气)和示波器。其中，实验仪主要由以下功能区构成：

①夫兰克—赫兹各输入电压连接插孔和板极电流输出插座；

②夫兰克—赫兹管所需激励电压的输出连接插孔，其中左侧输出孔为正极，右侧输出孔为负极；

③测试电流指示区，四位七段数码管指示电流值；

④测试电压指示区，指示当前选择电压源的电压值；

⑤夫兰克—赫兹管板极电流输入插座；

⑥信号输出和同步输出插座可将信号送示波器显示；

⑦调整按键区，用于改变当前电压源电压设定值和查询测量结果；

⑧工作状态指示区：手动或自动测量。

[实验原理]

玻尔提出的原子理论指出：

(1)原子中的电子只能较长时间的停留在一些定态。电子在这些状态时，不发射或吸收能量；各定态有一定的能量，其数值是彼此分离的。原子中电子的能量不论通过什么方式发生改变，它只能从一个定态跃迁到另一个定态。

(2)原子中电子从一个定态跃迁到另一个定态而发射或吸收辐射时，辐射频率是一定的。如果用E_m和E_n分别代表有关两定态的能量值，则辐射的频率v决定于如下关系：

$$hv=E_m-E_n \tag{3-14-1}$$

式中，$m,n=1,2,3,\cdots$，普朗克常数$h=6.63\times10^{-34}\ \mathrm{J\cdot s}$。

在正常的情况下原子所处的定态是低能态，称为基态，其能量为E_1。当原子以某种形式获得能量时，它可由基态跃迁到较高能量的定态，称为激发态，激发态能量为E_2的称为第一激发态，从基态跃迁到第一激发态所需的能量称为临界能量，数值上等于E_2-E_1。

通常在两种情况下原子发生状态的改变，即原子本身吸收或放出电磁辐射和原子与其他粒子发生碰撞而交换能量。原子从低能级向高能级跃迁，通过具有一定能量的电子与原子相碰撞进行能量交换的办法来实现。用电子轰击原子实现能量交换最方便，因为电子的能量eV，可通过改变加速电势V来控制。夫兰克—赫兹实验就是采用这种方法证明原子能级的存在。

当电子的能量eV很小时，电子和原子只能发生弹性碰撞，几乎不发生能量交换；设初速度为零的电子在电位差为U_0的加速电场作用下，获得能量eU_0。当具有这种能量的电子与稀薄气体原子(比如十几个托的氩原子)发生碰撞时，电子与原子可发生非弹性碰撞，从而实现能量交换。如以E_1代表氩原子的基态能量、E_2代表氩原子的第一激发态能量，那么当氩原子吸收从电子传递来的能量恰好满足

$$eU_0=E_2-E_1 \tag{3-14-2}$$

氩原子就会从基态跃迁到第一激发态。相应的电位差U_0称为氩的第一激发电位。测定出这个电位差U_0，就可以根据(3-14-2)式求出氩原子的基态和第一激发态之间的能量差。其他元素气体原子的第一激发电位亦可依此法求得。

夫兰克—赫兹管的内部结构及外观如图3-14-2所示。

在充有氩气的夫兰克—赫兹管中，电子由热阴极K出发，K和第二栅极G_2之间的加速电压V_{G_2K}使电子加速。在板极A和第二栅极G_2之间加有反向拒斥电压V_{G_2A}。管内空间电位分布如图3-14-3所示。当电子通过K-G_2空间进入G_2A空间时，如果有较大的能量($\geqslant eV_{G_2A}$)，就能克服反向拒斥电场的作用而到达板极形成板流，并用微电流计表检出。如果电子在K-G_2空间与氩原子碰撞，把自己一部分能量传给氩原子而使氩原子激发，则电子本身所剩余的能量就很小，以致通过第二栅极后电子所携带的能量不足于克服拒斥电场而被返回到第二栅极G_2，这时，通过微电流计表的电流将显著减小。特别说明，本实验中忽略了电子自身的初动能。

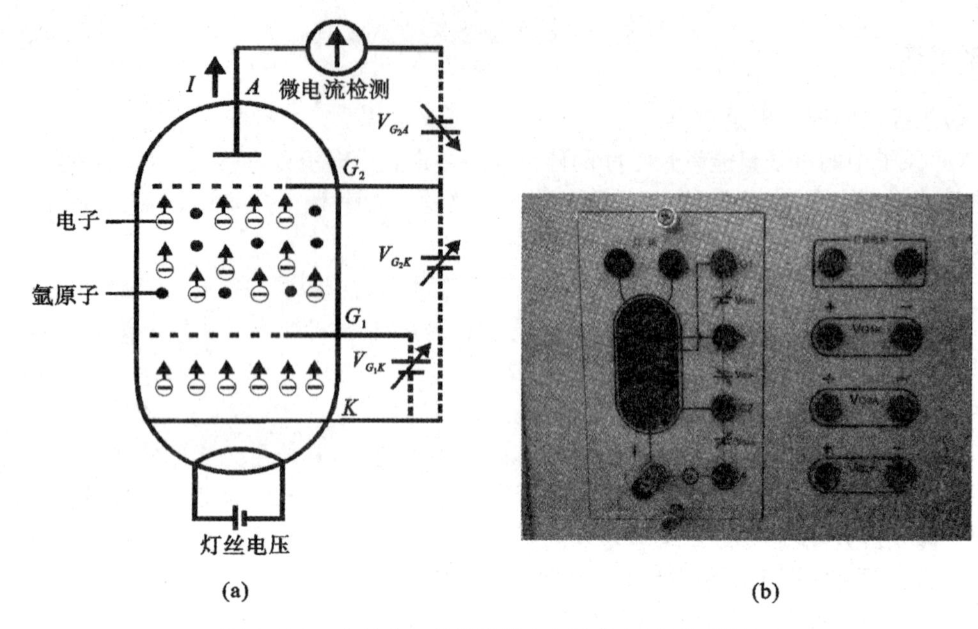

图 3-14-2 夫兰克—赫兹管的内部结构(a)及外观图(b)

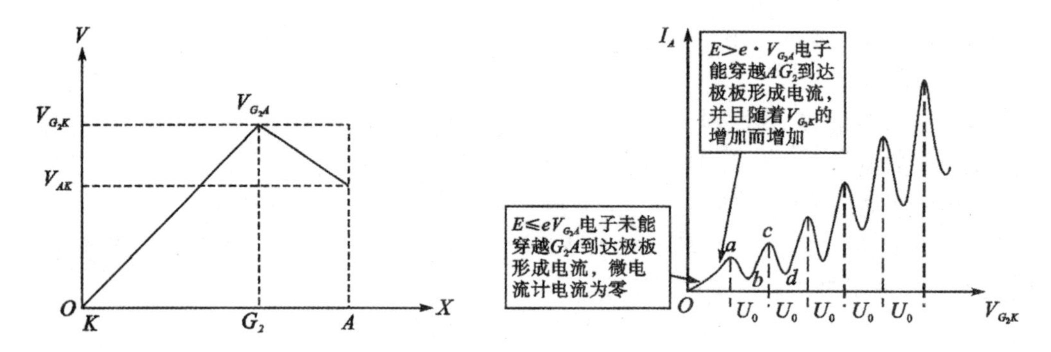

图 3-14-3 夫兰克—赫兹管管内空间电位分布　　图 3-14-4 夫兰克—赫兹实验的 I_A-V_{G_2K} 曲线

实验时，使 V_{G_2K} 电压逐渐增加并仔细观察电流计的电流指示，如果原子能级确实存在，而且基态和第一激发态之间存在确定的能量差，那么就能观察到如图 3-14-4 所示的 I_A-V_{G_2K} 曲线。图 3-14-4 所示的曲线反映了氩原子在 K-G_2 空间与电子进行能量交换的情况。当 K-G_2 空间电压逐渐增加时，电子被加速而获得越来越大的能量。但起始阶段，由于电压较低，电子的能量较少，即使在运动过程中它与原子相碰撞也只有微小的能量交换(此时近似为弹性碰撞)。穿过第二栅极的电子所形成的板极电流 I_A 将随第二栅极电压 V_{G_2K} 的增加而增大；如图 3-14-4 的 Oa 段，当 K-G_2 间的电压达到氩原子的第一激发电位 U_0 时，电子在第二栅极附近与氩原子碰撞，将自己从加速电场中获得的全部能量交给后者，并且使后者从基态激发到第一激发态。而电子本身由于把全部能量交给了氩原子，即使穿过了第二栅极 G_2 也不能克服反向拒斥电场而被折回第二栅极(被筛选掉)。所以，板极电流将显著减小(图 3-14-4 中 ab 段)。随着第二栅极电压的增加，电子的能量也随之增加，在与氩原子碰撞后还留下足够的能量，可以克服反向拒斥电场而达到板极 A，这时电流又开始上升（bc 段）。直到 K-G_2 间电压是二倍氩原子的第一激发电位时，电子在 K-G_2 间又会二次碰撞而失去能量，因而又会造成第二次板极电流的下降（cd 段）。同理，凡在满足（3-14-3）式的地方板极电流 I_A 都会相应下跌，形成规则起伏变化的 I_A-V_{G_2K} 曲线。而各次板极电流 I_A 下降相对应的阴极、栅极电压差 $U_{n+1}-U_n$ 应该是氩原子的第一激发电位 U_0（公认值为 $U_0=11.5$ V）。

$$V_{G_2K}=nU_0 \quad (n=1,2,3\cdots) \tag{3-14-3}$$

原子处于激发态是不稳定的。在实验中被慢电子轰击到第一激发态的原子要跳回基态，进行这种反跃迁时，就应该有 eU_0 电子伏特的能量发射出来。反跃迁时，原子是以放出光量子的形式向外辐射能量。这种光辐射的波长满足

$$eU_0=hv=h\frac{c}{\lambda} \tag{3-14-4}$$

对于氩原子：

$$\lambda=\frac{hc}{eU_0}=\frac{6.63\times10^{-34}\times3.00\times10^{8}}{1.6\times10^{-19}\times11.5}\text{m}=1\ 081\ \text{Å} \tag{3-14-5}$$

［实验内容和步骤］

1. 准备工作

（1）将面板上的四对插座（灯丝电压、第二栅压 V_{G_2K}、第一栅压 V_{G_1K}、拒斥电压 V_{G_2A}）按面板上的接线图与电子管测试架上的相应插座用专用连接线连好。注意，微电流检测器已在内部连接好。

（2）打开电源，预热 20～30 min。

（3）检查开机后的初始状态，确认仪器工作正常：

1）实验仪的“1 mA”电流挡位指示灯亮，电流显示值为 0000.（10^{-7} A）。

2）实验仪的“灯丝电压”挡位指示灯亮，电压显示值为 000.0（V）。

3）“手动”指示灯亮。

（4）将“信号输出”及“同步输出”与示波器的输入通道和外部同步输入端相连，检查示波器能否正常显示。

2. 手动测试实验步骤

（1）按“手动/自动”键，将仪器设置为“手动”工作状态。

（2）按下相应电流量程键，设定电流量程（参考机箱上提供的参数）。

（3）用电压调节键←→调节位，↑↓调节值的大小，设定灯丝电压 V_F、第一加速电压 V_{G_1K}、拒斥电压 V_{G_2A} 的值（设定值参考机箱上提供的数据）。

（4）按下“启动”键和“V_{G_2K}”挡位键，实验开始。

用电压调节键←→↑↓，从 0.0 V 开始，按步长 1 V（0.5 V）的电压值调节电压源 V_{G_2K}，并记录下 V_{G_2K} 的值和对应的电流值 I_A。同时可用示波器观察板极电流 I_A 随 V_{G_2K} 的变化情况。

注意：为保证实验数据的唯一性，V_{G_2K} 的值必须从小到大单向调节，不可在过程中反复；记录完最后一组数据后，立即将 V_{G_2K} 电压快速归零。

(5)测试结束,依据记录下的数据作 I_A-V_{G_2K}曲线。求出各峰值所对应的电压值,用逐差法求出氩原子第一激发电位,并与公认值 11.5 V 相比较,求出相对误差。

3. 自动测试实验步骤

(1)按“手动/自动”键,将仪器设置为“自动”工作状态。

(2)参考机箱上提供的数据设置 V_F,V_{G_1K},V_{G_2A},V_{G_2K}。注意:V_{G_2K}设定终止值建议不超过 85 V。

(3)按面板上“启动”键,自动测试开始,同时用示波器观察板极电流 I_A随电压 V_{G_2K}的变化情况,如图 3-14-5 所示。

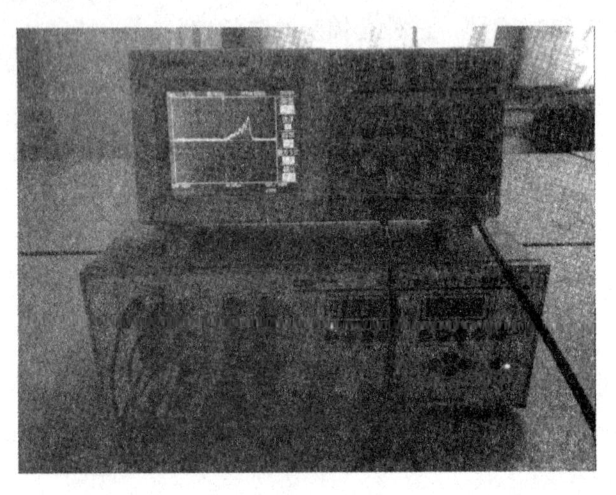

图 3-14-5 示波器显示的 I_A-V_{G_2K}曲线上六个完整峰

(4)自动测试结束后,用电压调节键← → ↑ ↓键改变 V_{G_2K}的值,查阅并记录本次测量过程中 I_A的峰值、估值和对应的 V_{G_2K}值。

(5)依据记录下的数据作 I_A-V_{G_2K}曲线。

(6)自动测试或查询过程中,按下“手动/自动”键,则手动测试指示灯亮,实验仪原设置的电压状态被清除,面板按键全部开启,此时可进行下一次测量。

[注意事项]

(1)使用前应正确连接好仪器面板上的连线。

(2)第二栅压不要超过 85 V。

(3)尽量避免各组电源线短路。

(4)实验结束后,切断电流,保管好被测电子管。仪器长期放置后再次使用时,请先通电预热 30 min 再使用。

[数据记录与处理]

(1)自拟表格,记录数据。

(2)整理原始数据(峰、谷处多保留几个实验点),用整理后的数据在坐标纸上描绘出

I_A-V_{G_2K}的关系曲线，规范作图。确定出 I_A极大时所对应的电压。

(3)用逐差法处理数据求出 Ar 原子的第一激发电位，同理论值相比较，计算相对误差，写出完整的结果表达式。

(4)写出完整的实验结论，如吸收峰产生的机理、峰值间隔相等的原因等等。

[思考题]

(1)什么是原子的第一激发电位？它和原子能级有什么关系？

(2)为什么第一激发电位不等于曲线第一个峰的电压？

(3)为什么曲线的峰和谷有一定的宽度？

(4)谷电流为什么不为零？

实验十五 PN 结正向压降与温度关系的研究

目前，PN 结以及在此基础上发展起来的晶体管温度传感器、集成电路温度传感器已经成为各个应用领域中的一种新的测温技术。PN 结温度传感器具有灵敏度高、线性好、热响应快和体小轻巧的特点，尤其在温度数字化、温度控制以及用微机进行温度传感信号处理等方面，是其他测温仪所不能相比的。以硅为材料的这类温度传感器，在非线性不超过标准值 0.5%的条件下，其工作温度一般为−50℃～150℃，与其他温度传感器相比，测温范围的局限性较大，采用不同材料如锑化铟(InSb)或砷化镓(GaAs)的 PN 结可以展宽低温区或高温区的测量范围。

[实验目的]

(1)了解 PN 结正向压降随温度变化的基本规律。

(2)在恒流供电条件下，测绘 PN 结正向压降随温度变化曲线，并由此确定其灵敏度和被测 PN 结材料的禁带宽度。

(3)学习用 PN 结测温的方法。

[实验仪器及介绍]

TH-J 型 PN 结正向压降温度特性实验组合仪是由样品室和测试仪两部分组成。

1. 样品室

样品室的结构如图 3-15-1 所示，其中 A 为样品室，是一个可卸的筒状金属容器。待测 PN 结样管(采用 3DG6 晶体管的基极与集电极短接作为正极，发射极作为负极，构成一只二极管)和测温元件(AD590)均置于铜座 B 上，其管脚通过高温导线分别穿过两旁空心细管与顶部插座 P_1 连接。加热器 H 装在中心管的支座下，其发热部位埋在铜座 B 的中心柱体内，加热电源的进线由中心管上方的插孔 P_2 引入，P_2 和引线(外套瓷管)与容器绝缘容器为电源负端，通过插件 P_1 的专用线与测试仪机壳相连接地，将被测 PN 结的温度和电压信号输入测试仪。

2. 测试仪

测试仪由恒流源、基准电压源和显示等单元组成。恒流源有两组，其中一组提供 I_F，电流输出范围为 0～1 000 μA 连续可调，另一组用于加热，其控温电流为 0.1～1 A，分为 10 挡，逐挡递增或递减 0.1 A。基准电压源亦分两组，一组用于补偿被测 PN 结在 0℃或室温 T_R 时的正向压降 $V_F(0)$ 或 $V_F(T_R)$，可通过设置在面板上的“ΔV 调零”电位器实现 $\Delta V=0$，并满足此时若升温，$\Delta V<0$；若降温，则 $\Delta V>0$，表明正向压降随温度升高而下降。另一组基准电压源用于温标转换和校准，因本实验用 AD590 温度传感器测温，其输出电压以 1 mV·K^{-1}正比于绝对温度，它的工作温度范围为 218.2～423.2 K(即－55℃～150℃)，相应输出电压为 218.2～423.2 mV。要求配置四位半的 LED 显示器，为了简化电路而又保持测量精度，设置了一组 273.2 mV(相当于 AD590 在 0℃时的输出电压)的基准电压，其目的是将上述的绝对温标转换成摄氏温标，则对应于－55℃～150℃的工作温度区内，输送给显示单元的电压为－55～150 V。便可采用量程为±200.0 mV 的三位半 LED 显示器进行测量。另一组量程为±1 000 mV 的三位半 LED 显示器用于测量 I_F，V_F 和 ΔV，可通过“测量选择”开关来实现。

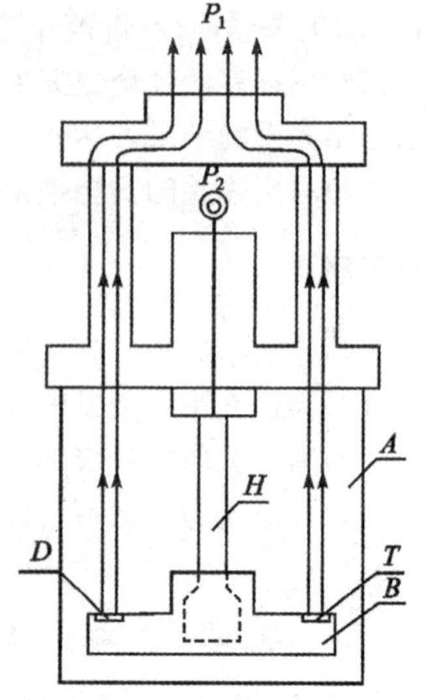

A. 样品室　*B*. 样品座　*D*. 待测PN结
T. 测温元件　P_1.*D*,*T*引线　*H*. 加热器
P_2. 加热电源插孔

图 3-15-1

此外，仪器设有 V_T(温度数字量)和 ΔV 的输出口，可供 XY 函数记录仪使用。测量的框图如图 3-15-2 所示。

DS 为待测 PN 结，R_S 为 I_F 的取样电阻，开关 K 起测量选择与极性变换作用，其中 R 和 P 测 I_F，P 和 D 测 V_F，S 和 P 测 ΔV。

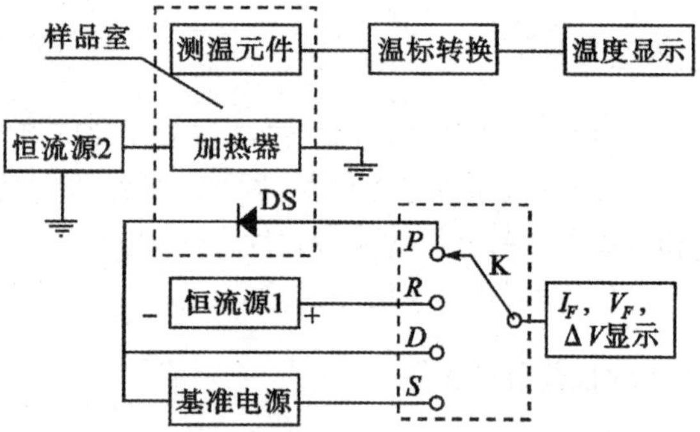

图 3-15-2

[实验原理]

1. PN 结温度传感器的基本方程

根据半导体物理的理论，理想 PN 结的正向电流 I_F和压降 V_F存在如下近似关系式：

$$I_F=I_s\exp(qV_F/kT) \tag{3-15-1}$$

式中，q 为电子电荷；k 为玻尔兹曼常数；T 为绝对温度；I_s为反向饱和电流，它是一个和 PN 结材料的禁带宽度以及温度等有关的系数，可以证明：

$$I_s=CT^r\exp[-qV_g(0)/kT] \tag{3-15-2}$$

式中，C 是与结面积、掺杂浓度等有关的常数；r 在一定的温度范围内是一个常数；$V_g(0)$ 为绝对零度时 PN 结材料的导带底和价带顶的电势差。对于给定的 PN 结材料，$V_g(0)$是一个定值。

将(3-15-2)式代入(3-15-1)式，两边取自然对数可得

$$V_F=V_g(0)-(\frac{k}{q}\ln\frac{C}{I_F})T-\frac{kT}{q}\ln T^r=V_1+V_m \tag{3-15-3}$$

式中，$V_1=V_g(0)-(\frac{k}{q}\ln\frac{C}{I_F})T$，$V_m=-\frac{kT}{q}\ln T^r$。

方程(3-15-3)就是 PN 结正向压降作为电流和温度函数的表达式，它是 PN 结温度传感器的基本方程。

2. PN 结测温原理和温标转换

根据(3-15-1)式，对于给定的 PN 结材料来讲，令 I_F＝常数(实验中通过恒流供电来实现)，则正向压降 V_F 只随温度而变化，但是在方程(3-15-3)中，除线性项 V_1 外还包含非线性项 V_m。实验与理论证明，在温度变化范围不大时，V_m 与 V_F 的改变量相比之下甚小，对于通常的硅 PN 结材料来讲，在－50℃～150℃的温度范围内，其非线性误差仍然甚小，但当温度变化范围增大时，V_F 的温度响应的非线性误差将有所递增。

综合上述，对于给定的 PN 结材料，在允许的温度变化范围内，在恒流供电(I_F 不变)条件下，PN 结的正向电压 V_F 对温度的依赖关系取决于线性项 V_1，正向电压 V_F 几乎随温度升高而线性下降，即

$$V_F=V_g(0)-(\frac{k}{q}\ln\frac{C}{I_F})T \tag{3-15-4}$$

式(3-15-4)是 PN 结测温的依据。式中的温度 T 是热力学温度，在实际使用中有不便之处，为此有必要进行温度转换，即确定 PN 结正向电压增量与摄氏温度表示的温度之间的关系。

$$T=273.2+t \tag{3-15-5}$$

将式(3-15-5)代入式(3-15-4)得

$$V_F(t)=V_g(0)-(\frac{k}{q}\ln\frac{C}{I_F})\times 273.2-(\frac{k}{q}\ln\frac{C}{I_F})t \tag{3-15-6}$$

$t=0$℃时，

$$V_F(0)=V_g(0)-(\frac{k}{q}\ln\frac{C}{I_F})\times 273.2 \tag{3-15-7}$$

$$\Delta V=V_F(t)-V_F(0)=-(\frac{k}{q}\ln\frac{C}{I_F})t \tag{3-15-8}$$

定义 $S=\frac{k}{q}\ln\frac{C}{I_F}$ 为 PN 结温度传感器灵敏度，则有

$$\Delta V=-S\times t \tag{3-15-9}$$

式(3-15-9)为 PN 结温度传感器在摄氏温度下的测温原理公式。

3. 测量 PN 结材料的禁带宽度

PN 结材料的禁带宽度 $E_g(0)$ 定义为电子的电量 q 与热力学温度 0 K 时 PN 结材料的导带底和价带顶的电势差 $V_g(0)$ 的乘积，即 $E_g(0)=qV_g(0)$。

根据式(3-15-4)有

$$V_g(0)=V_F+(\frac{k}{q}\ln\frac{C}{I_F})T=V_F+S\cdot T$$

当 $t=0$℃时，$T=273.2$ K，$V_F=V_F(0)$，有

$$V_g(0)=V_F(0)+273.2\times S$$

所以

$$E_g(0)=qV_g(0)=q[V_F(0)+273.2\times S] \tag{3-15-10}$$

[实验内容和步骤]

1. 实验系统检查与连接

(1)取下样品室的筒套(左手扶筒盖，右手扶筒套逆时针旋转)，待测 PN 结管和测温元件应分别放在铜座的左、右两侧圆孔内，其管脚不与容器接触，然后放好筒盖内的橡皮圈，装上筒套。橡皮圈的作用是当样品室在冰水中进行降温时，以防止冰水渗入室内。

(2)控温电流开关置"关"位置，此时加热指示灯不亮。接上加热电源线和信号传输线。两者连线均为直插式，在连接信号线时，应先对准插头与插座的凹凸定位标记，再按插头的紧线夹部位，即可插入。拆除时，应拉插头的可动外套，决不可鲁莽左右转动，或操作部位不对而硬拉，否则可能拉断引线影响实验。

2. 本实验可以直接从室温 t_R 开始，具体调节步骤

(1)先将"控温电流 A"旋钮旋到关的位置，开启电源开关，将"测量选择"K 拨到 I_F，调到 $I_F=50\ \mu$A。将当前的温度与温度计测得的室温校准，测量记录室温 t_R 和 $V_F(t_R)$ 值。

(2)再将 K 拨到 ΔV，调节 ΔV 的调零旋钮，使 $\Delta V=0$。

(3)开启"控温电流 A"，选择一个合适的电流对样品进行加热。注意：在整个实验过程中，升温速率要慢，且温度不宜过高，最好控制在 120℃左右。所以，建议选择 0.7 A 以下的电流进行加热。ΔV 每改变 10 mV 读取一组(ΔV，t)数据，测到最高温度 100℃左右为止。将(ΔV_i，t_i)数据组填入表 3-15-1 中，并用最小二乘法处理数据。作 ΔV-t 曲线，求曲线斜率即可求得被测 PN 结正向压降随温度变化的灵敏度 S(mV · ℃$^{-1}$)，计算 $V_g(0)$ 的相应的公式为

$$V_g(0)=V_F(t_R)+(273.2+t_R)\times S \tag{3-15-11}$$

$$E_g(0)=qV_g(0) \tag{3-15-12}$$

(4)由上式可得所测硅材料 PN 结禁带宽度，并与公认值 $E_g(0)=1.21$ eV 比较，求相对误差。

(5)实验完毕以后，应该将"控温电流 A"旋钮旋到关的位置。

3. 本实验从 0℃开始的具体调节步骤

(1)将样品室埋入盛有冰水(少量水)的杜瓦瓶中降温，开启测试仪电源(电源开关在机箱后面，电源插座内装保险丝)，将"测量选择"开关(以下简称 K)拨到 I_F，由"I_F 调节"使 $I_F=50\ \mu$A，待温度冷却至 0℃时，将 K 拨到 V_F，记下 $V_F(0)$值，再将 K 置于 ΔV，由"ΔV 调零"使 $\Delta V=0$。

(2)测定 ΔV-t 曲线。取走冰瓶，开启加热电源(指示灯即亮)，选择合适电流进行加热，ΔV 每改变 10 或 15 mV 读取一组(ΔV，t)数据，直到最高温度为 100℃左右。注意：在整个实验过程中，升温速率要慢，且温度不宜过高，最好控制在 120℃左右。

(3)用最小二乘法处理数据，求被测 PN 结正向压降随温度变化的灵敏度 S(mV・℃$^{-1}$)。作 ΔV-t 曲线，其斜率就是 S。

(4)利用测得的 $V_F(0)$和 S 值，求所测硅材料 PN 结禁带宽度 $E_g(0)=qV_g(0)$ eV。并与公认值 $E_g(0)=1.21$ eV 比较，求相对误差。

(5)实验完毕，应该将"控温电流 A"旋钮旋到关的位置。

[数据记录与处理]

实验起始温度 $t_s=$　　℃，工作电流 $I_F=$　　μA。

起始温度为 t_s 时的正向压降 $V_F(t_s)=$　　mV。

表 3-15-1

控温电流/A	$\Delta V=V_F(t)-V_F(t_s)$/mV	t/℃	$T=(273.2+t)$/K
	0		
	−10		
	……		
	−160		
	−170		

利用画图软件作 ΔV-t 曲线，求曲线斜率即被测 PN 结正向压降随温度变化的灵敏度 S(mV・℃$^{-1}$)。根据公式(3-15-11)和(3-15-12)计算 PN 结的禁带宽度 $E_g(0)$及相对误差。

[思考题]

(1)测 $V_F(0)$或 $V_F(t_R)$目的何在？为什么实验要求测 ΔV-t 曲线而不是 V_F-t 曲线？

(2)测 ΔV-t 为何按 ΔV 的变化读取 t，而不是按自变量 t 读取 ΔV？

(3)根据 PN 结的 ΔV-t 曲线，试设计一个简单的晶体管温度计。

第四部分　光学实验

实验一　薄透镜焦距的测量

透镜是光学仪器中最基本的光学元件，而焦距是透镜的重要参数之一，透镜所成像的位置及性质(大小、虚实)均与其有关。焦距测量的准确性取决于光心及焦点(或像点)的定位是否准确。本实验介绍了测量凸透镜和凹透镜焦距常用的几种方法，并比较各种方法的优缺点。

[实验目的]

(1)学习光具座上各元件共轴调节的方法。

(2)学习几种测量薄透镜焦距的实验方法。

[实验仪器]

光具座、凸透镜、凹透镜、光源、物屏、像屏、平面反射镜。

[实验原理]

在近轴条件下，薄透镜的成像公式为

$$\frac{1}{p'}-\frac{1}{p}=\frac{1}{f'} \tag{4-1-1}$$

式中，p'为像距，p为物距，f'为(像方)焦距。式中各量均从光心量起，当其与光线传播方向一致时，测得的物距、像距和焦距是正值，反之为负。运算时已知量须添加符号，未知量则根据求得结果的符号判断其物理意义。

1. 凸透镜焦距的测量

(1)粗测法测量凸透镜的焦距。分析方程式(4-1-1)可知当物距 p 趋向无穷大时，$f'=p'$，即无穷远处的物体成像在透镜的焦平面上，所以采用粗测法实现凸透镜焦距测量的关键在于提供给凸透镜一束平行光或者近似平行的光束。根据本实验的实际条件，只能采用增大物距的办法提高入射光束的平行程度，即尽量使物屏离透镜远些，通过调节透镜和光屏的距离，在屏上得到一个清晰的、明亮的像，此时测量出透镜到光屏的距离就是该凸透镜焦距的粗测值。用这种方法测得的结果一般只有 1～2 位有效数字，多用于挑选透镜时的粗略估计。

(2)自准直法测量凸透镜的焦距。如图 4-1-1 所示，在凸透镜的一侧放置被光源照亮的物屏 AB，在另一侧放置一块平面镜 M。移动透镜的位置即可改变物距的大小，当物距等于透镜的焦距时，物屏 AB 上任一点发出的光，经透镜折射后成为平行光；该光束经过平面镜反射后，其反射光仍然是一束平行光束，只是该光束和透镜的主光轴之间有一个固定的倾斜角，依据凸透镜折射特点，与主光轴有固定倾斜角的平行光束经凸透镜折射必然重新会聚在焦平面上。根据以上分析可知，会聚光线必在凸透镜的焦平面上成一个与原物大小相等的倒立的实像。此时，只需测出透镜到物屏的距离，便可得到透镜的焦距。该方法不仅用于透镜焦距的测量，还常常用于光学仪器的调节。

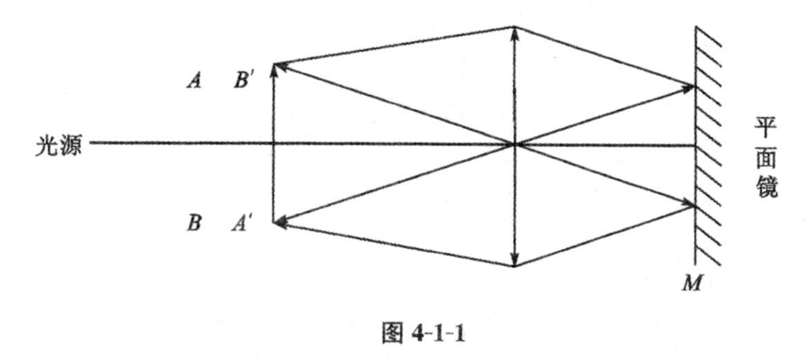

图 4-1-1

(3)物距—像距法测量凸透镜的焦距。如图 4-1-3 中上图所示，当实物经凸透镜在像屏上成清晰实像时，通过测定像距 p' 和物距 p，即可利用公式(4-1-1)计算出凸透镜的像方焦距。

(4)二次成像法(贝塞耳法，共轭法)测量凸透镜的焦距。若保持物屏与像屏之间的距离 D 不变，且 $D>4f$，沿光轴方向移动透镜，可以在像屏上观察到二次成像：一次成放大的倒立实像，一次成缩小的倒立实像。如图 4-1-2 所示，两次成像时透镜移动的距离为 L，则可依据透镜成像公式得

$$f=\frac{D^2-L^2}{4D} \tag{4-1-2}$$

直接计算出该凸透镜的焦距数值。由于这种方法不考虑透镜本身的厚度，由此得到的焦距值较为准确。

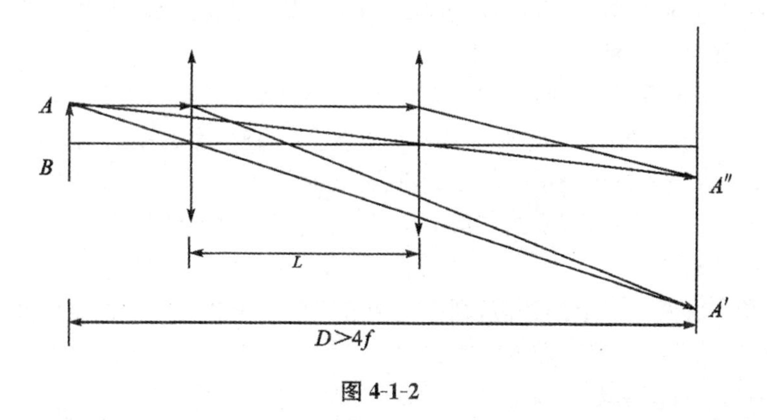

图 4-1-2

2. 凹透镜焦距的测量

上述四种方法要求物体经透镜后成实像，适于测量凸透镜的焦距，而不适用于测量凹透镜的焦距。凹透镜对平行光束具有发散作用，实际的物体一般会形成一个虚像，虚像是由实际光线的反向延长线相交而成，而不是实际光线会聚而成。所以，不能直接测量出像

距。为了测量凹透镜的焦距,常用一个已知焦距的凸透镜与之组合成为透镜组,物体发出的光线通过凸透镜后会聚,再经凹透镜后成实像。如图 4-1-3 所示。若令 $p_2(>0)$为虚物的物距,p_2'为像距,则由公式(4-1-1)可求出凹透镜的焦距为

$$f_2' = -\frac{p_2 p_2'}{p_2' - p_2} \tag{4-1-3}$$

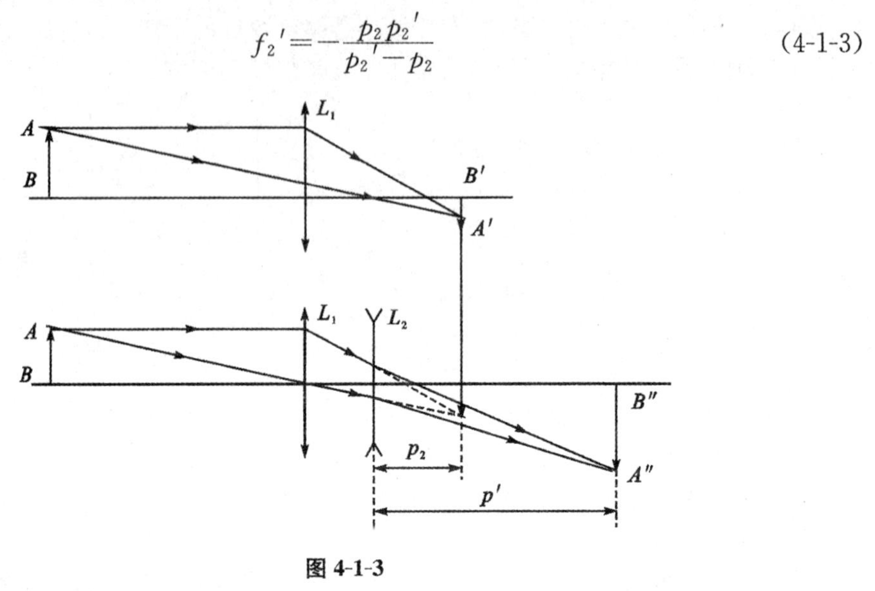

图 4-1-3

[实验内容和步骤]

(1)光学系统的共轴调节。为了避免不必要的像差和读数误差,需要对光学系统进行共轴调节,使各透镜的光轴重合且与导轨严格平行,物、屏中心处于光轴上且物面、屏面垂直于光轴。共轴调节分为粗调和细调。

1)粗调:将有关的光学元件按顺序放在光具座上,并使它们尽量靠拢,用眼睛观察,调节各个元件的高低和左右位置,使各元件的中心大致在与导轨平行的同一条直线上,并使物面、透镜面、屏面三者相互平行且垂直于导轨。

2)细调:点亮光源,利用透镜二次成像原理进行调节。如图 4-1-2 所示的光路,若元件不共轴,则所成放大像和缩小像的中心不重合。以缩小像的中心为目标,调节透镜位置,使所成放大像的中心与缩小像的中心重合;此时再次成缩小像,由于透镜位置变动,缩小像的中心偏离原来位置,再次调节透镜位置,直至所成放大像与缩小像的中心重合。此时光学系统即共轴。

如果系统中有两个以上的透镜,则应先调节只含一个透镜在内的系统共轴,然后再加入另一个透镜,调节该透镜与原系统共轴。

(2)粗测凸透镜的焦距。(练习)

(3)用自准直测法测量凸透镜的焦距。(练习)

(4)通过测量物距、像距求凸透镜的焦距。改变凸透镜的位置,测量 5 次。

(5)用二次成像法测量凸透镜的焦距。改变 D,测量 5 次。

(6)利用测得的凸透镜的焦距值,测量凹透镜的焦距。选择合适的凸透镜位置并保持

不变，改变凹透镜位置，测量 5 次。

在实验过程中通常保持物屏位置不变。

[数据记录及处理]

根据实验内容自拟数据记录表格，注意仪器的精度及数据有效数字的位数。

多次测量的结果分别根据相应公式求出焦距，然后求其平均值。数据处理要规范，注意计算结果有效数字的位数并给出误差的详细计算过程。根据数据处理的结果对比物距—像距法和二次成像法测量凸透镜焦距的优缺点。

[思考题]

(1)能否用上述方法测量厚透镜的焦距或透镜组的焦距?

(2)在自准直法测量凸透镜焦距时，如何判断物屏上所成的像是透镜的自准直像?

(3)用二次成像法测量凸透镜的焦距时，透镜的中心偏离光轴向下，则成像的中心偏上还是偏下?

(4)用二次成像法测量凸透镜的焦距时，为什么 D 应略大于 $4f'$?

实验二 光通信实验研究

光通信是以光波作为载体的通信方式。其基本原理为：首先通过信号发送器将含有信息的电信号转换成光信号，然后光信号通过介质传送到光信号接收器，再将信息解调出来。光通信的特点是容量大、损耗小、无电磁辐射、不受电磁干扰等，正逐步取代电通信成为主要的通信手段。光通信方式按传播介质的不同可分为大气通信和光纤通信。大气通信是光在大气中传播的通信方式，受到空气的吸收、散射、折射干扰而容易使光信号衰减，传播方向发生变化，但大气通信设备简单，可用于人造卫星或宇宙飞船之间信息传输。光纤通信是利用光在光导纤维中的传播传输信息的，通信容量大，损耗小，保密性好。1966 年华裔科学家高锟在大量实验研究的基础上发表具有历史意义的论文，预言只要设法降低玻璃纤维的杂质，就有可能使光纤的损耗降到 20 $\text{dB} \cdot \text{km}^{-1}$，从而使光波通信成为可能。1970 年美国康宁公司制造出世界上第一根可供通信用的低损耗石英玻璃光纤，使光纤通信进入了实用阶段。如今光纤通信已得到广泛应用，高锟被誉为“光纤通信之父”，并于 2009 年获得诺贝尔物理学奖。

[实验目的]

(1)了解光通信的基本原理和最基本的光调制、光传递、光接收技术。

(2)分别用小电珠、LED 光源、激光传递声音信号，调节和测量不同光源在大气中的信息传送距离。

(3)比较上述光源信号在光纤中的传输特点，并测量其幅频特性。

[实验仪器及介绍]

1. 实验仪器

光通信发送实验仪、光通信接收实验仪、小电珠、发光二极管(LED)、激光、透镜、收音机、光纤、硅光电池、导轨、低频信号发生器、数字万用表。

2. 仪器介绍

实验仪器如图 4-2-1 所示。光通信发送实验仪中的“输入选择”可根据实际情况分别选择“话筒输入”(话)、“收音机输入”(收)、“信号输入”(信)或“蜂鸣(内置音乐)输入”。同样,“输出选择”可根据实际情况分别选择“小电珠输出”、“发光二极管输出”(LED)或“激光输出”(laser)。

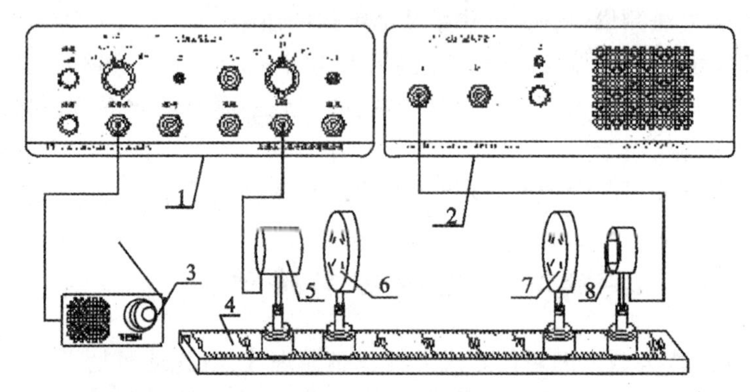

1.光通信发送实验仪 2.光通信接收实验仪 3.收音机 4.光具座
5.光源(小电珠、LED即发光二极管、激光) 6,7.凸透镜 8.硅光电池

图 4-2-1

光通信接收实验仪中内置放大器,可把接收到的微小声音信号放大,经内置扬声器发出声音。它有硅光电池输入端、音量调节钮、监测(外接毫伏表)端。电源开关在面板背面。导轨长约 1 m。小电珠、发光二极管、半导体激光器、透镜等根据需要放在导轨上(不够长时可直接放在实验台上)。

[实验原理]

利用光波传递信息,首先要把信息叠加在光波上,这一过程称为光调制。光通信按照调制方式可分为直接检波通信(光强调制)和相干光通信(光频率调制)。而光强调制又有很多方法,常见有光直接调制、电调制、磁调制、声调制等。本实验用的是最简单的光直接调制。

光直接调制是指把要传递的交流电信号与直流电源电压迭加然后调制到光源上,使光源的强弱和交流电信号一致,如图 4-2-2 所示。

当要传递的声音或图像信息通过话筒或摄像装置转换成的电信号与直流电压同时加在光源上时,光源发出的光的强度变化与电信号变化相同。这种被信号调制的光,通过光纤或直接通过大气传输后,到达光电转换器,光电转换器可将光信号转换成电信号,并对调制光进行解调。再经过放大器放大后，通过扬声器或显示器还原成声音或图像。

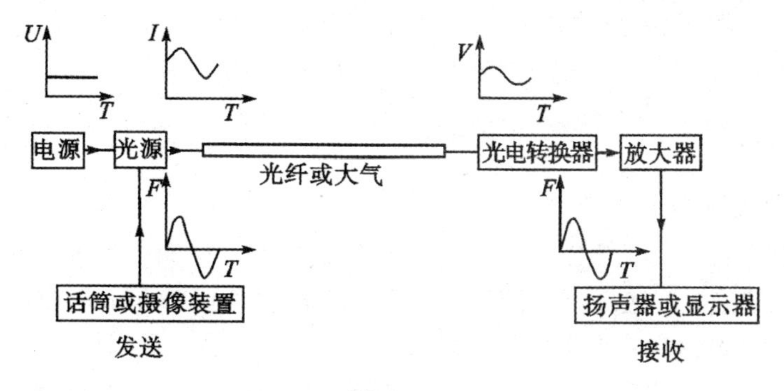

图 4-2-2

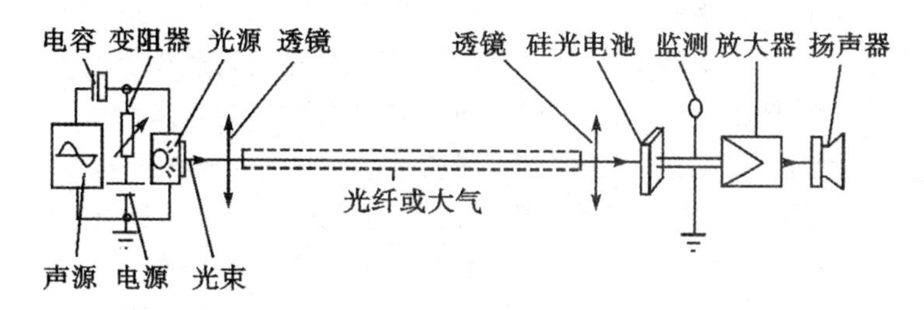

图 4-2-3

本实验装置构成如图 4-2-3 所示。“声源信号”是指由某声源所调制的电信号，如收音机内输入至扬声器的信号或音频信号发生器产生的信号等。“光源”分为小电珠、发光二极管及激光器。电源的作用是提供一个稳定的直流电压，电容是防止声源电信号直流部分的干扰；电源的电压应大于声源信号的振幅，以免出现负电压，使信号严重失真(为什么?)。光电转换器采用硅光电池，它简单可靠、使用方便。图中两个透镜是在大气传输时用的：调节透镜把光源和硅光电池放到透镜的焦平面上。前一个透镜把光源发出的发散光变成平行光；后一个把平行光会聚到硅光电池上。注意：用光纤传输时，则不必使用透镜。

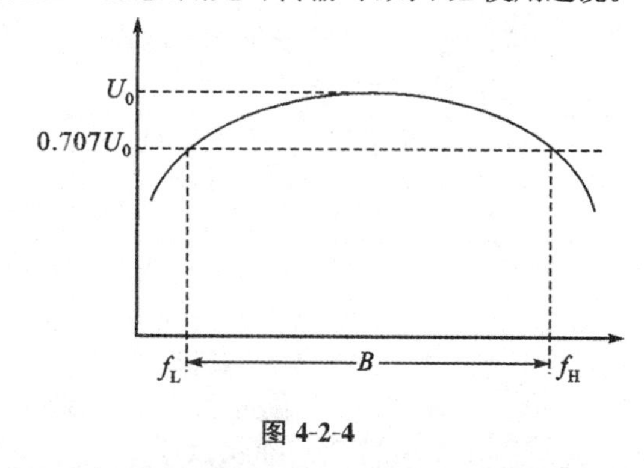

图 4-2-4

在信号传输过程中，除要求损耗小以外，还要求信号不失真。信号失真的主要原因，通常是不同频率的信号经过传输后的衰减程度不同所致。例如，若频率高的信号衰减快，则经过传输，女高音的声音有可能变成男低音的声音(传输过程中高频损失大，造成声音低沉)。图 4-2-4 表示某传输系统对于相同的输入电压得到的输出电压幅度与频率的关系，称为幅频特性图(图中 f 取对数坐标)。由图可见，频率过低或过高，其传输的效率都会降低，只有中间一段频率范围的衰减基本上与频率无关。这段频率的信号传输后将基本上不失真。图中 f_L(下限频率)与 f_H(上限频率)是接收到的信号幅度降为图形的中间段电压信号幅度 U_0 的 $1/\sqrt{2}$ 倍时所对应的低频段、高频段的频率。在测量时，可取中间段电压最大值作为 U_0。f_L 与 f_H

之差为频带宽度 B(传输信号大致不失真的频率范围)。如果 $f_L \ll f_H$,则 $B \approx f_H$。幅频特性与发光器、接收器、放大器等有关。f_L越低,f_H越高,说明幅频特性越好,频带越宽,传输信息量就越大。

[实验内容和步骤]

1. 利用不同光源传送声音

(1)将仪器组件按如图 4-2-1 所示放置,并调试各部件至同高位置。硅光电池组件接入 LCR-1 光通信接收实验仪(以下简称:接收仪)面板中的 INPUT 插座中,接通电源,喇叭发出噪声杂音,可适当关小音量电位器。

(2)连接发光二极管组件(LED)到 LCT-1 发送仪的面板上的 LED 插座,接通发送仪电源,发送仪面板上的输入选择开关拨到"蜂鸣"位置,调节发送仪"输出开关"到"LED"位置,即提供发光管一个导通的静态电压,使发光二极管亮,此时接收仪发出音乐声音。

(3)改变 LED 与硅光电池的距离,观察信号强弱与距离的关系。

(4)LED 和硅光电池的距离保持不变,移动透镜让 LED 放在透镜 6 的焦距附近,硅光电池放在透镜 7 的焦距附近。使其发出的光经透镜 6 后变成平行光,再经过一段距离后,经透镜 7 聚焦后照射在硅光电池上,上下和左右调节透镜的位置,使声音清晰响亮。然后移开透镜,观察透镜对光通信讯号传输的影响。再放上光纤,观察光纤对信号传输的作用。

(5)发送仪面板上的输入选择开关拨到 RADIO 位置,连接收音机耳机插座和发送仪面板上 RADIO 插孔,打开收音机,音量开到适当的大小,可听到接收仪发出收音机的声音。

(6)改发送光源为白光,即在发送仪的小电珠插孔插上小电珠(灯泡)组件,调节上方的输出选择开关到"小电珠"挡,重复上述(2)、(3)、(4)、(5)的操作。

(7)改发送光源为激光,即在发送仪的 LASER 插孔插上激光组件,拨输出开关到 LASER 位置,即打开激光组件的电源开关,激光器发出红色激光,让激光对准硅光电池,接收仪依照输入的选择发出相应的声音。重复上述(2)、(3)、(4)、(5),观察不同的光源在相同条件下哪一种失真小。

将以上实验过程作如下总结,见表 4-2-1。

表 4-2-1

信号源	光 源	传输介质	接收传感器	接收和检测情况
蜂鸣器 话筒 收音机 信号发生器	发光二极管(LED) 激光 小电珠	空气 透镜和空气 光纤	硅光电池	(扬声器或万用表)

2. 测量光通信的 f_L和 f_H

列表比较以下三个实验的结果,并分析原因,得出结论。

(1)估测发光二极管光通信的 f_L 和 f_H：光通信实验发送仪“输入选择”置“信号输入”挡；发送仪器信号输入端与信号发生器相连接；接收仪输出端(监测)与数显交流毫伏表相连接。发光二极管与硅光电池尽量靠近，不加透镜，并用外罩罩住(为什么?)，输入正弦波信号的电压幅度值为 5 V(5 V_{p-p})左右。从低到高调节信号发生器输出频率，找出接收仪输出端电压最大值为 U_0，并测出信号发生器输出频率。

(2)改变信号发生器所发信号的频率，测量接收仪的输出电压的极大值 U_0，并记录对应的峰值频率 f_{max}，记录该电压降低为 $1/\sqrt{2}U_0$ 时所对应的两个频率 f_L 和 f_H。

(3)测量激光光通信的 f_L 和 f_H：信号发送光源换成激光器，输入正弦波信号的电压幅度值为 5 V(5 V_{p-p})左右，测量方法同上，测出 f_L 和 f_H。

(4)测量小电珠光通信 f_L 和 f_H：将光源改为小电珠，方法同上，测出 f_H(f_L 频率较低，用本实验仪器不能准确测量)。

每个光源重复测量 3 次。

[数据记录与处理]

(1)依照表 4-2-1 所列内容，观察并记录各光源在不同介质中传送声音时的声音的衰减与失真程度随距离的变化关系，并据此对比各光源的通信特点。

(2)按照表 4-2-2 记录测量数据，并根据 3 次测量数据的平均值求出三个光源对应的通信系统的频带宽度 B 并绘制幅频特性曲线。

表 4-2-2

光源		f_L	f_{max}	f_H
激光	1			
	2			
	3			
LED	1			
	2			
	3			
小电珠	1			
	2			
	3			

[注意事项]

(1)使用激光器实验时，切勿直视激光束，也不要直视其反射光束。

(2)不使用激光器时，请断开激光器电源。

(3)光纤易碎，不可折叠，要轻拿轻放。

[思考题]

(1)小电珠、发光二极管、激光器作为光通信的光源,哪一种最好?为什么?
(2)在本实验中若提高光源强度,接收到的声音信号是否会更强?
(3)本实验的光源是否可以用日光灯?为什么?
(4)本实验中,如果没有收到信号,扬声器有时也会发出"嗡嗡"声。为什么?如何消除?

实验三 等厚干涉

利用光的干涉现象可以进行各种精密测量,如薄膜厚度、微小角度、曲率半径等。牛顿环和劈尖是其中十分典型的例子。牛顿环是牛顿在1675年制作天文望远镜时,偶然将一个望远镜的物镜放在平面镜上发现的。牛顿环、劈尖属于用分振幅的方法产生的定域干涉现象,亦是典型的等厚干涉条纹。

[实验目的]

(1)通过对牛顿环和劈尖干涉现象的观测,加深对光的波动性的认识。
(2)掌握用干涉法测量透镜的曲率半径和微小厚度的方法。
(3)学习调节和使用读数显微镜,会用逐差法和作图法处理数据。

[实验仪器及介绍]

1. 实验仪器

读数显微镜、钠光灯、牛顿环装置、光学平板玻璃等。

2. 仪器介绍

显微镜是用来观察及测量非常小的物体或精细结构的工具,可以分为不同的种类:生物医学用生物显微镜,工业技术用双筒立体显微镜、金相显微镜,测量长度用读数显微镜(也称测量显微镜),其是物理实验中常用的仪器,它的测量准确度较高,无接触测量,测量过程对被测物体影响较小,不会引起机械损伤。

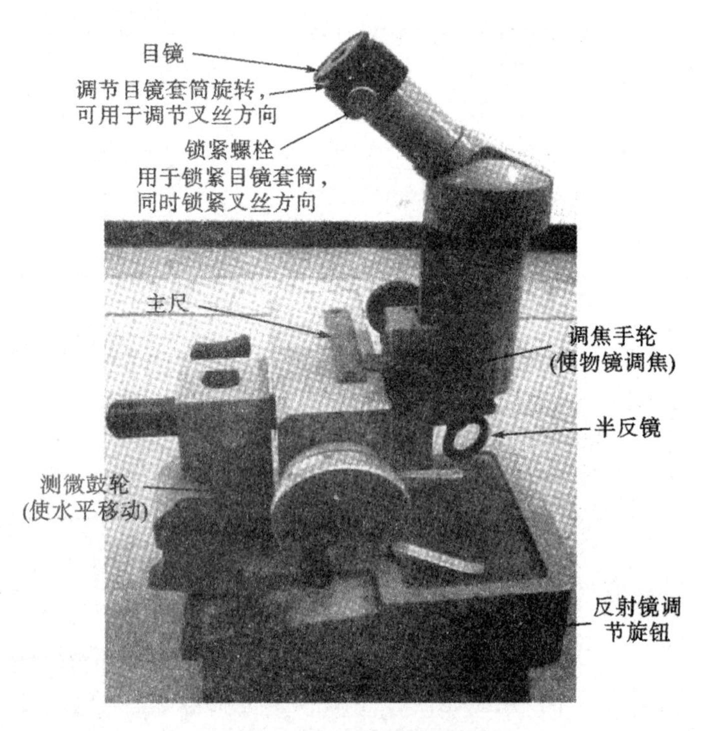

图4-3-1 读数显微镜结构

(1)仪器结构。显微镜的读数:用主尺读出毫米整数,测微鼓轮读出小数,合起来为实际位置的读数，如图 4-3-2 所示，图中显微镜的读数为 15.506 mm。

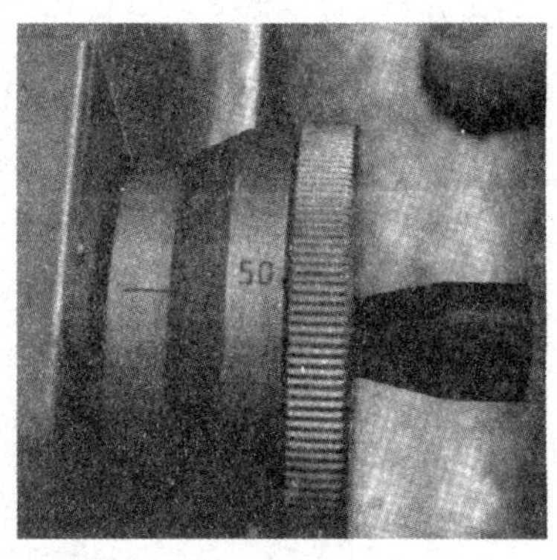

图 4-3-2　显微镜的读数

(2)使用方法：

1)光路调节。首先显微镜方位对准光源方位，如果被测物是透光物，可调节工作台下面的反射镜，使光由下而上地均匀照亮工作台及被测物。如果被测物是不透光物体，可调节物镜下的半透半反镜，使入射光照射到被测物上。

2)调焦：①旋动目镜，使黑十字叉丝清晰；②显微镜调焦，先将镜筒下降至被测体最低限度，然后逐渐上升，至见到清晰像，且无视差为止。

3)显微镜移动方向与十字叉丝的横轴平行。看叉丝与显微镜移动方向平行需要借助于一个媒质，即在纸片上点一个黑点，将其位于十字叉丝的横轴上，当移动显微镜时，黑点始终处于横轴上，则说明移动方向与十字叉丝平行。若运动过程，黑点偏离叉丝横轴，说明不平行。此时需调整叉丝方向，具体操作是，首先松开目镜套筒上的锁紧螺栓，旋转目镜套筒，直到平行为止。

4)读数：用测量主尺读出毫米整数，测微鼓轮读出小数，合起来为位置读数。

[实验原理]

1. 牛顿环

把一块曲率半径很大的平凸透镜的凸面置于一光学平玻璃板上，则透镜与玻璃板之间形成了一层空气薄膜，其厚度在中心切点处为 0，向外逐渐增大。当用单色平行光垂直入射时，此薄膜的上、下表面产生的两束反射光可在上表面相遇而相干，如图 4-3-3 所示。形成以中心触点为圆心，内疏外密、明暗相间的同心圆形干涉图样，称为牛顿环。两束反射光的光程差(包含$\frac{\lambda}{2}$的附加光程差，这是由于半波损失引起的)及干涉明暗条件为

$$\delta=2e_k+\frac{\lambda}{2}=\begin{cases}k\lambda & (k=1,2,3,\cdots\text{明})\\(2k+1)\frac{\lambda}{2} & (k=0,1,2,\cdots\text{暗})\end{cases}\tag{4-3-1}$$

式中，e_k 是第 k 级干涉明(或暗)纹处的空气膜厚度；λ 为入射光波的波长。可见，在平行光垂直入射条件下，同一干涉条纹对应的膜厚相同，故称为等厚干涉。记第 k 级明(暗)环的半径为 r_k，透镜的曲率半径为 R，则由图 4-3-3 可知 $r_k^2=R^2-(R-e_k)^2=2e_kR-e_k^2$，因

$R \gg e_k$，可略去 e_k^2，则 $r_k^2 = 2e_kR$，对于第 k 级暗环由(4-3-1)式有 $2e_k = k\lambda$，代入前式则第 k 级暗环的半径为

$$r_k = \sqrt{kR\lambda} \quad (k=0,1,2,\cdots) \tag{4-3-2}$$

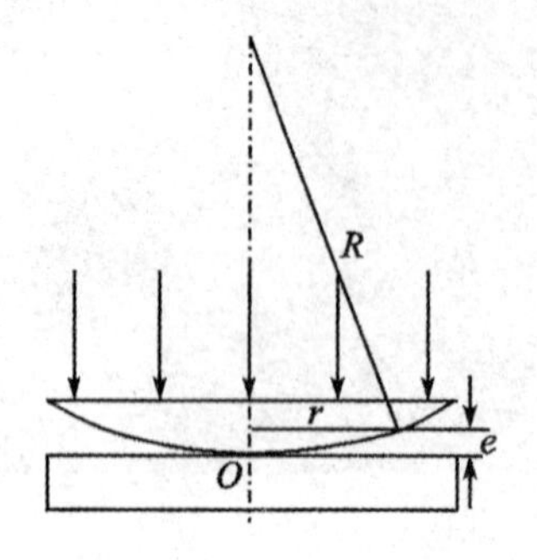

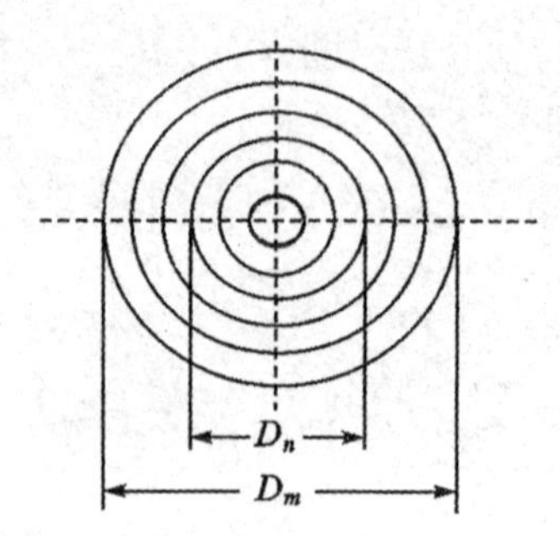

图 4-3-3　牛顿环装置及牛顿环图样

而透镜的曲率半径为

$$R = \frac{r_k^2}{k\lambda} \quad (\text{取 } k>0) \tag{4-3-3}$$

机械压力的存在及透镜和平板玻璃的几何形状非理想化，使二者不是理想的点接触，因而该处呈现的干涉图纹不是一个暗点，而是一个模糊的暗圆斑。这样就难以确定某一干涉暗环的圆心及半径 r_k，由(4-3-3)式算出 R。为此改测暗环的直径 D_k，显见

$$D_k^2 = 4kR\lambda \tag{4-3-4}$$

此外由于灰尘等的影响，使触点处的 $e_k \neq 0$，其级数 k 也是未知的，则使任一暗环的级数和直径 D_k 难以确定。故取任意两个不相邻的暗环，记其直径分别为 D_m 和 D_n $(m>n)$，求其平方差，由(4-3-4)式有 $D_m^2 - D_n^2 = 4(m-n)R\lambda$，则

$$R = \frac{(D_m^2 - D_n^2)}{4(m-n)\lambda} \tag{4-3-5}$$

分别测出第 m 级、n 级暗环的直径，实验用钠黄光的波长 $\lambda = 589.3$ nm，利用上式就可算出透镜的曲率半径 R。这就避免了很难测准的量 r_k 和 k，从而提高了测量的精度。

2. 劈尖干涉

把两块光学平板玻璃叠在一起，一端插入一薄片(或细丝)，则两玻璃片之间形成一个劈尖形空气薄膜，称为"劈尖"。用单色平行光垂直入射，在此空气劈尖的上、下表面产生两束反射光，二者在上表面相遇而相干。干涉图样是一组平行于两玻璃片交线的等间隔的明暗条纹，而交线处是一条暗纹，如图 4-3-4 所示。

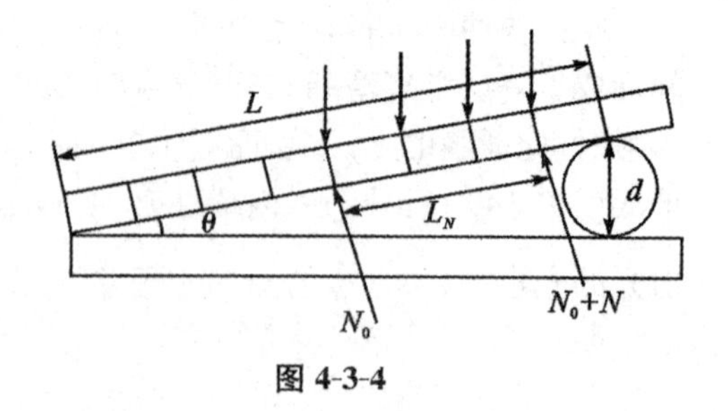

图 4-3-4

劈尖上、下表面的两束反射光的光程差(包含 $\frac{\lambda}{2}$ 的附加光程差)及干涉明暗条纹条件为

$$\delta=2e_k+\frac{\lambda}{2}=\begin{cases}k\lambda & (k=1,2,3,\cdots\text{明})\\(2k+1)\frac{\lambda}{2} & (k=0,1,2,\cdots\text{暗})\end{cases} \tag{4-3-6}$$

式中，e_k 是第 k 级明(或暗)条纹处的劈尖厚度，可见仍是等厚干涉。对于 k 级暗纹有

$$e_k=k\frac{\lambda}{2} \tag{4-3-7}$$

图 4-3-4 中，L 为玻璃片交线到薄片(或细丝)处的距离，数出 L 内暗条纹的总数 k，则薄片厚度(或细丝直径)为 $d=k\lambda/2$。通常 k 较大，为避免数错，实验中常测出 N 条暗纹(如 $N=20$)的总宽度 L_N，则 $k=L\frac{N}{L_N}$，所以

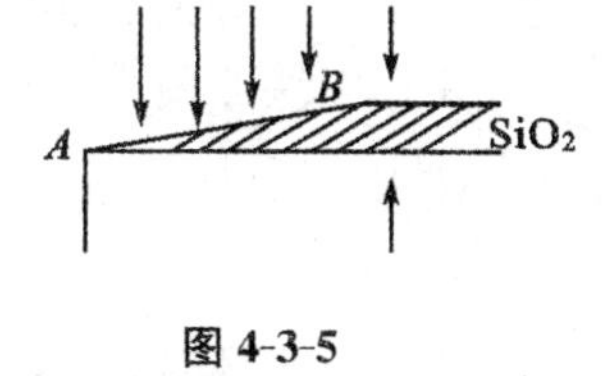

图 4-3-5

$$d=\frac{k\lambda}{2}=\frac{NL\lambda}{2L_N} \tag{4-3-8}$$

在半导体元件生产中，需在材料表面镀膜，如在 Si($n=3.42$)表面镀 SiO_2($n=1.46$)，为了测定镀膜的厚度，往往将其磨成劈形，如图 4-3-5 所示，用单色平行光入射，观测 SiO_2 劈尖上、下表面的反射光形成的等厚干涉条纹，即可算出膜厚 d。

[实验内容和步骤]

1. 测平凸透镜的曲率半径

(1)安放好仪器，打开钠光灯开关，把牛顿环干涉镜置于读数显微镜物台上，使之处于物镜正下方。

(2)调整半反镜(一般为 45°)，使读数显微镜的目镜中看到均匀明亮的光场，并调节显微镜目镜，使十字叉丝清晰、视场光强最大、且能看到清晰的牛顿环。

(3)使物台移动的方向平行于十字叉丝之一(如何调节，请读者思考)。

(4)观察干涉条纹的分布特征，如形状、中央斑的情况、条纹疏密等。

(5)转动测微鼓轮，依次测各级暗纹相应位置的刻度值：使叉丝从牛顿环中心向一侧移动，可至第 $m+2$ 级止。之后，反转鼓轮，使叉丝反方向移动，自叉丝之一相切于第 m 级暗纹外侧始，依次测第 $m,m-1,m-2,\cdots,n$ 级暗纹刻度值。继续同方向转动鼓轮，使叉丝过牛顿环中心向另一侧移动，自第 n 级暗纹起，测第 $n,n+1,\cdots,m$ 级暗纹内侧刻度值。测量时避开最中心的一环。

(6)将所测数据记录于自拟的表格中，计算各暗环的直径 D 和 D^2，由逐差法求 $\overline{D_m^{\,2}-D_n^{\,2}}$，从而求出透镜的曲率半径 $\overline{R}=\frac{\overline{D_m^{\,2}-D_n^{\,2}}}{4(m-n)\lambda}$ 及其误差 σ_R 和相对误差 E。

2. 利用劈尖干涉现象测微小线度

(1)将两块平板玻璃片置于读数显微镜物台上，在两玻璃片之间插入一待测薄片(或细丝)，应使片缘(或细丝)与玻璃片交线平行。

(2)调节显微镜以看清叉丝和干涉条纹。

(3)测出 $N=20$ 条暗纹的宽度 L_N，测出薄片(或细丝)边缘至玻璃片交线的距离 L。分别测 3 次，取平均值。

(4)求出薄片厚度(或细丝直径)d。

(5)观察镀 SiO_2 膜的硅片样品的等厚干涉图样。

[数据记录及处理]

本实验的数据处理需使用逐差法和作图法两种方法进行,对于误差分析需要仔细阅读本书第一部分关于误差处理与数据处理的内容,以掌握正确的误差分析方法。

用作图法或最小二乘法对测量曲率半径的数据进行处理:

按 $D_k=\sqrt{4(k+m)R\lambda}$($m$ 为中心处重合的环数),两边平方得

$$D_k^2=4(k+m)R\lambda$$

测第 k 级环时,设左边读数为 $r_{左}$,右边读数 $r_{右}$,有

$$(r_{左}-r_{右})_k^2=4(k+m)R\lambda$$

令 $y=(r_{左}-r_{右})_k^2$,则

$$y=4(k+m)R\lambda=4kR\lambda+4mR\lambda=ck+d$$

式中,$c=4R\lambda$;$d=4mR\lambda$。

由作图法或最小二乘法求出 c 和 d,已知波长 λ,即可求出曲率半径 R。

[注意事项]

(1)测量过程中,测微鼓轮只能向一个方向旋转,不得中途倒转,以免“空转”引起误差。

(2)爱护仪器,各光学镜面不得用手或其他物体触摸。

(3)牛顿环镜上的夹持螺丝不可拧得过紧,以防压碎镜片。

[思考题]

1. 预习思考题(预习实验时完成)

(1)什么是牛顿环?

(2)相邻明暗条纹的空气膜厚度差是多少?

(3)牛顿环中心条纹的级数高还是边缘条纹的级数高?为什么?

(4)写出牛顿环求曲率半径的公式,并指出哪些是已知量,哪些是本实验要测量的量。

(5)牛顿环的平凸透镜凸面若出现一个小坑,则在此处的条纹将向内弯曲还是向外弯曲?为什么?

2. 课后思考题

(1)从读数显微镜看到的是经放大的牛顿环的像,测出的干涉环直径是否也为放大值?

(2)牛顿环是非等间隔的干涉环,为什么在实验中仍用逐差法处理数据?

(3)怎样利用劈尖干涉现象测表面平整度?

(4)硅样品的 A 边缘是明还是暗?为什么?镀层上、下表面反射光的光程差如何?

(5)牛顿环的干涉条纹形成在什么位置?试画图说明。

实验四　光敏电阻特性研究

光电式传感器是将光信号转换为电信号的光敏器件。它可用于检测直接引起光强变化的非电量，如光强、辐射测温、气体成分分析等，也可用来检测能转换成光量变化的其他非电量，如零件线度、表面粗糙度、位移、速度、加速度等。光电式传感器具有非接触、响应快、性能可靠等特点，因而得到广泛应用。光电传感器是目前产量最多、应用最广的传感器之一。

[实验目的]

(1)了解内光电效应、外光电效应。

(2)深入理解光敏电阻的原理及其性能参数。

(3)测量光敏电阻的伏安特性和光照特性。

[实验仪器]

透镜、偏振器、导轨、光敏电阻、光源、光源电源、万用表、稳压电源、导线。实验仪器的实物见图 4-4-1。

图 4-4-1

[实验原理]

1. 光电效应

光电式传感器的物理基础是光电效应，即半导体材料的许多电学特性都由于受到光的照射发生变化。光电效应分为两类:外光电效应和内光电效应。

(1)外光电效应。在光照射下，电子逸出物体表面向外发射的现象称为外光电效应，亦称为光电发射效应。它是在 1887 年由德国科学家赫兹发现的。众所周知，每个光子具有的能量为 $E=h\upsilon$，物体在光照射下，电子吸收了入射的光子能量后，一部分用于克服物质对电子的束缚，另一部分转化成逸出电子的动能，如果光子的能量 E 大于电子的逸出功A,则电子逸出。基于这种效应的光电器件有光电管、光电倍增管等。

(2)内光电效应。内光电效应分为两类:光电导效应和光生伏特效应。

1)光生伏特效应:半导体材料吸收光能后,在PN节上产生电动势的效应。应用此原理较常用的实例是光电池,原理见本书第四部分实验十——硅光电池特性研究。

2)光电导效应:入射光强改变物质导电率的物理现象,叫光电导效应。这种效应在几乎所有高电阻率半导体都有,其基本原理如下:

在入射光作用下,半导体材料的电子吸收光子能量,从价带激发到导带,过渡到自由状态,同时价带也因此形成自由空穴,致使导带的电子和价带的空穴浓度增大,引起材料的电阻率减小。为使电子从价带激发到导带,入射光子的能量E_0应大于禁带宽度E_g,如图4-4-2所示,即光波长应小于临界波长λ_0。

$$\lambda_0=\frac{hc}{E_g}=\frac{1\ 239}{E_g}\ \text{nm} \tag{4-4-1}$$

式中,E_g以电子伏特(eV)为单位($1\ \text{eV}=1.60\times10^{-19}\ \text{J}$),$c$为光速($\text{m}\cdot\text{s}^{-1}$),$h=6.63\times10^{-34}(\text{J}\cdot\text{s})$为普朗克常数。$\lambda_0$也称为截止波长。根据半导体材料不同的禁带宽度可得相应的临界波长。

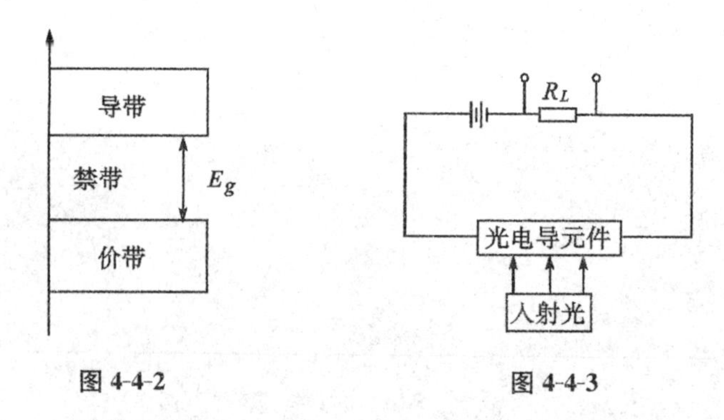

图4-4-2　　图4-4-3

图4-4-3为光电导元件工作示意图。图中光电导元件与偏置电源及负载电阻R_L串联。在一定强度的光的连续照射下,光电导元件达到平衡状态。测量R_L两端的电压,即可得到通过光电导元件的光电流密度。一般的,增加光电流密度要选择载流子寿命长、迁移率大的材料,而且应该尽量缩短两极间距和提高外加电压。随着光能的增强,光生载流子浓度也增大,但同时电子与空穴间的复合速度也加快,因此光能量和光电流之间的关系不是线性的。基于光电导效应的光电器件有光敏电阻。光电导效应广泛应用于光电传感器。

2. 光敏电阻

(1)光敏电阻的结构原理。光敏电阻的工作原理是基于光电导效应:在无光照时,光敏电阻具有很高的阻值;在有光照时,当光子的能量大于材料禁带宽度,价带中的电子吸收光子能量后跃迁到导带,激发出可以导电的电子—空穴对,使电阻降低;光线越强,激发出的电子—空穴对越多,电阻值越低,光照停止后,自由电子与空穴复合,导电性下降,电阻恢复原值。

由于光导体吸收光子而产生的光电效应,只限于光照表面的薄层,虽然产生的载流子也有少数扩散到内部去，但扩散深度有限，因此一般都把半导体材料制成薄层，并赋予适当的电阻值，电极构造通常做成梳形，如图 4-4-4(a)所示。它是在一定的掩模下向光电导薄膜上蒸镀金或铟等金属形成的，这样，光敏电阻电极之间的距离短，载流子通过电极的时间 T_c少，而材料的载流子寿命 τ_c又比较长，于是就有很高的内部增益 G，从而可获得很高的灵敏度。光敏电阻具有很高的灵敏度，很好的光谱特性，光谱响应在从紫外区到红外区范围内，在电路图中可用 R_G表示，如图 4-4-4(b)所示。而且体积小、质量轻、价格便宜，因此应用比较广泛。

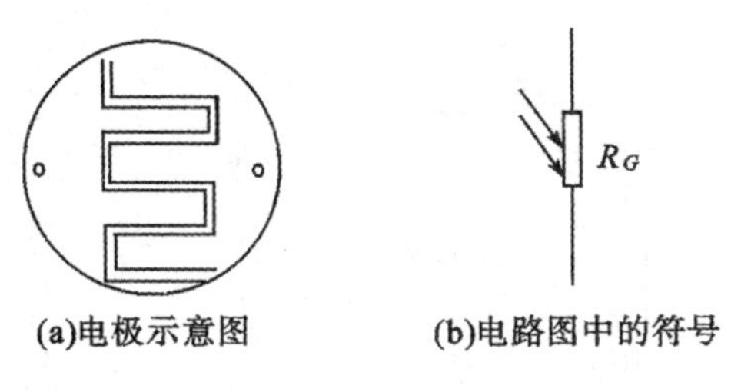

(a)电极示意图　(b)电路图中的符号

图 4-4-4

(2)光敏电阻基本特性和主要参数：

1)暗电阻、亮电阻、光电流。光敏电阻在室温条件下，全暗后经过一段时间测量的电阻值，称为暗电阻。此时在给定工作电压下流过光敏电阻的电流称为暗电流。光敏电阻在某一光照下的阻值，称为该光照下的亮电阻，此时流过的电流称为亮电流。亮电流与暗电流之差称为光电流。光敏电阻的暗电阻越大，而亮电阻越小则性能越好。也就是说，暗电流越小，光电流越大，这样的光敏电阻灵敏度就高。实际应用的暗电阻在 0.1～100 MΩ 范围内，而亮电阻在 0.1～100 kΩ 范围内。

2)光照特性。光敏电阻的光电流与光强之间的关系，称为光敏电阻的光照特性。不同类型的光敏电阻，光照特性不同。但多数光敏电阻的光照特性曲线均成非线性曲线。如图 4-4-5 所示。

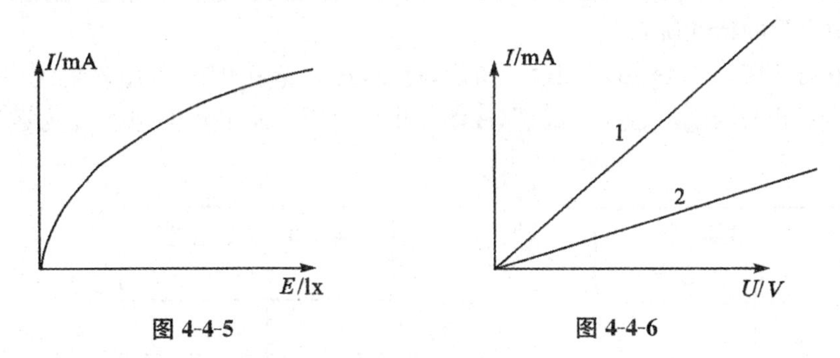

图 4-4-5　图 4-4-6

3)伏安特性。在一定照度下，光敏电阻两端所加的电压与光电流之间的关系，称为伏安特性，如图 4-4-6 所示。由曲线可知，在给定的偏压下，光照度越大，光电流也越大；在一定的光照强度下，电压越大，光电流越大，且没有饱和现象。但是需注意不能无限提高电压，任何光敏电阻都有最大额定功率、最高工作电压和最大额定电流。超过最大额定电压和额定电流，都可能导致光敏电阻永久性的损坏。光敏电阻的最高工作电压是由耗散功率决定的。而光敏电阻的耗散功率又与面积大小及散热条件等因素有关。图 4-4-6 中线 1、线 2 表示光敏电阻表面光照强度不同时的伏安特性曲线。

[实验内容及步骤]

1. 仪器的调整

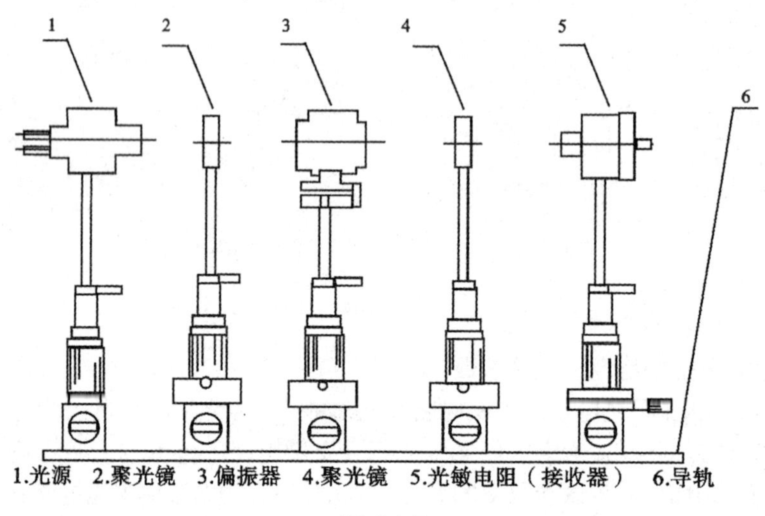

图 4-4-7

(1)粗调:按照图 4-4-7 所示,在导轨上安置 5 个磁力滑座,分别将光源、聚光镜、偏振器、聚光镜、接收器插入滑座内。目测调节至各光学元件、光源的中心轴大致等高,并处于同一轴线上。

(2)细调:根据透镜共轭法成像的特点,将光源和两透镜调整至共轴等高,将偏振器调整至与光轴等高,再调节两透镜位置使出射光能均匀照射到光敏电阻并使光电流输出最大。

2. 光敏电阻的特性研究

仪器电路连接如图 4-4-8、图 4-4-9 所示,稳压电源、光敏电阻、万用表组成一个串联电路。将万用表开关挡拨到“直流电流”($\overline{A}$)挡,此时万用表所显示的电流即为通过光敏电阻的电流。

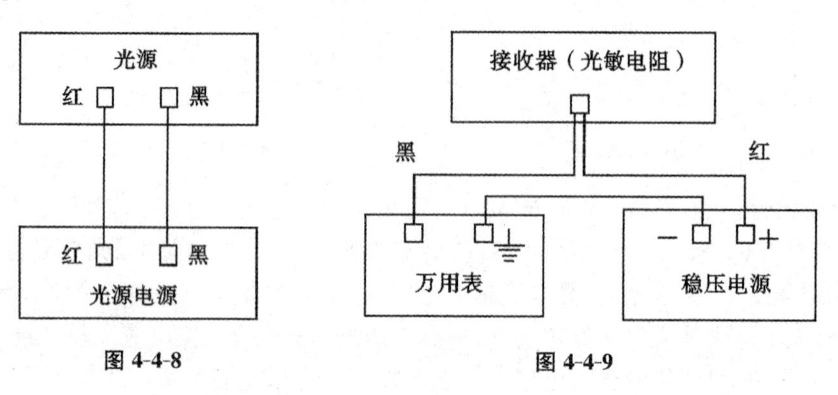

图 4-4-8　　图 4-4-9

(1)测量光敏电阻的照度 E 与光电流 I 的关系——光照特性。将稳压电源调至 18 V,固定不变。连续旋转偏振器,就可以看到万用表所显示的电流发生变化。这是因为旋转偏振器,使透过偏振器照射到光敏电阻表面上的光强也随之发生变化,仔细调整偏振器,万用表所示电流最大时,透过偏振器的光照度最大,设此时辐射到光敏电阻表面的光强为 L_0,记录偏振器所示角度为 θ_0。继续旋转偏振器至角度 θ_1,根据马吕斯定律,此时透过偏振器的光强为 $L=L_0\cos^2(\theta_1-\theta_0)$,记录此时通过光敏电阻的光电流。在 $0°\leqslant(\theta_1-\theta_0)\leqslant180°$ 范围内,每隔 10°测量一次。

由本节附录可知,在本次实验中,光照度 E 和光强 L 之间成正比,光强 L 与 $\cos^2(\theta_1-\theta_0)$ 成正比。所以光敏电阻的光照特性,可以通过 $\cos^2(\theta_1-\theta_0)$ 与光电流 I 的关系来描绘。

(2)测量光敏电阻的电压与光电流的关系——伏安特性。

1)将偏振器旋转至 θ_0,即透过光强最大处,固定角度不变。调整稳压电源所输出电压的大小,万用表所显示的电流发生变化。在 $0\leqslant U\leqslant19$ V 范围内,调整电压输出值,每隔 1 V,记录电压大小与光电流数值,计算出此状态下光敏电阻的阻值(万用表阻值忽略不计),并作图表示。

2)将偏振器旋转至 $\theta_1(\theta_1-\theta_0=45°)$ 处,固定角度不变,在 $0\leqslant U\leqslant19$ V 范围内,调整电压输出值,每隔 1 V,记录电压大小与光电流数值,计算出此状态下光敏电阻的阻值(万用表阻值忽略不计),并作图表示。

[数据记录及处理]

1. 画出图 4-4-8 所示线路的电路图。

2. 实验数据记录

(1)光照特性:

$U=18$ V 时

$\theta_1-\theta_0$	0°	10°	20°	30°	40°	50°	60°	70°	80°	90°
I/mA										
$\theta_1-\theta_0$	100°	110°	120°	130°	140°	150°	160°	170°	180°	
I/mA										

(2)伏安特性:

$\theta_1=\theta_0$ 时

U/V	0	1	2	3	4	5	6	7	8	9	10
I/mA											
U/V	11	12	13	14	15	16	17	18	19		
I/mA											

$\overline{R}=$__________Ω。

$\theta_1-\theta_0=45°$时

U/V	0	1	2	3	4	5	6	7	8	9	10
I/mA											
U/V	11	12	13	14	15	16	17	18	19		
I/mA											

$\overline{R}=$__________Ω。

(3)作图表示光敏电阻的光照特性与伏安特性。

[注意事项]

(1)在将电学仪器和器件用导线连接前,电源不能打开。按电路图连接完成并检查无误后,方可打开电源,且要保证稳压电源输出电压不超过 19 V。

(2)实验过程中不可用手直接触碰聚光镜、偏振器等光学元件的表面,以免污染光学表面,降低传光效率。

[思考题]

(1)实验中采用数字万用表测量光敏电阻的光电流大小。试分析,如果考虑万用表的内阻,会对实验结果有什么影响?

(2)实验中要求调节各元件中心同轴等高的位置,并且要调节两聚光透镜的位置。如果未这样做,对实验结果有何影响?

[附录]

(1)光通量。光通量(luminous flus)是由光源向各个方向射出的光功率,亦即每一单位时间射出的光能量,以 φ 表示,单位为流明(lumen,简称 lm)。

(2)光强度。光强度(luminous intensity)是光源在单位立体角内辐射的光通量,以 L 表示,单位为坎德拉(candela,简称 cd)。1 坎德拉表示在单位立体角内辐射出 1 流明的光通量。

(3)光照度。光照度(illuminance)是从光源照射到单位面积上的光通量,以 E 表示,照度的单位为勒克斯(Lux,简称 lx)。

(4)设一个光源发出的光通量为 φ,那么其光强度为 $L=\varphi/4\pi$,那么在距离光源 d 处($d\gg$光源线度,即所测平面对应的立体角很小,可忽略曲面和平面间的误差)的光照度 $E=\varphi/4\pi d^2$,那么在距离光源 d 处 $L=Ed^2$。即在距离光源位置一定时,光强与光照度成正比。

实验五 光的衍射

衍射是一切波传播都具有的固有属性，日常生活中声波、水波、无线电波（如 WiFi 信号）等的衍射行为都容易观察到。光具有波粒二象性，在一定条件下，光传播过程中遇到障碍物或小孔时，光波将偏离直线传播路径绕射到障碍物背面继续传播，发生衍射。光的衍射在生活中不易被察觉到是因为可见光的波长很短，并且普通光源为非相干光源，较难发生明显的衍射现象。光的衍射同光的干涉一样证明了光具有波动性。

[实验目的]

（1）通过对光的衍射现象的观察，加深对光衍射原理的认识。

（2）加强对夫琅禾费单缝衍射的理解，熟悉衍射条纹分布规律。

（3）测量单缝衍射图形的一维光强分布，根据衍射规律测量单缝宽度。

（4）选做小孔、小屏、矩孔、双孔、光栅和正交光栅等的衍射演示实验。

[实验仪器及介绍]

1. 实验仪器

激光器座、半导体激光器、导轨、二维调节架、一维光强测试装置、可调狭缝（0～1 mm 连续可调）、光电探头、小孔屏、分划板、数字式检流计等。

2. 仪器介绍

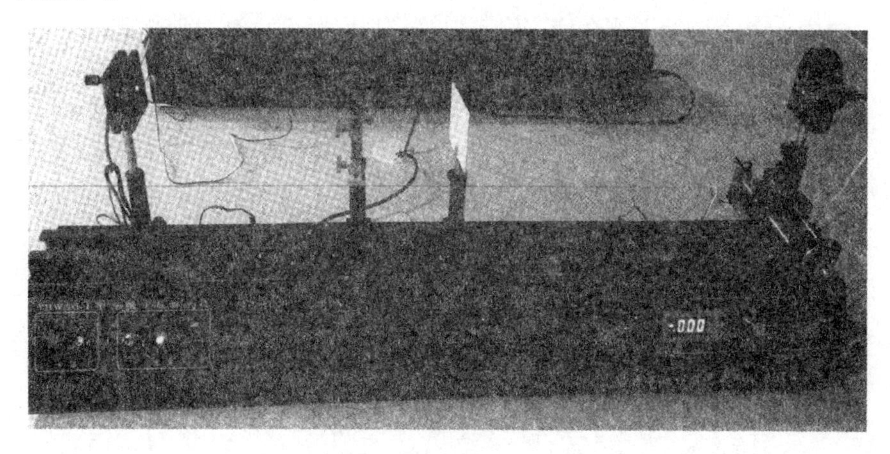

图 4-5-1

具体仪器为 YHWGC-Ⅰ型光强分布测试仪，各部件布置顺序如图 4-5-1 所示。其中，实验采用硅光电池作光电转换元件，数字式检流计测量光电转换后的光电流值，为了实现光强分布的逐点测量，在光电池表面处装一狭缝光阑，用以控制光电池的受光面积，硅光电池和光阑安装在可以沿水平方向移动的测量装置上，其位置由测量装置准确读出。

[实验原理]

1. 单缝的夫琅禾费衍射

光的衍射现象是光的波动性的重要表现。根据光源和观察衍射图像的屏幕（衍射屏）到产生衍射的障碍物的距离不同，分为菲涅耳衍射和夫琅禾费衍射，前者是光源和衍射屏到衍射物的距离为有限远时的衍射，即所谓近场衍射；后者则是光源和衍射屏到衍射物的距离为无限远（平行光束）时的衍射，即所谓远场衍射。要实现夫琅禾费衍射，必须保证光源到单缝的距离和单缝到衍射屏的距离均为无限远（或相当于无限远），即要求照射到单缝上的入射光、衍射光都为平行光，屏应放到相当远处，在实验中用两个透镜即可达到此要求。实验光路如图 4-5-2 所示。

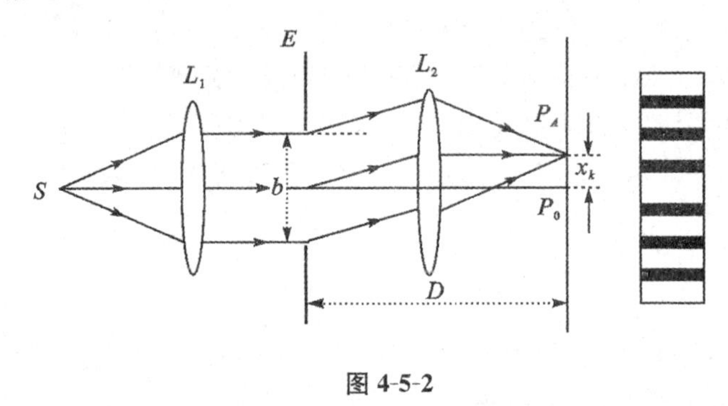

图 4-5-2

与狭缝 E 垂直的衍射光束会聚于屏上 P_0 处，是中央明纹的中心，光强最大，设为 I_0，与光轴方向成 φ 角的衍射光束会聚于屏上 P_A 处，P_A 的光强由下式计算可得：

$$I_A = I_0 \frac{\sin^2\beta}{\beta^2} \quad （其中，\beta = \frac{\pi b \sin\varphi}{\lambda}） \tag{4-5-1}$$

式中，b 为狭缝的宽度，λ 为单色光的波长。当 $\beta=0$ 时，光强最大，称为主极大，主极大的强度决定于光强的强度和缝的宽度。当 $\beta=k\pi$，即

$$\sin\varphi = k\frac{\lambda}{b} \quad (k=\pm1,\pm2,\pm3,\cdots) \tag{4-5-2}$$

此时，在观察屏上将出现暗条纹。

除了主极大之外，两相邻暗纹之间都有一个次极大，由数学计算可得出这些次极大的位置在 $\beta=\pm1.43\pi,\pm2.46\pi,\pm3.47\pi,\cdots$ 处，这些次极大的相对光强 I/I_0 依次为 0.047，0.017，0.008，…。

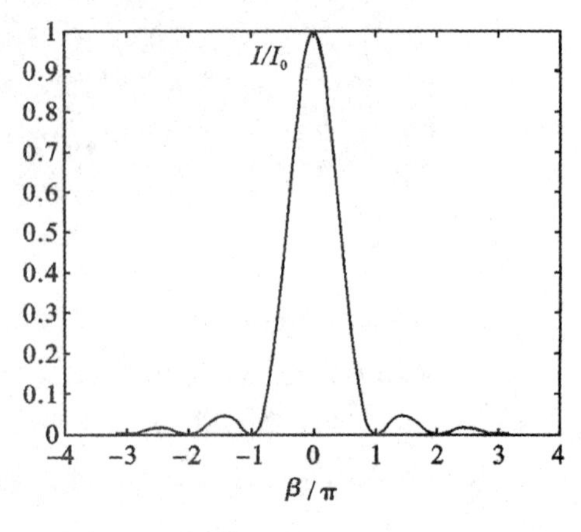

图 4-5-3

夫琅禾费衍射的光强分布如图 4-5-3 所示。可以在坐标纸上以测量装置的移动距离为横轴、光电流值为纵轴，将记录下来的数据绘制出来，即是单缝衍射光强分布图，最后将各次极大相对光强与理论值进行比较，分析产

生误差的原因。

2. 计算单缝宽度

用激光器作光源，光束的方向性好，能量集中，且缝的宽度 b 一般很小，这样就可以不用透镜 L_1。若观察屏(接收器)距离狭缝也较远(即 $D \gg b$)，则透镜 L_2 也可以不用，此时 φ 值比较小，则有

$$\sin\varphi \approx \tan\varphi = x/D \tag{4-5-3}$$

$$b = k\lambda D/x_k \tag{4-5-4}$$

狭缝宽度测量步骤为：

(1)测量单缝到光电池的距离 D，可通过导轨上相应移动座间的距离直接读出。

(2)从步骤(1)中所得的分布曲线可得各级衍射暗条纹到明条纹中心的距离 x_k，求出同级距离 x_k 的平均值 $\overline{x_k}$，将其和 D 值代入公式(4-5-4)，计算出单缝宽度，用不同级数的结果计算平均值。

[实验内容及步骤]

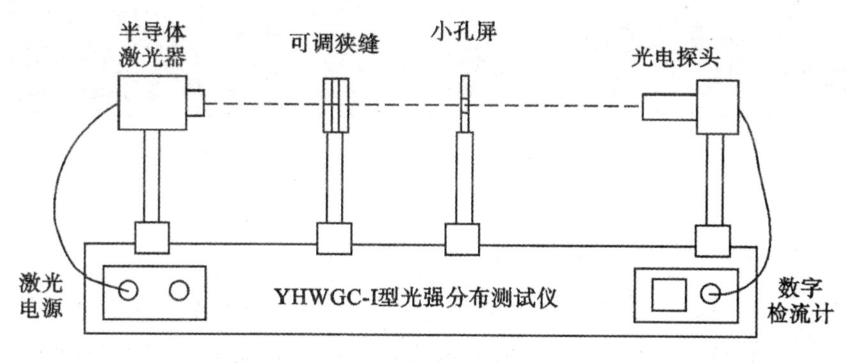

图 4-5-4

(1)按图 4-5-4 搭好实验装置，接好半导体激光器电源。

(2)打开激光器，用小孔屏调整光路，使出射的激光束与导轨平行。

(3)打开检流计电源，预热及调零，并将测量线连接其输入孔与光电探头。

数字检流计的实物图如图 4-5-5 所示，分为从 2 μA 到 20 mA 共 5 挡，接上测量线(线芯接负端，屏蔽层接正端，如若接反，会显示“—”)，使用过程中需注意选择适当量程。如果被测信号大于该挡量程，仪器会有超量程指示，即数码管显示“E”，其他三位均显示“9”，此时可调高一挡量程；如果数字显示小于 190，小数点不在第一位时，一般应将量程减小一挡，以充分利用仪器的分辨率。

(4)调节二维调节架，选择所需要的单缝、双缝、可调狭缝等，对准激光束中心，使之在小孔屏上形成良好的衍射光斑。

(5)移去小孔屏，调整一维光强测量装置，使光电探头中心与激光束高低一致，移动方向与激光束垂直，起始位置适当，选择光电探头前的狭缝大小可根据不同狭缝宽度所产生的衍射条纹的宽度而确定。

(6)测量不少于5级(中间为0级)衍射条纹的光强分布,转动手轮,使光电探头沿衍射图样展开方向(x轴)单向平移,以等间隔的位移(如0.5 mm、1 mm等)对衍射图样的光强进行逐点测量,记录位置坐标x和对应的检流计(置适当量程)所指示的光电流值读数I,要特别注意衍射光强的极大值和极小值所对应坐标的测量。

位移测量只记录相对位移量即可,转轮的实物图如图4-5-6所示,其中每小格对应的位移量为0.01 mm。由于激光衍射所产生的散斑效应,光电流值显示在时示值的约10%范围内上下波动,属正常现象,实验中可根据判断选一中间值。由于一般相邻两个测量点(如间隔为0.5 mm时)的光电流值相差一个数量级,故该波动一般不影响测量。

图 4-5-5

图 4-5-6

[数据记录及处理]

绘制衍射光的相对强度I/I_0与位置坐标x的关系曲线。由于光的强度与检流计所指示的电流读数成正比,因此可用检流计的光电流的相对强度i/i_0代替衍射光的相对强度I/I_0。

表 4-5-1

x_i/mm										
$I_i/\times10^{-6}$ A										
x_i/mm										
$I_i/\times10^{-6}$ A										

据实验结果,计算狭缝的宽度为$b=$______。

[注意事项]

(1)不可用手触碰可调狭缝的刀口,以及玻璃分划板的表面,以免污染刀口或光学表面,长时间引起锈蚀。

(2)不可将激光器输出光中间不经过狭缝而全部入射到光电探头内，否则可能引起光电探测器损坏。

(3)使用完毕，应将可调狭缝及两块分划板放入盒中保存好，以免受污、沾上灰尘，受损。

[思考题]

(1)可调狭缝的缝宽变化对衍射条纹有什么影响？硅光电池前的狭缝光阑的宽度对实验结果有什么影响？

(2)实验中采用红光激光作为光源，如果采用白光光源，形成的衍射条纹是什么样的？

(3)若在单缝到观察屏的空间区域内，充满着折射率为 n 的某种透明媒质，此时单缝衍射图样与不充媒质时有何区别？

[选做或拓展]

按前述单缝衍射实验的步骤做好实验准备，调好光路，通过调换仪器所配的两块分划板，可将小孔、小屏、矩孔、双孔、光栅及正交光栅等不同器件产生的衍射、干涉现象在小孔屏上演示出来。

[附录]

分划板分小孔狭缝板和光栅板两种，详细规格见附图 4-5-1、附图 4-5-2。

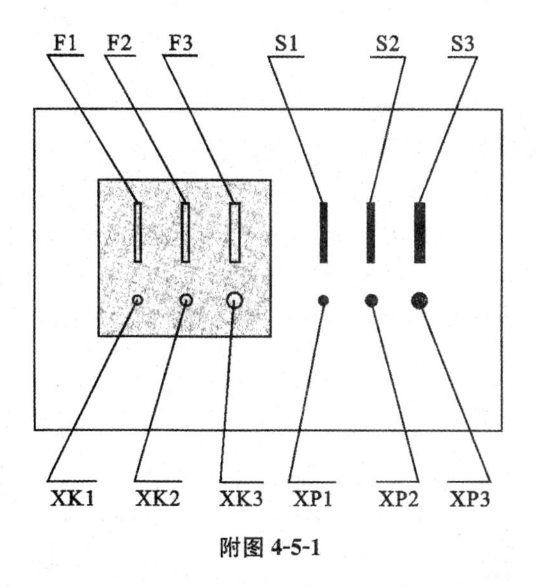

附图 4-5-1

单缝　F1:$a=0.1$　F2:$a=0.2$　F3:$a=0.3$

单丝　S1:$a=0.1$　S2:$a=0.2$　S3:$a=0.3$

小孔　XK1:$\varphi=0.2$　XK2:$\varphi=0.3$　XK3:$\varphi=0.4$

小屏　XP1:$\varphi=0.2$　XP2:$\varphi=0.3$　XP3:$\varphi=0.4$

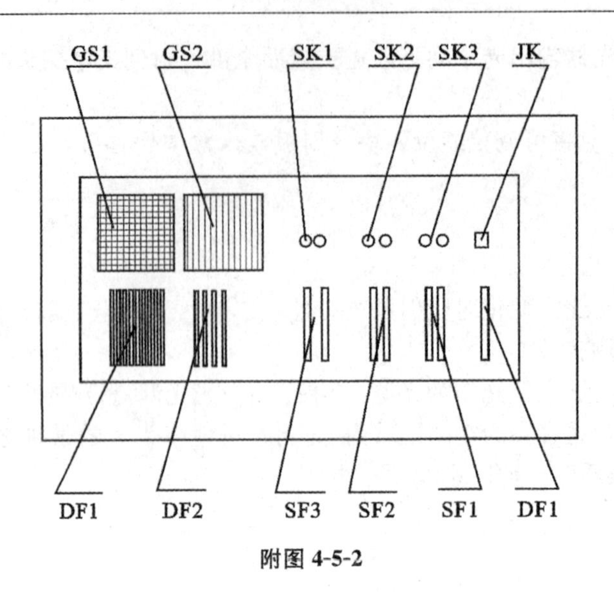

附图 4-5-2

正交光栅 GS1：纵、横均为 50 条·毫米$^{-1}$ 光栅 GS2：50 条·毫米$^{-1}$

双孔 $\Phi=0.2$ SK1：$d=0.25$ SK2：$d=0.32$ SK3：$d=0.4$

矩孔 JK：$a=0.12$，$b=0.2$ 单缝 DF1：$a=0.08$

双缝 SF1：$a=0.08$ $d=0.16$ SF2：$a=0.08$ $d=0.20$ SF3：$a=0.06$ $d=0.10$

多缝 DF1：4 缝 $a=0.06$ $d=0.1\times4$ DF2：9 缝 $a=0.06$ $d=0.1\times9$

实验六 光偏振现象的研究

光的偏振是波动光学中一种重要现象，对于光的偏振现象的研究，使人们对光的传播（反射、折射、吸收和散射等）的规律有了新的认识。特别是近年来利用光的偏振性所研发出来的各种偏振光元件、偏振光仪器和偏振光技术在现代科学技术中发挥了极其重要的作用，在光调制器、光开关、光学计量、应力分析、光信息处理、光通信、激光和光电子学器件等方面都有着广泛的应用。本实验将对光偏振的基本知识和性质进行观察、分析和研究，从而了解和掌握偏振片、1/4 波片和 1/2 波片的作用及应用，加深对光的偏振性质的认识。

[实验目的]

(1)了解偏振光的种类；重点掌握线偏振光、圆偏振光、椭圆偏振光的产生及检验方法。

(2)验证马吕斯定律。

(3)了解和掌握 1/4 波片的作用及应用。

(4)了解 1/2 波片的作用及应用。

[实验仪器]

本实验使用的仪器包括激光器、偏振片、波片、光功率计以及轨道等，如图 4-6-1 所示。具体说明如下：

图 4-6-1

(1)一个固定在转盘上的半导体激光器，它发出的波长为 650 nm，激光器配有 3 V 专用直流电源。

(2)两个固定在转盘上直径为 2 cm 的偏振片，一个为起偏器，一个为检偏器。注意：转盘上的 0°读数位置不一定是偏振轴所指方向。

(3)两个固定在转盘上直径为 2 cm 的 1/4 波片。注意：转盘上的 0°读数位置不一定是 1/4 波片的快轴或慢轴位置。

(4)带光接收器的数字式光功率计。量程有 2 mW 和 200 μW 二挡，实验时根据需要灵活选择挡位，保证测量结果的准确性。

(5)光具座。　　(6)遮光罩。　　(7)手电筒。

[实验原理]

1. 偏振光的种类

光是电磁波，它的电矢量 $\boldsymbol{E}$ 和磁矢量 $\boldsymbol{H}$ 相互垂直，且又垂直于光的传播方向，通常用电矢量代表光矢量，并将光矢量和光的传播方向所构成的平面称为光的振动面。按光矢量的不同振动状态，可以把光分为五种偏振态：如果光矢量沿着一个固定方向振动，称线偏振光或平面偏振光；如果在垂直于传播方向内，光矢量的方向是任意的，且各个方向的振幅相等，则称为自然光；如果有的方向光矢量振幅较大，有的方向振幅较小，则称为部分偏振光；如果光矢量的大小和方向随时间作周期性变化，且光矢量的末端在垂直于光传播方向的平面内的轨迹是圆或椭圆，则分别称为圆偏振光或椭圆偏振光。

2. 线偏振光的产生

(1)反射和折射产生偏振。根据布儒斯特定律，当自然光以 $i_b=\arctan n$ 的入射角从空气或真空入射至折射率为 n 的介质表面上时，其反射光为完全的线偏振光，振动面垂直于入射面；而透射光为部分偏振光。i_b 称为布儒斯特角。如果自然光以 i_b 入射到一叠平行玻璃片堆上，则经过多次反射和折射，最后从玻璃片堆透射出来的光也接近于线偏振光。

(2)偏振片。它是利用某些有机化合物晶体的“二向色性”制成的，当自然光通过这种偏振片后，光矢量垂直于偏振片透振方向的分量几乎完全被吸收，光矢量平行于透振方向的分量几乎完全通过，因此透射光基本上为线偏振光。用来产生偏振光的偏振器称为起偏器，用来检验偏振光的偏振器称为检偏器。实际上，能产生偏振光的器件，同样可以用作检偏器。

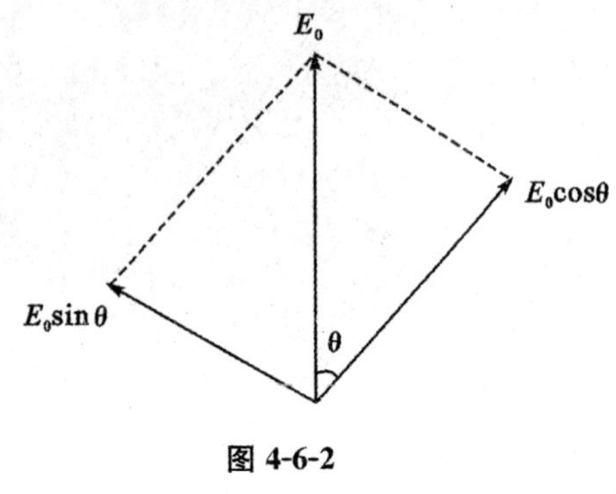

图 4-6-2

3. 马吕斯定律

当两偏振片相对转动时，透射光强就随着两偏振片的透光轴的夹角而改变，如图 4-6-2 所示。如果偏振片是理想的，当它们的透光轴互相垂直时，透射光强应为零；当夹角 θ 为其他值时，透射光强为 $I=I_0\cos^2\theta$，式中 I_0 是两光轴平行($\theta=0°$)时的透射光强，此式称为马吕斯定律。

4. 波晶片

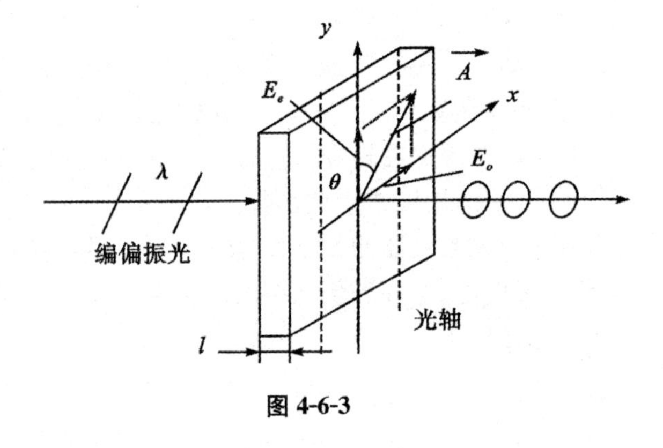

图 4-6-3

波晶片简称波片，它通常是一块光轴平行于表面的单轴晶片。一束平面偏振光垂直入射到波晶片后，便分解为振动方向与光轴方向平行的非寻常光(e 光)和与光轴方向垂直的寻常光(o 光)两部分(图 4-6-3)。这两种光在晶体内的传播方向虽然一致，但它们在晶体内传播的速度却不相同。于是 e 光和 o 光通过波晶片后就产生固定的相位差 $\delta=\frac{2\pi}{\lambda}(n_e-n_o)l$，式中 λ 为入射光的波长，l 为晶片的厚度，n_e 和 n_o 分别为 e 光和 o 光的主折射率。

对于某种单色光，能产生相位差 $\delta=(2k+1)\pi/2$ 的波晶片，称为此单色光的 1/4 波片；能产生 $\delta=(2k+1)\pi$ 的波晶片，称为 1/2 波片；能产生 $\delta=2k\pi$ 的波晶片，称为全波片。通常用云母片剥离成适当厚度或用石英晶体研磨成薄片制作波片。由于石英晶体是正晶体，其 o 光比 e 光的速度快，沿光轴方向振动的光(e 光)传播速度慢，故光轴称为慢轴，与之垂直的方向称为快轴。对于负晶体制成的波片，光轴就是快轴。

5. 平面偏振光通过各种波片后偏振态的改变

由图 4-6-3 可知一束振动方向与光轴成 θ 角的平面偏振光垂直入射到波片后，会产生振动方向相互垂直的 e 光和 o 光，其 $\boldsymbol{E}$ 矢量大小分别为 $E_e=E\cos\theta$，$E_o=E\sin\theta$，通过波片后，二者产生一附加相位差。离开波片时合成波的偏振性质，决定于相位差 δ 和 θ。记合

振动光矢量端点的坐标为(x,y)，则该端点的轨迹方程为

$$\frac{x^2}{E_o{}^2}+\frac{y^2}{E_e{}^2}-\frac{2xy}{E_oE_e}\cos\delta=\sin^2\delta$$

如果入射偏振光的振动方向与波片的光轴夹角为 0 或 $\pi/2$，则任何波片对它都不起作用，即从波片出射的光仍为原来的线偏振光。如果不为 0 或 $\pi/2$，线偏振光通过 1/2 波片后，出来的仍为线偏振光，但它振动方向将旋转 2θ，即出射光和入射光的电矢量对称于光轴；线偏振光通过 1/4 波片后的偏振态取决于入射线偏振光振动方向与光轴夹角 θ，可能产生线偏振光($\theta=0$ 或 $\pi/2$)、圆偏振光($\theta=\pi/4$)和长轴与光轴垂直或平行的椭圆偏振光($\theta\neq0,\pi/2$ 或 $\pi/4$)。

6. 偏振态的鉴别

鉴别入射光的偏振态须借助于检偏器和 1/4 波片。使入射光通过检偏器后，检测其透射光强并转动检偏器：若出现透射光强为零(称“消光”)现象，则入射光必为线偏振光；若透射光的强度没有变化，则可能为自然光或圆偏振光(或两者的混合)；若转动检偏器，透射光强虽有变化但不出现消光现象，则入射光可能是椭圆偏振光或部分偏振光。要进一步作出鉴别，则需在入射光与检偏器之间插入一块 1/4 波片。若入射光是圆偏振光，则通过 1/4 波片后将变成线偏振光，当 1/4 波片的慢轴(或快轴)与被检测的椭圆偏振光的长轴或短轴平行时，透射光也为线偏振光，于是转动检偏器也会出现消光现象；否则，就是部分偏振光。

[实验内容及步骤]

本实验采用波长为 650 nm 的半导体激光器，它发出的是部分偏振光，因此需要在它前面加起偏器 P，为了使获得的线偏振光光强最强，偏振片的偏振轴应与激光最强的线偏振分量一致。将各偏振元件按图 4-6-4 放好，暂时不放 1/4 波片 C 和偏振片 P，图中 A 为检偏器。先使 A 的偏振轴与激光最强的线偏振分量一致，这时光功率计读数最大。然后放上偏振片 P，转动 P，使光功率计读数再次为最大，这时从 P 输出功率较大的线偏振光。再使 A 的偏振轴与激光的电矢量垂直，因此出现消光现象，记下偏振片 A 消光时的位置读数 $A(0)$。最后将 1/4 波片 C 放在 A 前面，旋转 C，使再次出现消光现象，这时 1/4 波片的快轴与激光电矢量方向平行或垂直，记下 1/4 波片 C 消光时位置读数 $C(0)$。

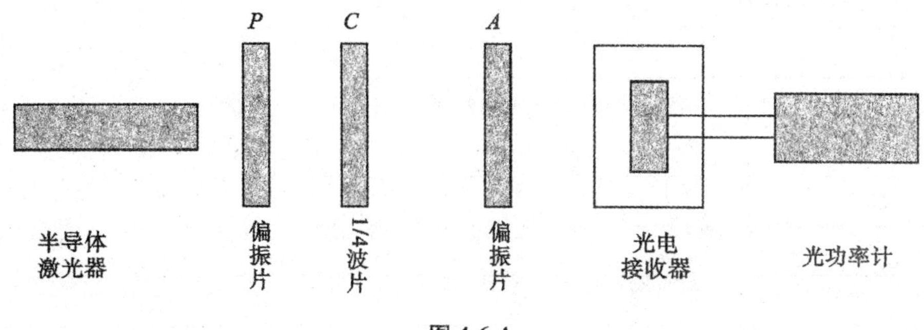

图 4-6-4

1. 验证马吕斯定律

置起偏器读数鼓轮于最大出射光强位置，最大光强即 I_0（注意：零刻度不一定是最大光强位置）。每次转动检偏器 2°或 4°，开始测量，从功率计（置适当量程）上读取数值，逐点记录下来，测量半周（180°）。注意：验证马吕斯定律不需要使用 1/4 波片。

用方格纸或坐标纸将记录下来的数值描绘出来就是偏振光实验的光强变化图，验证公式 $I=I_0\cos^2\theta$；在转动检偏器一周的过程中，可找到两个位置，在功率计上的读数为零时，出射光强为零，此现象为消光现象，但因为杂散光或偏振片不完全理想等因素，无法得到完全的消光效果，所以一般情况下，可在检流计上读出接近于零的最小读数。正常时，起、检偏器的夹角为 90°或 270°。

2. 1/4 波片的作用

将 1/4 波片 C 放上，按顺序调好光路，旋转 1/4 波片 C，以改变其快（或慢）轴与入射线偏振光电矢量（即偏振片 P 偏振轴方向）之间夹角 θ。当 θ 分别为 15°、30°、45°、60°、75°、90°时，将 A 逐渐旋转 360°，观察光强的变化情况（通过光功率计观察），记下两次最大值和最小值，注意最大和最小值之间偏振片 A 是否转过约 90°，并由此说明 1/4 波片出射光的偏振情况。

3. 圆偏振光、椭圆偏振光的鉴别

单用一块偏振片无法区别圆偏振光和自然光，也无法区分椭圆偏振光和部分偏振光，请设计一个实验，要求用一块 1/4 波片产生圆偏振光或椭圆偏振光，再用另一块 1/4 波片将其变成线偏振光（该线偏振光振动方向是否还和原来一致?）。记录下你的实验过程和实验结果，通过这个实验，想一想：是否可借助于 1/4 波片把圆偏振光和自然光分别开来，把椭圆偏振光和部分偏振光分别开来？为什么？

[数据记录及处理]

1. 验证马吕斯定律数据记录表格

表 4-6-1

检偏器转动角度/(°)	0	4	8	12	16	…	…	…	180
功率计 / mW									

2. 1/4 波片的作用

表 4-6-2

1/4 波片转过的角度 θ	A 转动 360°，观测到极大、极小值的光功率读数/μW				判断光的偏振性质
15°					
30°					
45°					
60°					
75°					
90°					

[注意事项]

(1)由于光源为部分偏振光,因此实验时应转动起偏器,使光强达到较大的量值即可,但是不要超过光功率计转换后的量程。

(2)观察前应调节整个光学系统,使之共轴,并尽量满足使平行光垂直入射到各个光学元件上的要求。

(3)减少周围杂散光的影响。

(4)由于偏振片和波片并非理想元件等原因,观察到的现象与理论有一定的误差。

(5)注意眼睛的保护,不要直视激光器。

[选做或拓展]

1. 1/2 波片的作用

如图 4-6-4 所示的装置中,A 和 C 分别处于 $A(0)$ 和 $C(0)$ 位置时,在 C 和 A 之间再插入一个 1/4 波片 C',使 C 和 C' 组成一个 1/2 波片,请考虑如何实现这一要求。

在 P 和 A 之间放上由 C 和 C' 组成一个 1/2 波片,将此波片旋转 360°,能看到几次消光现象? 请加以解释。将 C 和 C' 组成的 1/2 波片,任意转过一个角度,破坏消光现象,再将 A 旋转 360°,又能看到几次消光现象? 为什么?

改变由 C 和 C' 组成的 1/2 波片的快(或慢)轴与激光振动方向之间夹角 θ 的数值,使其分别为 15°、30°、45°、60°、75°、90°。旋转 A 到消光位置,记录相应的角度 θ',解释上面实验结果,并由此了解 1/2 波片的作用。

2. 实验数据记录

表 4-6-3

θ	线偏振光经 1/2 波片后振动方向转过的角度
15°	
30°	
45°	
60°	
75°	
0°	

实验七　用旋光仪测糖溶液的浓度

当线偏振光通过某些透明物质(如糖溶液)后,偏振光的振动面将以光的传播方向为轴线旋转一定角度,这种现象称为旋光现象。旋转的角度 φ 称为旋光度。能使其振动面旋转的物质称为旋光性物质。旋光性物质不限于像糖溶液、松节油等液体,还包括石英、朱砂等固体。不同的旋光性物质可使偏振光的振动面向不同方向旋转。面对光源，使振动面顺时针旋转的物质称为右旋物质；使振动面逆时针旋转的物质称为左旋物质。

偏振光在国防、科研和生产中有着广泛应用：海防前线用于瞭望的偏光望远镜，立体电影中的偏光眼镜，分析化学和工业中用的偏振计和量糖计都与偏振光有关。激光光源是最强的偏振光源，高能物理中同步加速器是最好的X射线偏振源。偏振光已成为研究光学晶体、表面物理的重要手段。

［实验目的］

（1）观察线偏振光通过旋光物质所发生的旋光现象。

（2）掌握旋光仪的构造原理和使用方法。

（3）用旋光仪测定糖溶液的浓度。

［实验仪器］

本实验仪器主要包括WXG-4小型旋光仪、可封闭透明玻璃管、蔗糖溶液。旋光仪的实物外观，如图4-7-1所示。图4-7-2详细介绍了旋光仪内部的光学系统组成。

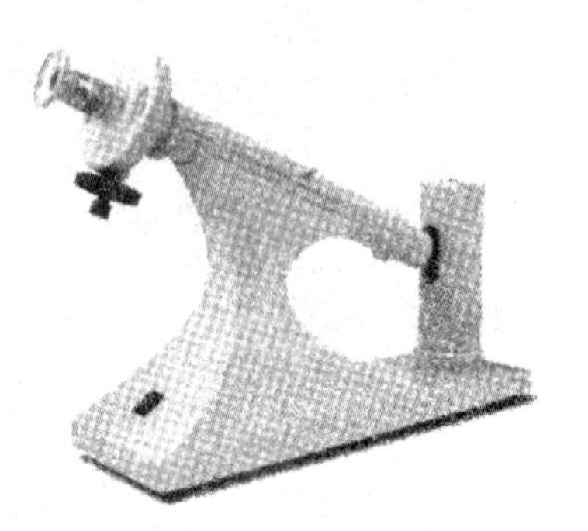

图 4-7-1

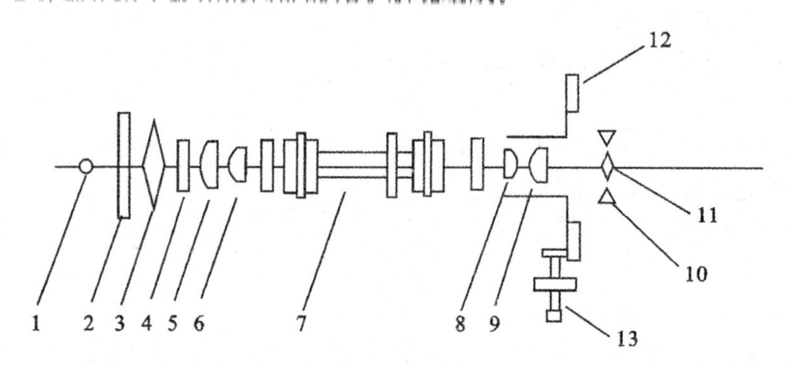

1. 光源　2. 毛玻璃　3. 聚光镜　4. 滤色镜　5. 起偏镜　6. 三荫板　7. 试管　8. 检偏镜
9. 物、目镜组　10. 读数放大器　11. 调焦手轮　12. 度盘与游标　13. 度盘转动手轮

图 4-7-2

［实验原理］

实验证明，对某一旋光溶液，当入射光的波长给定时，旋光度φ与偏振光通过溶液的长度l和溶液的浓度c成正比，即

$$\varphi=\alpha cl \tag{4-7-1}$$

式中，旋光度φ的单位为“度”，偏振光通过溶液的长度l的单位为dm，溶液浓度c的单位为$g \cdot mL^{-1}$。α为该物质的比旋光度，它在数值上等于偏振光通过单位长度(dm)、单位浓度($g \cdot mL^{-1}$)的溶液后引起的振动面的旋转角度，其单位为度·毫升·分米$^{-1}$·克$^{-1}$。由于测量时的温度及所用光源波长对物质的比旋光度都有影响，因而应当标明测量比旋光度时所用波长及测量时的温度。如$[\alpha]^{50℃}_{5\,893\,Å}=66.5°$，它表明在测量温度为50℃，所用光源的波长为5 893 Å时，该旋光物质的比旋光度为66.5°。

若已知某溶液的比旋光度，且测出溶液试管的长度 l 和旋光度 φ，可根据式(4-7-1)求出待测溶液的浓度，即

$$c=\frac{\varphi}{l[\alpha]_{\lambda}^{t}} \tag{4-7-2}$$

通常溶液的浓度用 100 mL 溶液中的溶质克数来表示，此时(4-7-2)式改写成

$$c=\frac{\varphi}{l[\alpha]_{\lambda}^{t}}\times 100\% \tag{4-7-3}$$

在糖溶液浓度已知的情况下，测出溶液试管的长度 l 和旋光度 φ，就可以计算出该溶液比旋光度，即

$$[\alpha]_{\lambda}^{t}=\frac{\varphi}{cl} \tag{4-7-4}$$

[实验内容及步骤]

1. 调整旋光仪

(1)接通电源，开启电源开关，约 5 min 后，钠光灯发光正常，便可使用。

(2)调节旋光仪调焦手轮，使其能观察到清晰的三分视场。

(3)转动检偏镜，观察并熟悉视场明暗变化的规律，掌握零度视场的特点是测量旋光度的关键。零度视场即三分视界线消失，三部分亮度相等，且视场较暗。

(4)检查仪器零位是否正确。在试管未放入仪器前，掌握双游标的读法，观察零度视场的位置与零位是否一致。若不一致，说明仪器有零位误差，记下此时读数 φ_0。重复测定零位误差 3 次，取其平均值 $\overline{\varphi_0}$，并注意应在读数中减去(注意：有正负之分)。

2. 测定旋光溶液的比旋光度

(1)先将制备好的标准溶液注满试管。

(2)将试管放入旋光仪的槽中，转动度盘，再次观察到零度视场时，读取 φ'，重复 3 次求出平均值 $\overline{\varphi'}$。算出旋光度 $\varphi=\overline{\varphi'}-\overline{\varphi_0}$。

(3)将 φ、l、c 代入式(4-7-4)，计算出标准溶液的比旋光度。注意标明测量时所用的波长和测量时的温度。

3. 测量糖溶液的浓度

将长度已知，性质和标准溶液相同，而溶液浓度未知的待测试管，放入旋光仪中，测量其旋光度 φ。将测得的旋光度 φ、溶液试管长度 l 和前面测出的比旋光度 $[\alpha]_{\lambda}^{t}$ 代入式(4-7-3)，求出该溶液的浓度 c。

4. 数据记录表

(1)测定零位误差：

表 4-7-1

1		2		3		$\overline{\varphi_0}$/(°)
左	右	左	右	左	右	

(2)测定旋光溶液的比旋光度:

表 4-7-2

试管长度 l/dm	浓度 c /g·(100 mL)$^{-1}$	读数						平均值/(°)	旋光度/(°)	溶液比旋光度 /度·毫升·分米$^{-1}$·克$^{-1}$
		1		2		3				
		左	右	左	右	左	右			

(3)测量糖溶液的浓度:

表 4-7-3

试管长度 l/dm	读数						平均值/(°)	旋光度/(°)	溶液浓度 c /g·(100 mL)$^{-1}$
	1		2		3				
	左	右	左	右	左	右			

[注意事项]

(1)确保溶液注满试管,旋上螺帽,两端不能有气泡,螺帽不宜太紧,以免玻璃窗受力而发生双折射,引起误差。

(2)试管两端均擦干净方可放入旋光仪。

(3)在测量中应维持溶液温度不变。

(4)试管中溶液不应有沉淀,否则应更换溶液。

[思考题]

(1)简述测量糖溶液浓度的基本原理。

(2)什么叫左旋物质和右旋物质?如何判断?

[附录]

WXG-4 小型旋光仪介绍:

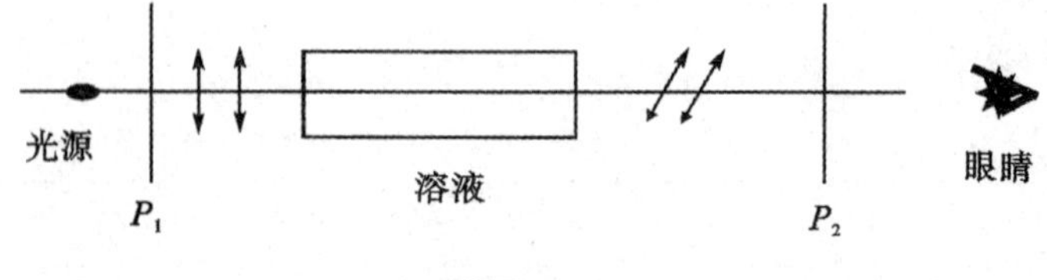

附图 4-7-1

物质旋光性测量的简单原理如附图 4-7-1 所示。首先将起偏镜与检偏镜的偏振化方向调到正交，此时观察到视场最暗。然后装上待测旋光溶液的试管，因旋光溶液的振动面的旋转，视场将变亮，为此调节检偏镜，再次使视场调至最暗。在这过程中检偏镜所转过的角度，即为待测溶液的旋光度。

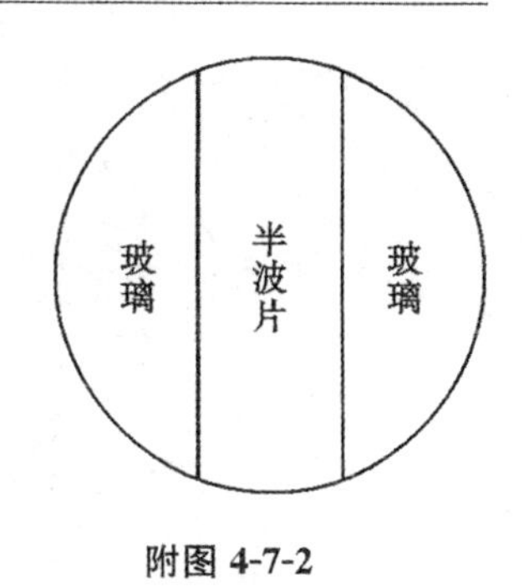

附图 4-7-2

由于人们的眼睛很难准确地判断视场是否全暗，因而会引起测量误差。为此旋光仪通过在起偏器后加三荫板，利用产生三分视场的方法来测量旋光溶液的旋光度。所谓的三荫板是由两片玻璃和一片半波片胶合而成，其结构如附图 4-7-2 所示。

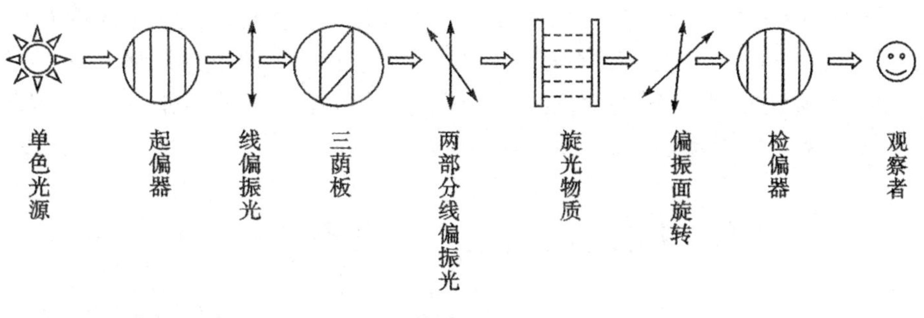

附图 4-7-3

由附图 4-7-3 可知从单色光源射出的非偏振光，经起偏器变成线偏振光，并经过三荫板分成 P 和 P' 两部分偏振光。当不装旋光物质时，P 和 P' 光振动矢量按入射光偏振性质入射到检偏器上，并在视野中产生两部分视场。这两部分视场的光强度与检偏器偏振化方向有关。根据马吕斯定律，只有当检偏器的偏振化方向转到 P 与 P' 夹角平分线方向时，三荫板形成的三部分的光强度才相等，这时左右分界线消失。否则将出现中间亮两侧暗或中间暗两侧亮的现象。P 与 P' 夹角的平分线有 NN'、MM' 两条，见附图 4-7-4。当检偏器偏振方向处在 NN' 和 MM'，时，都能出现左右界线消失、视野亮度一致的情况。不同的是，当检偏器偏振方向处于 NN' 方向时，视野是最昏暗的；当处于 MM' 方向时，视野是最明亮的。两者都可作为检偏旋转终位置的标准。不过，因为人眼对光强度最小的判别较敏感，也就是说对于左右昏暗的程度的差别更容易为眼睛所判断。因此，通常把检偏器偏振方向在 NN' 位置的光强度定作零度视场，并把 NN' 位置在无旋光物质时所对应的旋光仪读数盘的刻度作为 θ_0，一般对应于仪器读数盘的零度。当转动检偏镜时，中间部分和两边部分将出现明暗交替变化。附图 4-7-5 中列出四种典型情况，即(a)中央为暗区，两边为亮区；(b)三分视界消失，视场较暗(零度视场)；(c)中间为亮区，两边为暗区；(d)三分视界消失，视场较亮。

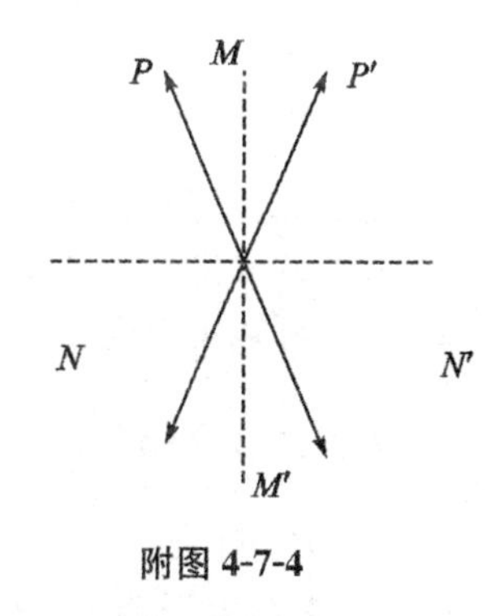

附图 4-7-4

放入待测旋光液的试管后，由于溶液的旋光性，使线偏振光的振动面旋转了一定角度，使零度视场发生了变化，只有将检偏镜转过相同的角度，才能再次看到附图 4-7-5(b)

所示的零度视场，这个角度就是旋光度，它的数值可以由刻度盘和游标上读出。

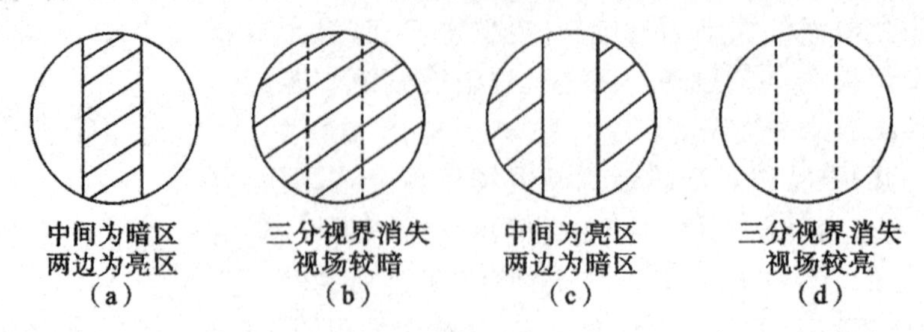

附图 4-7-5

为了操作方便，整个仪器的光学系统以 50°倾角安装在基座上。光源用 50 W 钠光灯，波长记为 5 893 Å。检偏镜与刻度盘连接在一起，利用手轮可做精细转动。本旋光仪采用的是双游标读数，以消除刻度盘的中心偏差。刻度盘分度 360 格，每格 1°，游标分 20 格，它和刻度盘的 19 格等长，故仪器的精确度为 0.05°。

实验八　迈克尔逊干涉仪

迈克尔逊干涉仪是 1883 年美国物理学家迈克尔逊制成的一种精密仪器，是一种典型的分振幅法产生双光束干涉的仪器，在科学研究和光学精密测量方面有广泛的应用。

[实验目的]

(1)掌握迈克尔逊干涉仪的结构、原理及调整方法。

(2)观察非定域干涉条纹，测量激光波长。

(3)观察定域干涉条纹，测钠黄光波长及钠黄光双线的波长差。

[实验仪器及介绍]

1. 实验仪器

迈克尔逊干涉仪、HNL-55700 多束光纤激光器、钠灯。

2. 仪器介绍

迈克尔逊干涉仪实物构成如图 4-8-1 所示。整个仪器的最下面是底座，它由三只调平螺钉支撑，调平后可以拧紧以保持底座稳定(底座不稳会造成实验中干涉图像发生抖动)。M_1与M_2是互相垂直的两块平面反射镜，它们的背面有两或三个调节螺钉，用来调节镜面的倾角。M_2是固定不动的，在它的镜座上有两个微调螺钉，可对M_2镜的水平及竖直方位进行微调。M_1是一面可在导轨上移动的平面镜，通过传动系统与精密丝杆相连。仪器前面装有粗动手轮，仪器右侧装有一微动手轮，转动粗动手轮、微动手轮都可使M_1沿着平直导轨移动。G_1是一块分光板，在它的后表面镀有半透膜，它与导轨成 45°角。G_2是一块补偿板，它与G_1的大小、形状、厚度、折射率完全相同，而且严格平行，但它的后表面没有半透膜。

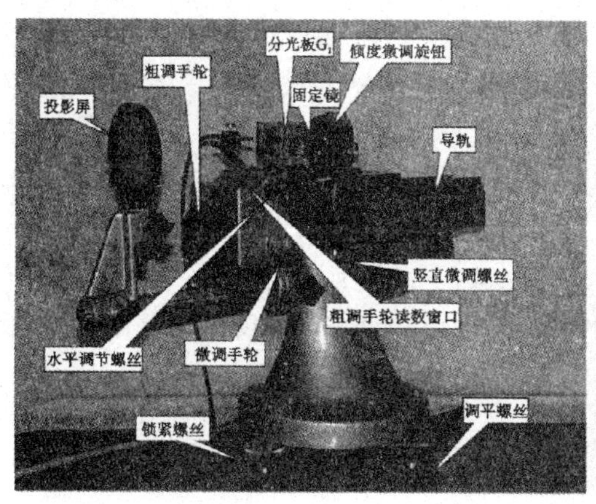

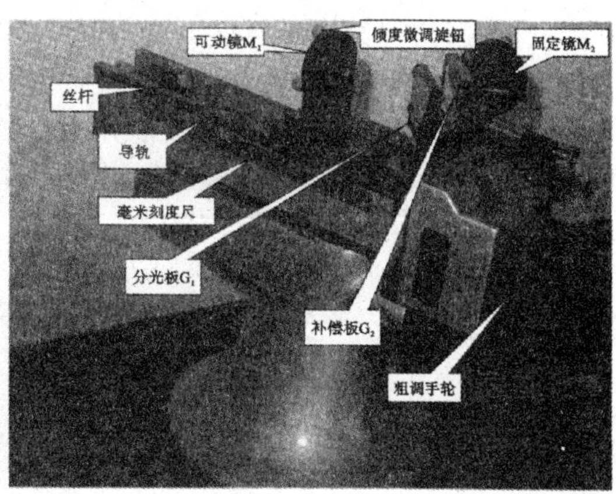

图 4-8-1

转动粗调手轮时微调手轮不转动，而转动微调手轮时，粗调手轮随之转动。这样就使得转动粗调手轮之后，粗调手轮停在的位置与微调手轮不对应(即当粗调手轮读数中准线刚好对准某一刻度线时，微调手轮的准线没有在零刻度附近)，这就会导致测量时的读数不准确。迈克尔逊干涉仪读数之前需要进行调零。调零的方法是首先使微调手轮的准线对准零刻度线，再使粗调手轮的准线刚好对准某一个刻度线。迈克尔逊干涉仪的读数如图 4-8-2 所示，M_1的位置可由毫米刻度尺(最小刻度 1 mm)，粗调手轮读数窗口(刻度盘，最小刻度 0.01 mm)和微动手轮(最小刻度 0.000 1 mm)上读出，三部分读数之和即平面镜 M_1的位置，最小读数应估读到 1×10^{-5}mm。首先读毫米刻度尺的读数，再读粗动手轮读数窗口的读数，最后读微动手轮的读数，图中所示读数为 32.522 15 mm。需要注意的是粗动手轮读数时，当标度刚好对应上方某一刻度线(假设为 0.53)，此时读 0.53 还是 0.52，取决于微动手轮的读数，当微动手轮的读数大于零时读 0.53，小于零时读 0.52。

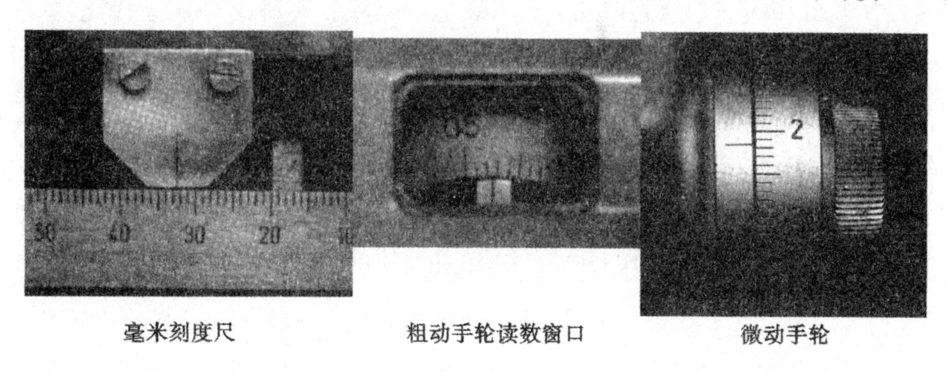

毫米刻度尺　　粗动手轮读数窗口　　微动手轮

图 4-8-2

[实验原理]

迈克尔逊干涉仪的光路如图 4-8-3 所示。当光源为单色点光源时，它发出的光被 G_1 分为振幅几乎相等的两束光，反射光①和折射光②。反射光①经 M_1 反射后穿过 G_1，到达观察点 E，光束②经 M_2 反射后再经 G_1 的后表面反射后也到达 E，与光束①会合干涉，在 E

处可以看到干涉条纹。玻璃板 G_2 起补偿作用，由于光线①前后通过玻璃板三次，而光线②只通过一次，有了玻璃板 G_2，使光线①和光线②分别穿过等厚的玻璃板三次，从而避免光线所经路程不相等，而引起较大的光程差。因此，称 G_2 为补偿板。图 4-8-3 中 M_2' 是 M_2 镜通过 G_1 反射面所成的虚像，因而两束光在 M_1 与 M_2 上的反射，就相当于在 M_1 与 M_2' 镜上的反射。这种干涉现象与厚度为 d 的空气薄膜产生的干涉现象等效。改变 M_1 与 M_2' 的相对方位，就可得到不同形式的干涉条纹。M_1 与 M_2 严格垂直，即 M_1 与 M_2' 严格平行时，可产生等倾干涉条纹，当 M_1 与 M_2' 接近重合，且有一微小夹角时，可得到等厚干涉条纹。

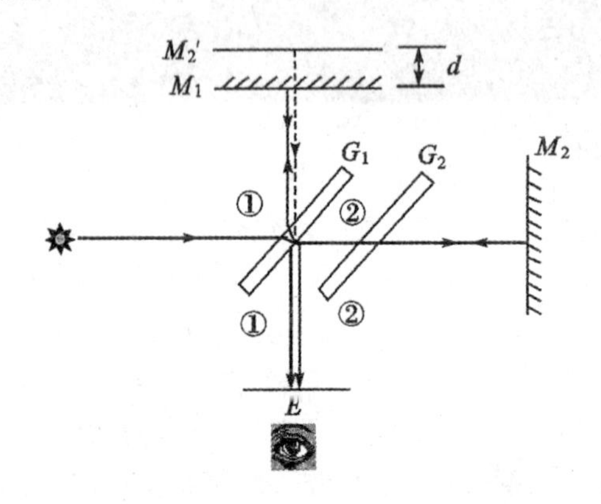

图 4-8-3　迈克尔逊干涉仪光路

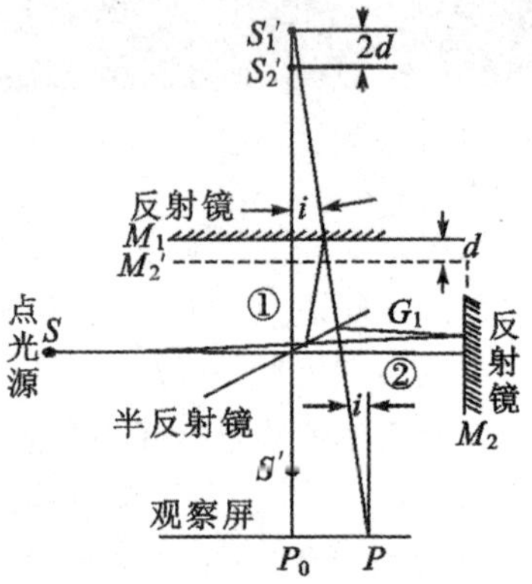

图 4-8-4　点光源的非定域干涉

1. 不同的光源会形成不同的干涉情况

(1) 当光源为单色点光源时，它发出的光被 G_1 分为光强大致相同的两束光①和②，如图 4-8-4 所示。其中光束①相当于从虚像 S' 发出，再经 M_1 反射，成像于 S_1'；光束②相当于从虚像 S' 发出，再经 M_2' 反射成像于 S_2'（M_2' 是 M_2 关于 G_1 所成的像）。因此，单色点光源经过迈克尔逊干涉仪中两反射镜的反射光，可看作是从 S_1' 和 S_2' 发出的两束相干光。在观察屏上，S_1' 和 S_2' 的连线到达 P_0 的光程差为 $2d$，而在观察屏上其他点 P 的光程差约为 $2d\cos i$（其中 d 是 M_1 与 M_2' 的距离，i 是光线对 M_1 或 M_2' 的入射角）。当空气膜厚度 d 一定时，光线①和②的光程差仅决定于入射角 i。有相同的入射角 i，就有相同的光程差 Δ。i 的大小，决定干涉条纹的明暗性质和干涉级次。这种仅由入射倾角决定的干涉称为等倾干涉。其干涉条纹是一系列与不同倾角 i 相对应的同心圆环。其中亮条纹与暗条纹所满足的条件是

$$\Delta=2d\cos i=\begin{cases}k\lambda, & \text{亮条纹}\\(2k+1)\dfrac{\lambda}{2}, & \text{暗条纹}\end{cases}(k=0,1,2,3) \tag{4-8-1}$$

当 $i=0$ 时，光程差 $\Delta=2d$ 为最大光程差，对应于中心处垂直于两镜面的两束光的光程差。因而中心条纹的干涉级次 k 最高，偏离中心处，条纹级次越来越低。

由(4-8-1)式可以看出，当 d 变大时，要保持光程差不变（即 k 不变），必须使 $\cos i$ 减小，即 i 增大。所以，逐渐增大 d 时，可看到干涉条纹向外扩张，条纹逐渐变密变细，同时中心会有高一级的条纹冒出。当 d 增大 $\lambda/2$ 时，就从中心冒出一个圆环。反之，当 d 逐渐

减小时，干涉圆环的半径会逐渐减小，条纹会不断向里收缩，条纹逐渐变疏变粗。当 d 减小 $\lambda/2$ 时，就有一个圆环陷入。若转动微动手轮，缓慢移动 M_1 镜，使视场中心有 N 个条纹冒出或陷入，就可知动镜 M_1 移动的距离为 $\Delta d=N\lambda/2$，从而求出所用光源的波长 λ：

$$\lambda=\frac{2\Delta d}{N} \tag{4-8-2}$$

若 M_1 与 M_2 的夹角偏离 90°，则干涉条纹的圆心可偏到观察屏以外，在屏上看到弧状条纹；若偏离更大而 d 又很小，S_1' 与 S_2' 的连线几乎与观察屏平行，则相当于杨氏双孔干涉，条纹近似为直线。无论干涉条纹形状如何，只要观察屏在 S_1' 与 S_2' 发出的两束光的交叠区，都可看到干涉条纹，所以这种干涉称为“非定域干涉”。

(2)如果改用单色面光源照明，情况就不同了，如图 4-8-5 所示。由于面光源上不同点所发的光是不相干的，若把面光源看成许多点光源的集合，则这些点光源分别形成的干涉条纹位置不同，它们相互迭加而最终变成模糊一片，因而在一般情况下将看不到干涉条纹。只有以下两种情况是例外：①M_1 与 M_2 严格垂直，即 M_1 与 M_2' 严格平行，把观察屏放在透镜的焦平面上，如图 4-8-5(a)所示。此时，从面光源上任一点 S 发出的光经 M_1 和 M_2 反射后形成的两束相干光是平行的，它们在观察屏上相遇的光程差约为 $2d\cos i$，因而可看到清晰而明亮的圆形干涉条纹。由于 d 是恒定的，干涉条纹是倾角 i 为常数的轨迹，故称为“等倾干涉条纹”。②M_1 与 M_2 并不严格垂直，即 M_1 与 M_2' 有一个很小的夹角 α。可以证明，此时从面光源上任一点 S 发出的光经 M_1 和 M_2 反射后形成的两束相干光相交于 M_l 或 M_2 的附近。因此，若把观察屏放在 M_l 或 M_2 对于透镜所成的像平面附近，如图 4-8-5(b)所示，就可以看到面光源干涉所形成的条纹。如果夹角 α 较大，而 i 角变化不大，则条纹基本上是厚度 d 为常数的轨迹，因而称为“等厚干涉条纹”。显然，这两种情况都只在透镜的焦平面或像平面上才能看到清晰的条纹，因而是“定域干涉”，“定域干涉”也可用眼睛代替透镜和观察屏直接观察。

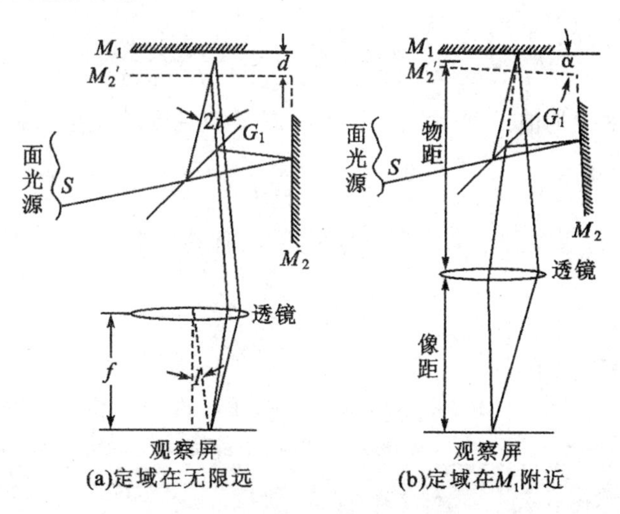

图 4-8-5　面光源照射定域干涉

(3)如果用非单色的白光为光源，情况更不相同。无论是点光源或面光源，要看到干涉条纹，必须满足光程差小于光源的相干长度的要求，即 $2d\cos i<\Delta L$。对于具有连续光谱的白光，ΔL 极小，因而仅当 $d\approx 0$ 时，才能看到彩色的干涉条纹。这虽然为观察白光条纹带来了困难，却为正确判断 $d=0$ 的位置提供了一种很好的实验手段。

2. 钠光双线干涉

当 M_1 与 M_2 相互平行时，得到明暗相间的圆形干涉条纹。如果光源是绝对单色的，则当 M_1 镜缓慢移动的时候，虽然视场中条纹不断涌出或陷入，单条纹的视见度应当不变。

如果光源中包含有波长 λ_1 和 λ_2 相近的两种光波，如钠黄光就是由两种波长的光组成的，即 5 890 Å 和 5 896 Å，由于这两条谱线波长差很小，故称之为准单色光。

用这种光源照明迈克尔逊干涉仪，它们将各自产生一套干涉图，干涉场中的强度分布则是两组干涉条纹的非相干迭加，由于 λ_1 和 λ_2 有微小的差异，对应 λ_1 的亮环的位置和对应 λ_2 的亮环的位置，将随 d 的变化，而呈周期性的重合和错开。因此 d 变化时，视场中所见迭加后的干涉条纹交替出现清晰和模糊甚至消失。

设在 d 值为 d_1 时，λ_1 和 λ_2 均为亮条纹，视见度最佳，则有

$$d_1=m\frac{\lambda_1}{2},\ d_1=n\frac{\lambda_2}{2}\quad (m\text{ 和 }n\text{ 为整数}) \tag{4-8-3}$$

如果 $\lambda_1>\lambda_2$，当 d 值增加到 d_2，如果满足

$$d_2=(m+K)\frac{\lambda_1}{2},\ d_2=(n+K+0.5)\frac{\lambda_2}{2}\quad (K\text{ 为整数}) \tag{4-8-4}$$

则此时对 λ_1 是亮条纹，对 λ_2 为暗条纹，视见度最差（可能分不清条纹）。从视见度最佳到最差，M_1 移动的距离为

$$d_2-d_1=K\frac{\lambda_1}{2}=(K+0.5)\frac{\lambda_2}{2} \tag{4-8-5}$$

由 $K\frac{\lambda_1}{2}=(K+0.5)\frac{\lambda_2}{2}$ 和 $d_2-d_1=K\frac{\lambda_1}{2}$ 消去 K 可得二波长差为

$$\lambda_1-\lambda_2=\frac{\lambda_1\lambda_2}{4(d_2-d_1)}\approx\frac{\bar{\lambda}^2}{4(d_2-d_1)} \tag{4-8-6}$$

式中，$\bar{\lambda}$ 为 λ_1 和 λ_2 的平均值。这个公式中 d_2-d_1 是视见度从最佳到最差的距离。

$$\Delta\lambda=\frac{\bar{\lambda}^2}{2\Delta d} \tag{4-8-7}$$

式中，Δd 为从视见度最差到下一个视见度最差 M_1 移动的距离。

[实验内容及步骤]

1. 观察非定域干涉条纹

(1)使用 HNL-55700 多束光纤激光源作光源时，将一束光纤安装在分光板的前端，使出射的激光斑照射在分光板上，光轴基本与固定镜垂直。因从光纤出射的激光已经扩束，故不需另加扩束镜。

(2)转动粗动手轮，将移动镜 M_1 置于机体侧面标尺所示约 40 mm 处，此位置为固定镜 M_2 和移动镜 M_1 相对于分光板的大约等光程位置。从投影屏处观察（此时不放投影屏），可看到由 M_1 和 M_2 各自反射的两排光点像，仔细调整 M_1 和 M_2 后的调节螺钉，使两排

光点像严格重合，这样 M_1 和 M_2 就基本垂直，即 M_1 和 M_2' 就互相平行了。装上投影屏，即可在屏上观察到非定域干涉条纹，再轻轻调节 M_1 和 M_2 后的调节螺钉，找到屏上干涉条纹的圆心，并使出现的圆条纹最清晰。

(3)转动粗动手轮和微动手轮，使 M_1 在导轨上移动，并观察干涉条纹的形状、疏密及中心“吞”、“吐”条纹的情况。

(4)按某一方向旋转粗动手轮一圈以上，同方向转动微调鼓轮，观察到圆环的“冒”或“陷”后，继续按原方向旋转微调鼓轮，使其零刻线与准线对齐；然后以相同方向转动粗调鼓轮，从读数窗内观察，使其某一刻度线与准线对齐。此时调零完成，测量中只能按最初的旋转方向，转动微调鼓轮，不可再动粗调鼓轮，此时便可以进行下一步的测量。

2. 测量激光的波长

利用非定域的干涉条纹测定波长。按实验内容 1 的方法调出干涉圆条纹，单向缓慢转动微调手轮移动 M_1，将干涉环中心调至最暗(或最亮)，记下此时 M_1 的位置，继续转动微调手轮，当条纹“吞进”或“吐出”变化数为 N 时，再记下 M_1 的位置，设 M_1 位置的变化数为 Δd，则根据(4-8-2)式，测量 He-Ne 激光的波长。

测量时，N 的总数要不少于 400 条，可每累进 50 条时读取一次数据，连续取 10 个数据，应用逐差法加以处理。

3. 观察定域干涉条纹

(1)扩展光源：采用可升降式低压钠灯(GP_{20}Na-Ⅱ)。

(2)等倾干涉。先用点光源激光器按照实验内容 1 的方法，调节 M_1 与 M_2 垂直。

换上钠光灯，出光口装有毛玻璃，以使光源成为面光源，用聚焦到无穷远的眼睛代替屏，仔细调节 M_2 后的调节螺钉，可看到圆条纹，进一步调节 M_2 的调节螺钉，使眼睛上下左右移动时，各圆的大小不变，仅是圆心随眼睛移动，这时看到的就是严格的等倾条纹。移动 M_1 观察条纹的变化情况。

(3)等厚干涉。移动 M_1 和 M_2' 大致重合，调节 M_2 后的螺钉使 M_1 和 M_2' 有一个很小的夹角，这时视场中出现直线干涉条纹，这就是等厚干涉条纹。仔细调节 M_2 后的螺钉和微调螺钉，即改变夹角的大小，观察条纹的疏密变化。

4. 测钠黄光波长及钠黄光双线的波长差

(1)按实验内容 3 的等倾干涉的调节方法将仪器调整好，并调出干涉圆条纹，再按实验内容 2 测量激光波长的方法测量钠黄光平均波长。

(2)移动 M_1，使视场中心的视见度最小，记录 M_1 的位置为 d_1，沿原方向继续移动 M_1，直至视见度又最差，M_1 的位置为 d_2，即可计算 Δd，根据公式(4-8-5)即可计算出波长差 $\Delta\lambda$。由于 λ_1 和 λ_2 的波长差很小，视见度最差位置附近较大范围的视见度都很差，即模糊区很宽，因此视见度最差的位置较难精确确定。在此可以使用粗调手轮用精度 0.01 mm 去测，测出 10 个模糊区间去计算 Δd。

[数据记录及处理]

应用逐差法处理数据，误差分析需要严格按照本书第一部分“误差处理与数据处理”进行。

[注意事项]

(1)激光能量密度大,不可用肉眼直视。

(2)光纤出口易受灰尘沾染,用完以后套上保护罩。

(3)光学镜面不可用手触摸,不可用硬物及其他物体摩擦,以免划伤。

[思考题]

1. 预习思考题(预习实验时完成)

(1)亮条纹和暗条纹所满足的条件是什么?

(2)迈克尔逊干涉等倾条纹中心条纹的级数高还是边缘条纹的级数高?

(3)迈克尔逊干涉仪的精度是多少?写出迈克尔逊干涉仪测波长公式。

(4)迈克尔逊干涉仪两反射镜的距离增加时是冒出条纹还是吞入条纹?

(5)调节粗调手轮之后为什么要对微调手轮调零?

2. 课后思考题

(1)调节迈克尔逊干涉仪时看到的亮点为什么是两排而不是两个?两排亮点是怎样形成的?并画出其光路图。

(2)总结迈克尔逊干涉仪的调整要点及规律。

(3)什么是空程?测量中如何操作才能避免引入空程?

(4)读数前为什么要调整干涉仪的零点?怎么调?

(5)迈克尔逊干涉实验测波长最大误差是多少?为什么?

[选做]

1. 测量钠光的相干长度

可利用等厚条纹的观察方式,用等厚干涉条纹来测出钠光的相干长度。首先把干涉仪两臂调到接近相等,此时干涉条纹的对比度最佳,然后移动 M_1,直至干涉条纹由模糊变为几乎消失,这时的光程差即为相干长度。钠光的相干长度为 2 cm 左右。

可观察 He-Ne 激光的相干情况,因为激光的单色性很好,相干长度有几米到几十米的范围,故不必在干涉仪上测出。

2. 观察白光干涉条纹

按实验内容 3 等倾干涉的调节方法将仪器调整好,并调出干涉圆条纹,转动粗动手轮,使圆条纹变宽,当出现 1~2 条条纹时,用微动手轮再仔细地调到条纹消失,即零光程位置,此时,将光源换成平行的白光光源,在 E 处可观察到中央为直线黑纹、两旁有对称分布的彩色条纹的白光干涉条纹。

用本方法可以测量固体透明薄片折射率 n 或厚度。当调出中央条纹后,在 M_1 和 G_1 之间放入一透明薄片,中央条纹移出视场,将 M_1 向 G_1 前移,会重新观察到中央条纹,测出放入薄片前、后均可观察到彩色条纹的位置差 ΔL,由式 $\Delta L=2l(n-1)$,可求出 l 或 n。一般 $l<0.5$ mm 为宜。

实验九　固体介质折射率的测定

折射率是反映介质光学性质的重要参数之一。当电矢量平行于入射面的平面偏振光（P 分量）入射到介质表面时，可以测量反射光强并利用布儒斯特定律测量玻璃折射率。另外，可以通过测量反射系数 R_p 和 R_s 并利用费涅尔公式测量其他介质折射率。固体介质折射率的测定是偏振光的一种重要应用。

[实验目的]

(1)学习偏振光基本知识。确定入射激光的偏振面和偏振片的偏振方向，并能调节出平行入射面或垂直入射面的偏振光。

(2)利用布儒斯特定律测定玻璃的折射率。

[实验仪器]

仪器结构如图 4-9-1 所示。具体说明如下：

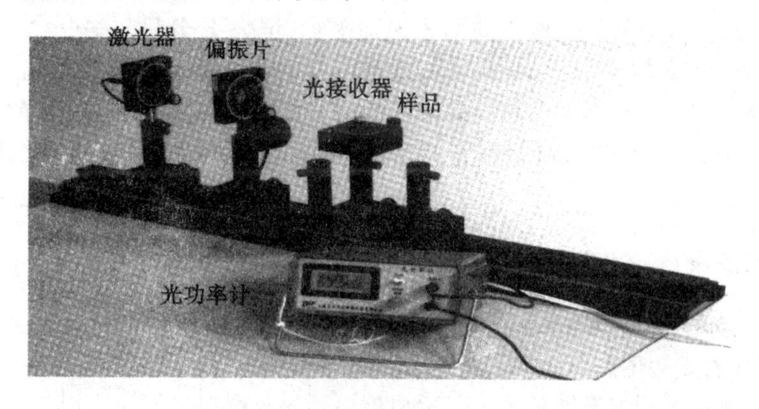

图 4-9-1

(1)一个固定在转盘上的半导体激光器，它发出的光波长为 650 nm，该激光器配有 3 V 专用电源。

(2)一个固定在转盘上的直径为 2 cm 的偏振片。

注意：偏振片上的 0°读数位置不一定是偏振轴所指方向。

(3)一片玻璃片（对波长 650 nm 的光其折射率为 1.51），一片半导体硅薄片（样品），分别固定在一矩形砖（样品砖）的两对侧面。

(4)能固定样品砖的光学转台。

(5)一个数字显示光功率计与固定在支架上的光探测器相接，该支架可绕样品转动。

(6)一个光具座。　　(7)遮光罩。　　(8)一支手电筒。

[实验原理]

当光波通过两种透明介质的分界面时，将发生反射和折射现象，如图 4-9-2 所示。入射光分为反射光和折射光两部分，此两光束的进行方向可由反射和折射定律决定，反射光、折射光和入射光的振幅和方向之间的关系，则需由光的电磁理论来分析，这一关系可用费涅尔公式来表达。

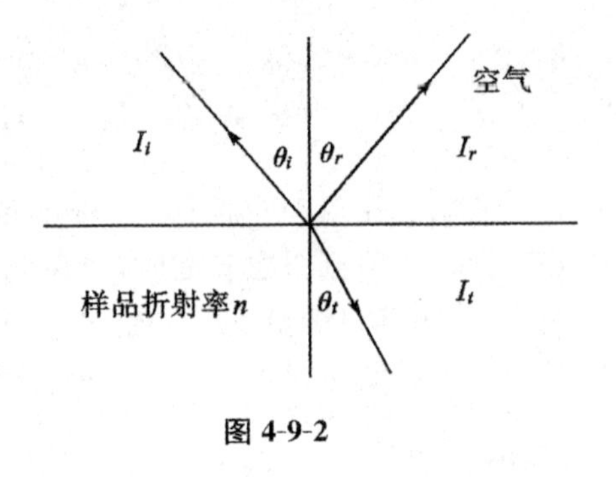

图 4-9-2

当一束自然光从空气入射到折射率为 n 的玻璃表面时，反射光与折射光都是部分偏振光。由图 4-9-2，根据反射定律和折射定律可得：$\theta_i=\theta_r$，$\sin\theta_i/\sin\theta_t=n$，如果 $\theta_r+\theta_t=90°$，则$\dfrac{\sin\theta_i}{\sin\theta_t}=\dfrac{\sin\theta_i}{\sin(90°-\theta_r)}=\dfrac{\sin\theta_i}{\cos\theta_r}=\tan\theta_i=n$。即入射角 θ_i满足下式：

$$\tan\theta_i=n \tag{4-9-1}$$

则反射光成为完全的平面偏振光，其振动方向垂直于入射面，这个入射角就是布儒斯特角 θ_B。式(4-9-1)称为布儒斯特定律。

本实验用的是半导体激光器，其发出的光为部分偏振光。入射光的电矢量可分解为两个偏振分量，一个分量的偏振方向与入射面平行(记为 P 分量)，另一个分量的偏振方向与入射面垂直(记为 S 分量)，此两个分量的相位之差不固定。当在激光后面放置偏振片，则入射光光矢量的偏振方向可由偏振片的透振方向决定，本实验中选择与入射面平行的 P 分量作为待测材料的入射偏振光，当入射角等于布儒斯特角度时，反射光光强为零(或实验条件下最弱)。

[实验内容及步骤]

仪器结构如图 4-9-3 所示，具体实验步骤如下。

1. 确定入射光的偏振面

(1)半导体激光器发出波长为 650 nm 的光为部分线偏振光，为了在实验中获得最好的结果，偏振片的偏振轴应与激光最强的线偏振分量一致。

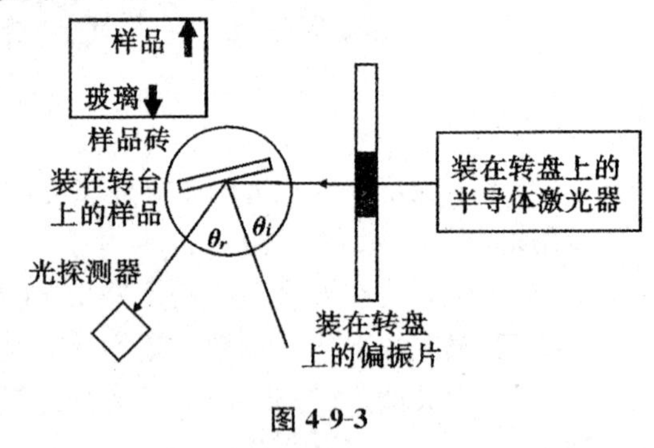

图 4-9-3

(2)需要知道偏振片的偏振方向，以便产生平行于入射面或垂直于入射面的偏振光。偏振片的偏振方向可从已知折射率为 1.51 的玻璃样品的反射激光功率推知。将系统尽可能对准。

1)测定半导体激光器产生的激光束和偏振片两者的相对取向(即半导体激光器转盘和偏振片转盘位置角度读数差)，使得偏振片与激光最强的偏振方向一致。

注意：在以下测量中，将偏振片和激光器当作一个系统，需要旋转时一起转。数据记录见表 4-9-1。

2)将玻璃样品在布儒特斯入射角下固定在转台上，测量偏振片不同角度下的反射激光功率，并作图，由此确定偏振片的偏振方向。数据记录见表4-9-2。

注意：竖直转轴应在玻璃表面上。

2. 测量半导体硅片材料的折射率 n。

[数据记录及处理]

(1)确定激光器与偏振器的相对取向。

表 4-9-1

激光器角度/(°)	偏振片角度/(°)	光功率/μW	相对取向/(°)
0			

(2)利用 $n=1.51$ 样品，调节入射角 $\theta_B=\arctan(1.51)=56.5°$，同步调节激光及偏振片的度数，使得反射光对应的光功率计显示最小值，此时入射到样品的光只有 P 分量。

表 4-9-2

偏振系统转角/(°)	0	10	20	…	…	…	180
反射光功率/μW							

(3)根据(2)中所确定的 P 分量对应的偏振系统转角，测量样品的布儒斯特角。

表 4-9-3

入射角/(°)	51	52	53	54	55	56	57	58	59	60
光功率/μW										

确定样品的布儒斯特角 θ_B，由(4-9-1)式计算其折射率 n，并求其相对误差。

[注意事项]

(1)测试样品的入射面一定放在转台的轴心连线上，光线的入射点一定在轴心位置，保证角度测量的准确性。

(2)注意保护眼睛，避免眼睛直视激光束。

(3)实验过程中，光斑射在光功率计探头不同位置时光功率计读数不一致，应保证每次光斑垂直入射到光功率计探头中间位置。

[思考题]

本实验测量方法对于薄膜的折射率和膜层厚度有无限制？为什么？

实验十　硅光电池特性研究

半导体光电池是一种能量转换器件，它能直接将光能转换成电能，也是一种将变化的光信号直接转换成相应变化的电信号的光电转换器件。光电池的种类很多，常见的有硒、硅、砷化镓、硫化镉等，其中工艺最成熟、应用最广的是硅光电池。硅光电池是半导体光电探测器的一个基本单元，它具有许多优点，如光电转换效率高、性能稳定、使用寿命长、重量轻、耐高温辐射、光谱范围宽、频率响应好、不需外加偏压、使用方便等。硅光电池在现代科学技术中占有十分重要的地位，深刻理解硅光电池的工作原理和具体使用特性可进一步领会半导体PN结的原理、光电效应理论和光伏电池的生产机理。硅光电池作为能量转换器与光电探测器的要求是不同的，本实验仅对硅光电池的基本特性作初步的了解和研究。

[实验目的]

(1)掌握PN结形成原理及其工作机理。

(2)了解LED发光二极管的驱动电流和输出光功率的关系。

(3)掌握硅光电池的工作原理及其工作特性。

[实验仪器及介绍]

TKGD-1型硅光电池特性实验仪和连接导线。其中TKGD-1型硅光电池特性实验仪由以下部分组成(图4-10-1)：

(1)光驱动电流显示：范围0～2 000，三位半LED数码显示。

(2)接收光强度显示：范围0～2 000，三位半LED数码显示。

(3)发光二极管：电信号转化为光信号(超高亮度)。

(4)硅光电池：光信号转化为电信号。

(5)功能切换开关：零偏、负偏、负载切换。

(6)I/V转换模块。

(7)电阻箱：0～99 990 Ω。

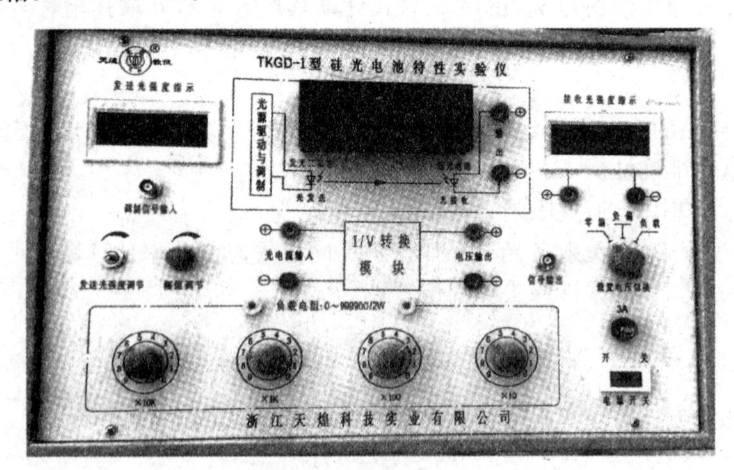

图 4-10-1

[实验原理]

1. 引言

图 4-10-2 是半导体 PN 结在零偏、反偏、正偏下的耗尽区。当 P 型和 N 型半导体材料结合时，由于 P 型材料空穴多电子少，而 N 型材料电子多空穴少，结果 P 型材料中的空穴向 N 型材料这边扩散，N 型材料中的电子向 P 型材料那边扩散，扩散的结果使得结合区两侧的 P 型区出现负电荷，N 型区带正电荷，形成一个势垒，由此产生的内电场将阻止扩散运动的继续进行，当两者达到平衡时，在 PN 结两侧形成一个耗尽区，耗尽区的特点是无自由载流子，呈现高阻抗。当 PN 结反偏时，外加电场与内电场方向一致，耗尽区在外电场作用下变宽，使势垒加强；当 PN 结正偏时，外加电场与内电场方向相反，耗尽区在外电场作用下变窄，势垒削弱，使载流子扩散运动继续，形成电流，此即 PN 结的单向导电性，电流方向从 P 指向 N。

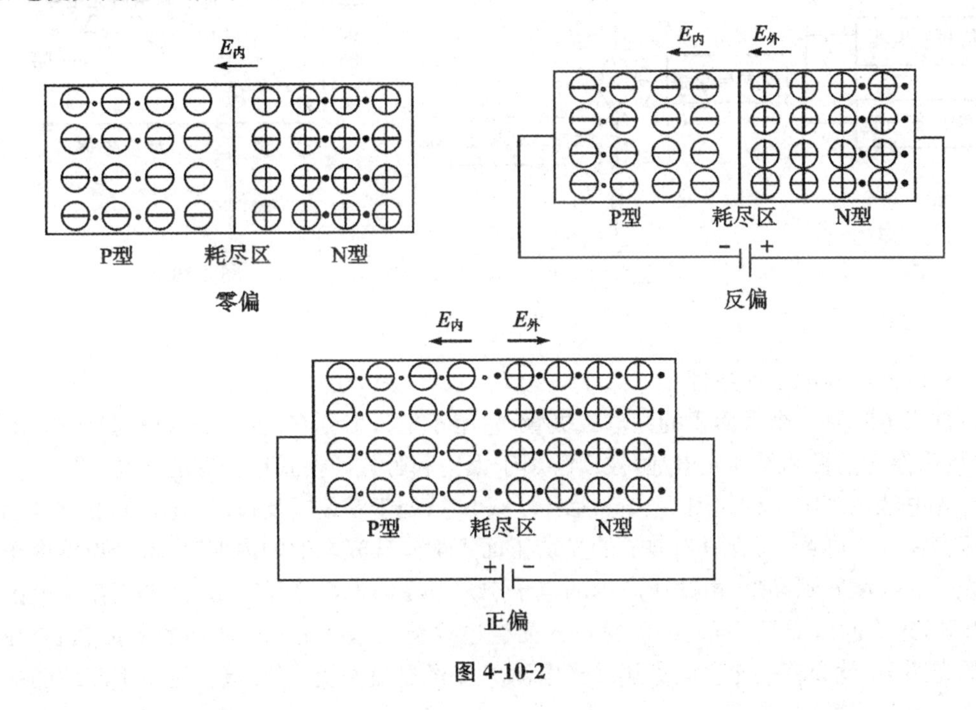

图 4-10-2

2. LED 的工作原理

当某些半导体材料形成的 PN 结加正向电压时，空穴与电子在 PN 结复合时将产生特定波长的光，发光的波长与半导体材料的能级间隙 E_g 有关。发光波长 λ_p 可由下式确定：

$$\lambda_P = hc/E_g \tag{4-10-1}$$

式中，h 为普朗克常数，c 为光速。在实际的半导体材料中能级间隙有一个宽度，因此发光二极管发出的光的波长不是单一的，其发光波长半宽度一般为 25～40 nm，随半导体材料的不同而有差别。发光二极管输出光功率 P 与驱动电流 I 的关系由下式给出：

$$P = \eta E_p I/e \tag{4-10-2}$$

式中，η 为发光效率，E_p 是光子能量，e 是电荷数。

输出光功率与驱动电流呈线性关系，当电流较大时，由于 PN 结不能及时散热，输出光功率可能会趋向饱和。本实验用一个驱动电流可调的红色超高亮度发光二极管作为实验用光源。系统采用的发光二极管驱动和调制电路如图 4-10-3 所示。信号调制采用光强度调制的方法，光强度调节器用来调节流过 LED 的静态电流，从而改变发光二极管的发射光功率。设定的静态驱动电流调节范围为 0～20 mA，对应面板上的发送光强度驱动显示值为 0～2 000 单位。正弦调制信号经电容、电阻网络及运放隔离后耦合到放大环节，与发光二极管静态驱动电流迭加后使发光二极管发送随正弦波调制信号变化的光信号，如图 4-10-4 所示，变化的光信号可用于测定光电池的频率响应特性。

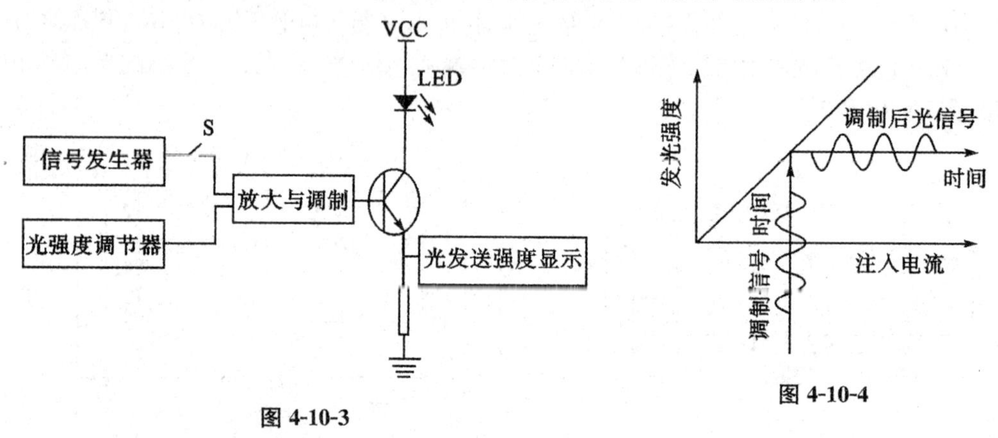

图 4-10-3

图 4-10-4

3. 硅光电池的工作原理

硅光电池是一个大面积的光电二极管，它用于把入射到它表面的光能转换为电能，因此，可用作光电探测器和光电池，被广泛用于太空和野外便携式仪器等的能源。

光电池的基本结构如图 4-10-5 所示，当 PN 结处于零偏或反偏时，在它们的结合面耗尽区存在一内电场，当有适当波长的光从正面入射到硅光电池的内部时，价带束缚电子吸收光子后被激发到导带，由此所产生的电子空穴对在内电场作用下分别漂移到 N 型区和 P 型区，建立起以 P 区为正、N 区为负的光生电动势。当在 PN 结两端加上负载后，在持续的光照下，就会有一光生电流从硅光电池 P 端经过负载流入 N 端。流过 PN 结两端的电流可由下式确定：

$$I=I_s(e^{\frac{eV}{KT}}-1)+I_p \qquad (4\text{-}10\text{-}3)$$

式中，I_s 为饱和电流，V 为 PN 结两端电压，T 为绝对温度，I_p 为产生的光电流。由式中可以看出，当光电池处于零偏时，$V=0$，流过 PN 结的电流 $I=I_p$；当光电池处于反偏时（在本实验中取 $V=-5$ V），流过 PN 结的电流为 $I=I_p-I_s$，因此当光电池用作光电转换器时，光电池必须处于零偏或反偏状态。

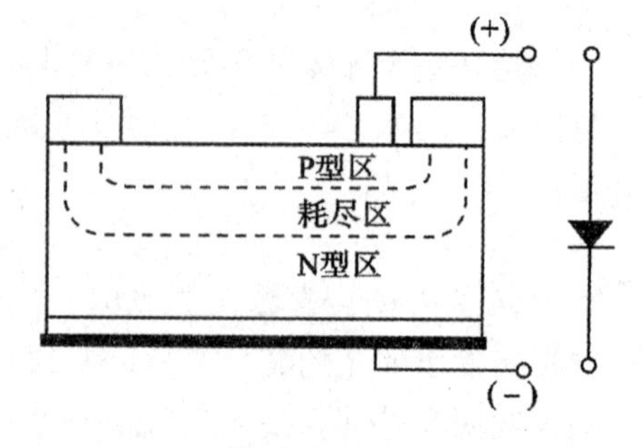

图 4-10-5

光电池处于零偏或反偏状态时，产生的光电流 I_p 与输入光功率 P_i 有以下关系：

$$I_p = RP_i \tag{4-10-4}$$

式中 R 为响应率，R 值随入射光波长的不同而变化。

图 4-10-6 是光电信号接收端的工作原理图，光电池把接收到的光信号转变为与之成正比的电流信号，再经电流电压转换器把光电流信号转换成与之成正比的电压信号。比较光电池零偏和反偏时的信号，就可以测定光电池的饱和电流 I_s。当发送的光信号被正弦信号调制时，则光电池输出电压信号中将包含正弦信号，据此可通过示波器测定光电池的频率响应特性。

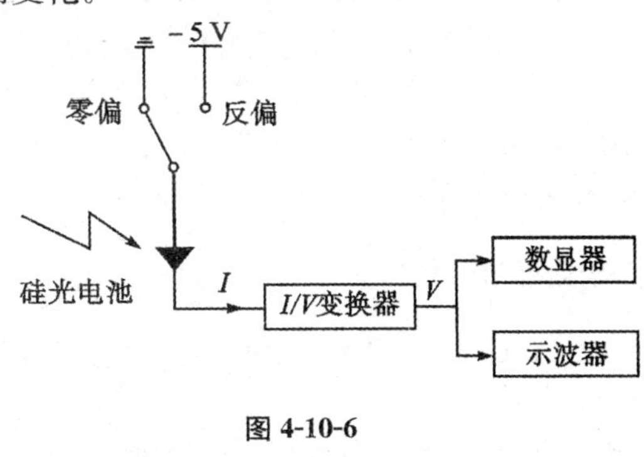

图 4-10-6

4. 光电池的负载特性

光电池作为电池使用如图 4-10-7 所示。在内电场作用下，入射光子由于内光电效应把处于价带中的束缚电子激发到导带，而产生光伏电压，在光电池两端加一个负载就会有电流流过。当负载很小时，电流较小而电压较大；当负载很大时，电流较大而电压较小。实验时可通过改变负载电阻 R_L 的值来测定光电池的伏安特性。

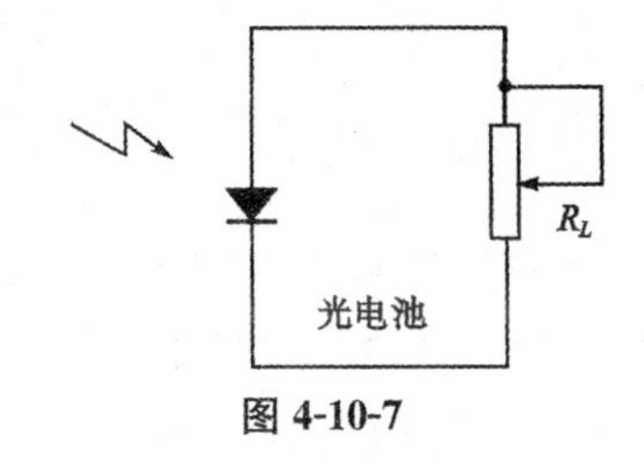

图 4-10-7

[实验内容及步骤]

硅光电池特性实验仪框图如图 4-10-8 所示。超高亮度 LED 在可调电流和调制信号驱动下发出的光照射到光电池表面，功能转换开关可分别打向零偏、负偏或负载。

1. 硅光电池输入光信号与产生光电流的特性测定

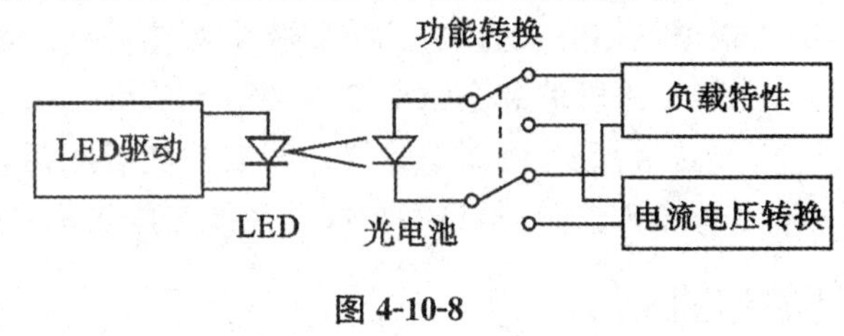

图 4-10-8

打开仪器电源，调节发光二极管静态驱动电流，发光强度指示 0～2 000(相当于调节电流范围为 0～20 mA)，将功能转换开关分别打到零偏和负偏，硅光电池输出端连接到 I/V 转换模块的输入端，将 I/V 转换模块的输出端连接到数字电压表头的输入端，分别测定光电池在零偏和反偏时光电流与输入光信号的关系。记录数据并在同一坐标下作图，比较光电池在零偏和反偏时两条曲线关系；假设共记录了 10 组零偏与反偏时的光电流，则求出光电池的饱和电流 I_s 为

$$I_s = \left[\sum_{i=1}^{10}(I_{零偏} - I_{反偏})\right]/10 \tag{4-10-5}$$

注意：I_s 为负值。

2. 硅光电池输出端接恒定负载时产生的光伏电压与输入光信号关系测定

将功能转换开关打到“负载”处，将硅光电池输出端连接恒定负载电阻(如取 10 kΩ，该数值可根据仪器灵活选择)和数字电压表，从 0～20 mA(指示为 0～2 000)调节发光二极管静态驱动电流，实验测定光电池输出电压与输入光强度的关系曲线。

3. 硅光电池伏安特性测定

在硅光电池输入光强度不变(如取发光二极管静态驱动电流为 15 mA，该数值可根据仪器灵活选择)时，测量当负载在 0～3 kΩ 的范围内变化时，光电池的输出电压随负载电阻变化关系曲线。

[数据记录及处理]

(1)硅光电池输入光信号与产生光电流的特性记录表格。

表 4-10-1

发光强度 I	零偏光电流	负偏光电流	饱和电流 I_s
0			
100			
…			
1 700			
1 800			

(2)硅光电池输出端接恒定负载时产生的光伏电压与输入光信号关系测定，表格自拟。

(3)硅光电池伏安特性测定，表格自拟。

[注意事项]

根据具体的实验项目，将实验中可能遇到的危险情况逐条予以说明。

(1)二极管的静态驱动电流调节范围为 0～2 000(0～20 mA)，调节时要“慢”调。

(2)各台硅光电池实验仪之间的性能可能相差较大。

(3)爱护仪器，每台实验仪的插线是配套的，实验完毕后将插线理好放到仪器箱内。

[思考题]

(1)光电池在工作时为什么要处于零偏或反偏?

(2)光电池用于线性光电探测器时，对耗尽区的内部电场有何要求?

(3)光电池对入射光的波长有何要求?

[选做或拓展]

硅光电池的频率响应测定：

将功能转换开关分别打到“零偏”和“负偏”处，将硅光电池的输出连接到 I/V 转换模块的输入端。令 LED 偏置电流为 10 mA(显示为 1 000)，在信号输入端加正弦调制信号，使 LED 发送调制的光信号，保持输入正弦信号的幅度不变，调节信号发生器频率，用示波器观测并测定记录发送光信号的频率变化时，光电池输出信号幅度的变化，测定光电池在零偏和负偏条件下的幅频特性，并测定其截止频率。将测量结果记录在自制的数据表格中。比较光电池在零偏和负偏条件下的实验结果，并分析原因。

实验十一　分光计的调整及使用

分光计是一种常见的光学仪器，是一种精密的测角仪，在利用光的反射、折射、衍射、干涉和偏振原理的各项实验中用作角度测量。例如，利用光的反射原理测量棱镜的顶角；利用光的折射原理测量棱镜的最小偏向角，从而计算棱镜玻璃的折射率和色散率；和光栅配合，用来观察透射光光谱、测量光谱线的波长等。

[实验目的]

(1)学习分光计的原理与构造。
(2)学会分光计的调节和使用。
(3)掌握自准直法测量三棱镜顶角的方法。

[实验仪器及介绍]

1. 实验仪器

分光计、平面镜、三棱镜、水准仪。

2. 仪器介绍

分光计主要由底座、望远镜、平行光管、载物平台和刻度圆盘等部分组成。分光计实物的外形如图 4-11-1 所示。

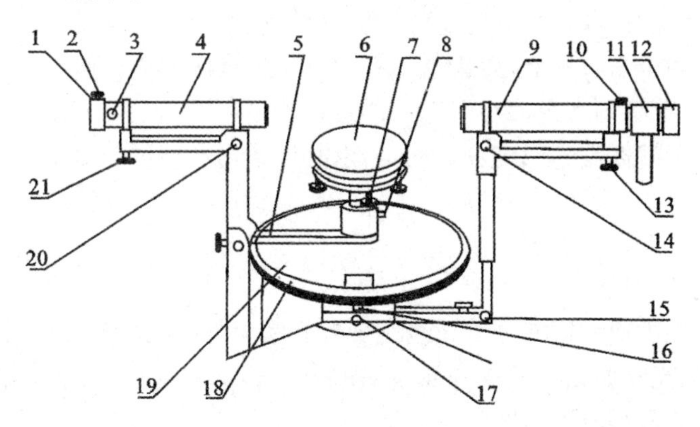

1. 狭缝装置　2. 狭缝宽度调节手轮　3. 狭缝装置锁紧螺钉　4. 平行光管部件　5. 制动架　6. 载物台　7. 载物台调平螺钉(3 只)　8. 载物台锁紧螺钉　9. 望远镜部件　10. 目镜锁紧螺钉　11. 阿贝自准直目镜　12. 目镜视度调节手轮　13. 望远镜光轴高低调节螺钉　14. 望远镜光轴水平调节螺钉　15. 望远镜微调螺钉　16. 转座与度角盘止动螺钉　17. 望远镜止动螺钉　18. 度盘　19. 游标盘　20. 平行光管光轴水平调节螺钉　21. 平行光管光轴高低调节螺钉

图 4-11-1

(1)平行光管。平行光管的结构如图 4-11-2(a)所示，它是由一个宽度和位置可调的狭缝和一个会聚透镜所组成。当狭缝位于透镜的焦平面上时，凡是从狭缝进入平行光管的光线，通过透镜射出后都成为平行光。狭缝可沿光轴移动和转动，狭缝的宽度在 0.02～2 mm 内可以调节。

(2)阿贝自准直望远镜。阿贝自准直望远镜的结构如图 4-11-2(b)所示，它由目镜、分划板和物镜三部分组成。分划板上刻有“ ”的叉丝线，叉丝线下方紧贴一块 45°全反射小棱镜，其表面涂有不透明薄膜，薄膜上刻有一个空心的“十”字窗口，光源从管侧射入后，调节目镜前后位置，可在望远镜目镜视场中看到清晰的叉丝像。若在物镜前放一平面镜，前后调节目镜(连同分划板)与物镜的间距，使分划板处于物镜焦平面上时，光源透过十字窗口经物镜后成平行光射到平面镜上，其反射光经物镜后在分划板上形成“十”字窗口的像。若平面镜和望远镜光轴垂直，此像将落在上叉丝的交点上。

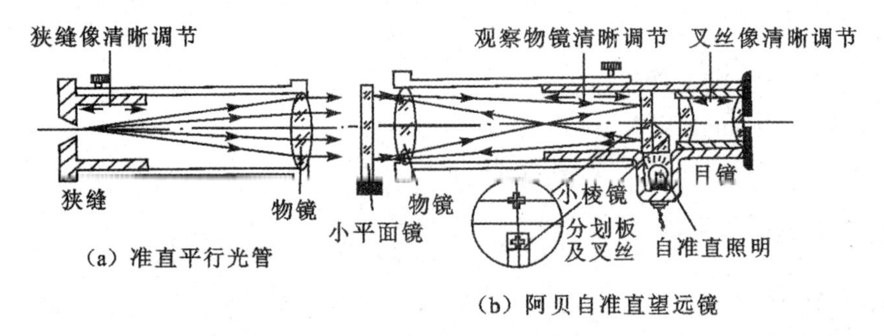

(a) 准直平行光管　(b) 阿贝自准直望远镜

图 4-11-2

(3)载物台。载物台可以绕中心轴旋转，它是为放置被测光学元件而设置的，台下有调节螺钉，可调节平台高低、水平。

(4)主刻度盘、游标盘。主刻度盘可绕转轴转动，圆盘上分为 360°，最小刻度为 0.5°，其边缘对称装有两个角游标盘，游标盘刻有 30 小格，每格为 1′，测量时，读出两个数值，然后取平均，这样可消除刻度盘偏心引起的误差。若望远镜和主刻度盘联动，用以测量望远镜转过的角度。若游标盘和载物台联动，用以测量载物台转过的角度。

[实验原理]

1. 调整分光计的目的

分光计在实验中通常用来测量光线经各种光学元件(如狭缝、光栅、棱镜等)后的偏转角度，其测角时的光路如图 4-11-3 所示(俯视图)。转动望远镜，使之对准偏转光线，由读数窗所得读数变化即得所测角度。

为了精密测量角度，必须使待测角平面平行于读数圆盘平面。由于制造仪器时已使刻度盘平面垂直于中心转轴，因而也必须使待测角平面垂直于中心转轴。为此，仪器必须精密调整，以保证：

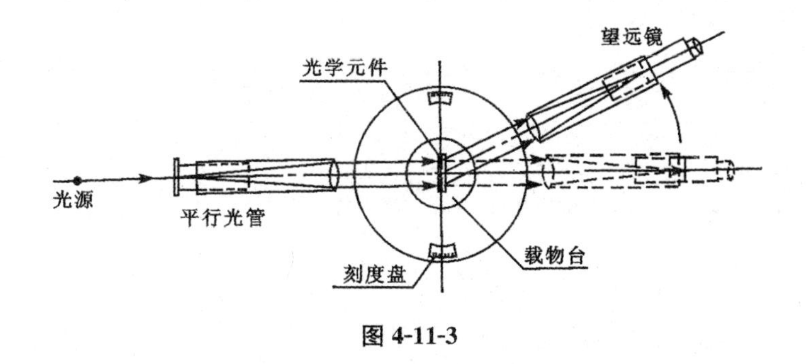

图 4-11-3

(1)入射光线是平行光，即要求调整平行光管，使之发出平行光(本次实验暂不调节，下次实验学习调整并使用)。

(2)望远镜能接收平行光(即要求望远镜调焦到无穷远，亦即使平行光成像最清晰)。

(3)光线偏转平面应精确地与望远镜转动时所扫过的平面一致(即要求调整平行光管和望远镜的光轴与分光计中心转轴垂直，同时也要调整载物台平面垂直分光计中心转轴)。

2. 分光计的调整步骤

(1)目测粗调。目测读数盘面、载物台面、望远镜光轴、平行光管光轴大致垂直于分光计中心旋转轴。可利用水准仪对其做粗调。目测是重要的一步，是进一步细调的基础。

(2)望远镜的调焦，使之能接受平行光，分为目镜调焦和物镜调焦。具体可按如下步骤进行：

1)目镜调焦：

次序	调整步骤	说明	图示
1	通电照明：接上灯源(把从变压器出来的 6.3 V 电源插头插到底座的插座上，把目镜照明器上的插头插到转座的插座上)	叉丝较模糊(目镜中观察)	
2	旋转目镜调节手轮，调整目镜与分划板相对位置	使叉丝与发光的绿色小十字变清晰为止。分划板上叉丝的位置用上十字、中十字、下十字命名	上 中 十 下

2)物镜调焦：

次序	调整步骤	说明	图示
1	将载物台调到适当高度，置双面反射镜于载物台上，如右图放置(简称垂直放置)，再使望远镜光轴大致垂直平面镜	左右转动载物台，使之能看到十字反射像，若看不到，适当调望远镜俯仰角	G_2 G_1 G_3

(续表)

次序	调整步骤	说明	图示
2	调节分划板与物镜相对位置	使发光的绿色小十字及其反射像皆十分清晰为止	
3	清除视差——微调目镜系统	眼睛左右移动时,小十字反射像与叉丝无相对位移	

3)调节望远镜光轴与载物台面垂直于中心转轴。

调好的标准是:当平面镜与 G_2G_3 连线垂直放置,或与 G_2G_3 连线水平放置,旋转载物台,平面反射镜正、反两面反射回来的绿色小十字像都在上十字的地方,即可满足要求。

双面反射镜的两个面反射回来的绿十字像不在上十字交点,有两个原因:载物台面与刻度盘面不水平或者望远镜筒不水平。

①调整载物台面与刻度盘面水平。如果载物台面与度盘面是平行的,则双面反射镜的两个面与度盘面都是垂直关系,即和载物台面的中心转轴是平行的,双面反射镜的两个面对于同一入射光线的入射角都是相同的,在望远镜镜筒里观察到的双面镜两个面反射回来的绿十字像应处于分划板的同一高度。如果两个面反射回来的像不处于同一高度,则说明镜面与度盘面是不垂直的。通过调整 G_2、G_3,调整载物台面倾角,使双面镜两面反射的绿十字像,在分划板上处于同一高度。

②调整望远镜筒水平。绿十字像是否处在分划板上十字叉丝处,则反映镜面与望远镜光轴是否达到垂直,通过调整望远镜的俯仰螺钉即可调至上十字处。

具体步骤如下:

次序	调整步骤	说明	图示
1	旋转载物台,使平面镜前、后两面反射的十字反射像皆在视场内	仔细调望远镜俯仰角,使之前、后两面都能看到十字反射像。设两个反射面反射像的纵坐标分别为 x_1、x_2	x_1 x_2
2	调节载物台下 G_2 或 G_3 两螺钉之一,使双面镜反射像的纵坐标为$\frac{x_1+x_2}{2}$	双面镜两面的反射像都在$\frac{x_1+x_2}{2}$处	$\frac{x_1+x_2}{2}$
3	调整望远镜筒的俯仰螺钉,使反射像与“上十字叉丝”重合	此时望远镜筒已与中心转轴垂直	

（续表）

次序	调整步骤	说明	图示
4	把平面镜旋转 90°，只调节载物台下的螺钉 G_1，使十字反射像与“上十字叉丝”重合，此时载物台便垂直中心旋转轴	不要再动望远镜俯仰调节螺钉	G_2 G_1 G_3

经过上述调节以后，载物台面中心转轴和望远镜的光轴垂直，分光计可以进行自准直法测三棱镜顶角。

3. 自准直法测三棱镜顶角

如图 4-11-4 所示，将待测棱镜置于载物台上，对两游标作一适当标记，分别称游标 1 和游标 2，切勿颠倒。转动望远镜（或载物台），使望远镜光轴与棱镜 AB 面垂直（即使棱镜 AB 面反射的叉丝像与分划板上十字重合），记下左、右读数 α_1、β_1，然后转动望远镜（或载物台），使其光轴与 AC 面垂直，再记下左、右读数 α_2、β_2，测出三棱镜两个光学平面法线之间的夹角 $\varphi=\frac{1}{2}(|\alpha_2-\alpha_1|+|\beta_2-\beta_1|)$，$\varphi$ 与棱镜角 A 的关系为互补，即棱镜角 $A=180°-\varphi$。

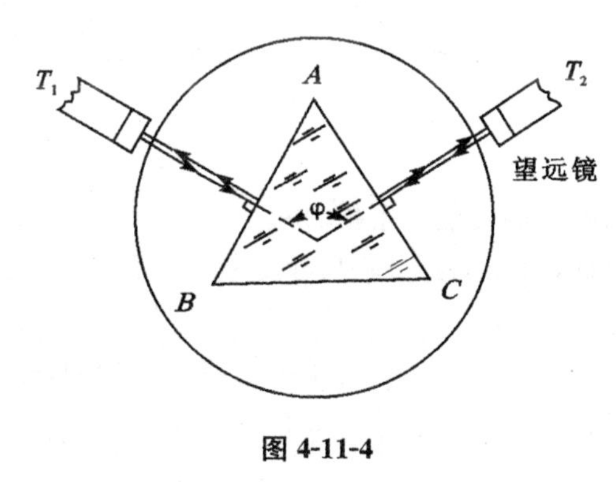

图 4-11-4

[实验内容及步骤]

1. 调整分光计（要求与调整方法见前面原理部分）。

2. 自准直法测三棱镜顶角

三棱镜的调整。三棱镜的两个光学面应与分光计的中心轴平行，调整方法根据自准原理，用已调好的望远镜来进行。为了便于调节，三棱镜应按图 4-11-5 所示放置在载物台上，使平台下三个调节螺钉中每两个的连线分别与三棱镜的三条边垂直，此时要纠正三棱镜某个面的倾斜，调整其中对应螺钉即可。

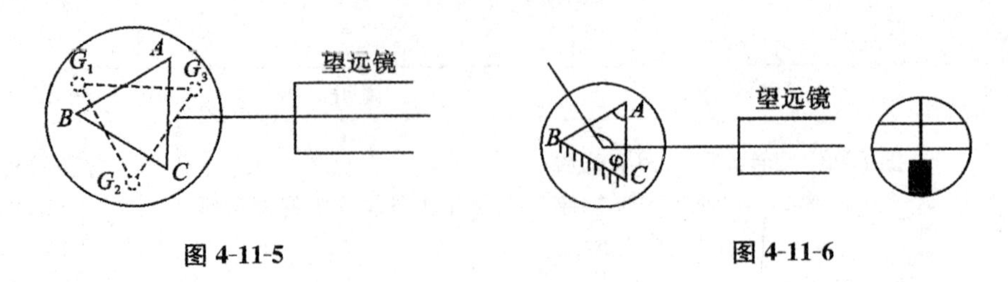

图 4-11-5　　图 4-11-6

当三棱镜两个光学面反射的十字像都与上十字重合，如图 4-11-6 所示，测出三棱镜两个光学面法线的夹角 φ，即棱镜角 $A=180°-\varphi$。

重复测量 3 次，计算棱镜角 A 的平均值。

[数据记录]

自准直法测棱镜顶角数据记录表见表 4-11-1。

表 4-11-1

次序 / 镜筒位置 T	1		2		3	
	α	β	α	β	α	β
T_1						
T_2						

[注意事项]

(1)所有光学仪器的光学面不能用手摸、擦。

(2)分光计为精密仪器，各活动部分均应小心操作，若无法转动，切不可强制其转动，应分析原因后再进行调整。

(3)在游标读数过程中，两游标一定做好标记，两次游标读数的 4 个数据不能错位。若望远镜测量的两次读数过了零刻线，必须按 $\varphi=360°-\frac{1}{2}(|\alpha_2-\alpha_1|+|\beta_2-\beta_1|)$ 计算望远镜转过的角度。

[思考题]

(1)调节望远镜光轴垂直于仪器中心转轴时可能看到以下三类现象：

1)由平面镜两个面反射的亮十字像都在上叉丝上方。

2)由两个面反射的亮十字像，一个在上，一个在下。

3)由两个面反射的亮十字像，一面看到，一面看不到。

分析说明这三种情况主要是由望远镜还是载物台的倾斜而引起的，怎样调节能迅速使两个面反射的像都与上叉丝重合。

(2)若主刻度盘中心 O 和游标盘中心 O' 不重合，则游标盘转过角 φ 时，从刻度盘读出的角度 $\varphi_1\neq\varphi_2\neq\varphi$，但 φ 总等于 φ_1、φ_2 的平均值，即 $\varphi=\frac{1}{2}(\varphi_1+\varphi_2)$，试证明之。

实验十二　三棱镜顶角和折射率的测量

[实验目的]

(1)熟悉分光计的原理与构造，掌握分光计的调节和使用。
(2)用棱脊分束法测量三棱镜顶角。
(3)最小偏向角法测定三棱镜折射率。

[实验仪器]

分光计、平面镜、三棱镜、水准仪、钠灯。

[实验原理]

(1)调整分光计，使望远镜光轴垂直于载物台转轴(参考本书第四部分实验十一“分光计的调整及使用”)。

(2)调整平行光管，使之能发出平行光；调整平行光管光轴垂直于分光计中心旋转轴。

次序	调整步骤	说明	图示
1	点燃漫反射光源，均匀照亮狭缝，改变狭缝与平行光管透镜间距离，使狭缝在视场中清晰成像	呈清晰的狭缝像，且像与叉丝无视差	
2	调整狭缝宽度，通过望远镜观察，使狭缝宽约 1 mm。调节狭缝的时候要注意：狭缝的刀口是经过精密研磨成的(稍有损害，狭缝即报废)，为避免损伤狭缝，只有在望远镜中看到狭缝像的情况下才能调节狭缝的宽度		
3	把狭缝像旋转 90°，然后调节平行光管下的仰角调节螺钉，使狭缝对准叉丝中央		
4	把狭缝像转回原位置，调节平行光管下的水平调节螺钉使叉丝交点对准狭缝像的中央	不要再动平行光管俯仰角调节螺钉	

(3)棱脊分束法测三棱镜顶角。将待测棱镜的折射棱对准准直管，如图 4-12-1 所示，由准直管射出的平行光束被棱镜的两个折射面分成两束，两个光学面所反射的两束光夹角即为棱镜顶角 A 的两倍，即 $\varphi=2A$。

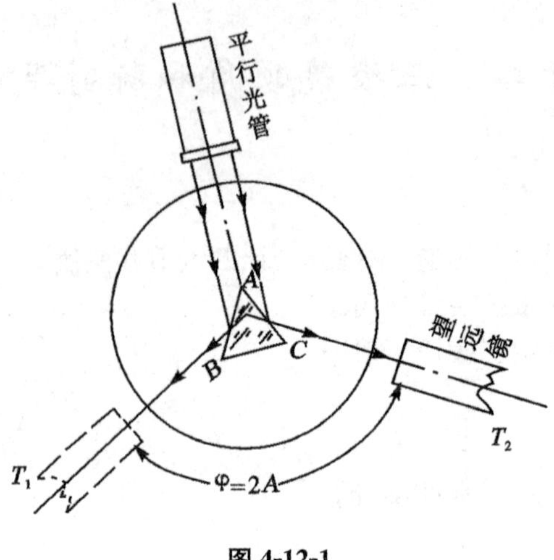

图 4-12-1

(4)用最小偏向角法测量棱镜折射率。如图 4-12-2 所示，ABC 表示一块三棱镜，AB 和 AC 面经过仔细抛光，光线沿 P 在 AB 面上入射，经过棱镜在 AC 面上沿 P' 方向出射，P 和 P' 之间的夹角 δ 称为偏向角。当顶角 A 一定时，偏向角 δ 的大小是随角 i_1 的改变而改变的。而当 $i_1=i_2'$ 时，δ 为最小，这个时候的偏向角称为最小偏向角，记作 $\delta_{\min}$。

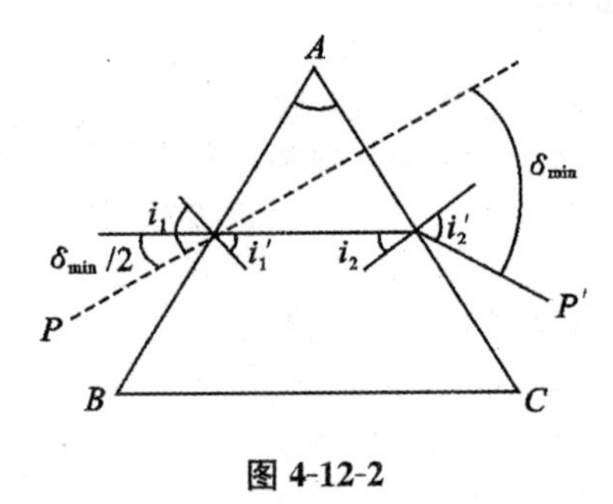

图 4-12-2

由图 4-12-2 可以看出，这时 $i_1'=\frac{A}{2}$，则

$$\delta_{\min}/2=i_1-i_1'=i_1-\frac{A}{2}$$

$$i_1=\frac{1}{2}(\delta_{\min}+A)$$

设棱镜材料折射率为 n，则 $\sin i_1=n\sin i_1'=n\sin\frac{A}{2}$，即

$$n=\frac{\sin i_1}{\sin\frac{A}{2}}=\frac{\sin\frac{A+\delta_{\min}}{2}}{\sin\frac{A}{2}}$$

由此可知，要求得材料的折射率 n，必须测出顶角 A 和最小偏向角 $\delta_{\min}$。

[实验内容及步骤]

1. 调整分光计与平行光管(要求与调整方法见前面实验原理部分)。

2. 棱脊分束法测三棱镜顶角

置光源于平行光管的狭缝前,从望远镜里观察狭缝并将狭缝调到适当宽度(要适当宽点),将待测棱镜的折射棱对准狭缝光束,如图 4-12-1 所示,由准直管射出的平行光束被棱镜的两个折射面分成两束,固定分光计上其余可动部分,转动望远镜至 T_1 位置,观察一折射面反射的狭缝像,使之与竖直叉丝重合;将望远镜再转至 T_2 位置,观察由棱镜另一折射面所反射的狭缝像,再使之与竖直叉丝重合,望远镜的两位置所对应的游标读数之差,即为棱镜顶角 A 的两倍。

$$A=\frac{1}{4}(|\alpha_2-\alpha_1|+|\beta_2-\beta_1|)$$

重复测量 3 次,求平均值。

3. 用最小偏向角法测量棱镜折射率

(1)从望远镜里观察狭缝并将狭缝调到适当宽度(要适当窄点)。

(2)如图 4-12-3 所示,用所要求谱线的单色光(如钠灯)照明平行光管的狭缝,从平行光管发出的平行光束入射到棱镜的 AB 面,按折射定律判断出射光线的方向。

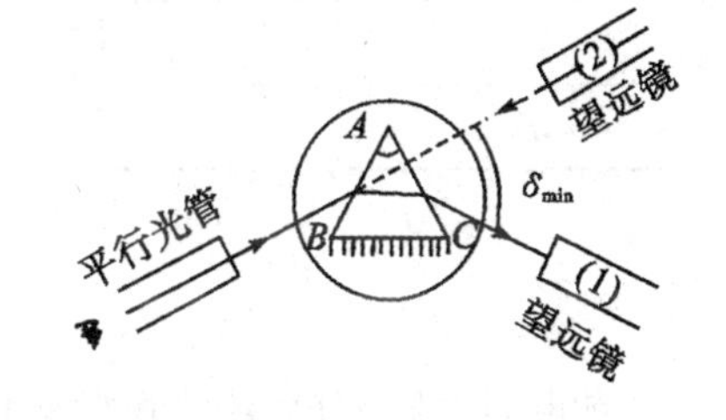

图 4-12-3

(3)放松望远镜的止动螺钉,转动望远镜,找到 AC 面射出的平行光管狭缝像,放松游标盘的止动螺钉,慢慢转动载物台,同时仔细观察从望远镜看到的狭缝像移动情况及偏向角的变化,选择偏向角减小的方向,再慢慢转动载物台,使偏向角逐渐减小。当看到的狭缝像刚刚开始要反向移动时的棱镜位置,就是平行光束以最小偏向角射出的位置(注意:为保证一定有出射光线射出,不至于在棱镜内发生全反射,一定让入射角大些)。

(4)锁紧游标盘的止动螺钉。

(5)利用微调机构精确调整,使分划板的十字线精确地对准狭缝(在狭缝中央)。

(6)记下对径方向上游标所指示的度盘的读数 α_1,β_1。

(7)取下棱镜,转动望远镜,使望远镜直接对准平行光管,然后旋紧望远镜与底座上的止动螺钉,对望远镜进行微调,使分划板十字线精确地对准狭缝。

(8)记下对径方向上游标所指示的度盘的读数 α_2,β_2。

(9)计算最小偏向角 $\delta_{min}=\frac{1}{2}(|\alpha_2-\alpha_1|+|\beta_2-\beta_1|)$,重复测量 3 次,求平均值。

(10)利用公式 $n=\dfrac{\sin\dfrac{A+\delta_{min}}{2}}{\sin\dfrac{A}{2}}$,求棱镜的折射率 n。

[数据记录]

1.棱脊分束法测棱镜顶角

表 4-12-1

次序 镜筒位置 T	1		2		3	
	α	β	α	β	α	β
T_1						
T_2						

2.用最小偏向角测棱镜折射率

表 4-12-2

次序 镜筒位置 T	1		2		3	
	α	β	α	β	α	β
T_1						
T_2						

[思考题]

证明:用棱脊分束法测量棱镜角时,棱镜角 A 为望远镜的两位置 T_1 和 T_2 所对应的游标读数之差的 1/2,即 $A=\frac{1}{2}\varphi$。

实验十三 用透射光栅测定光波波长

光栅是一组数目极多的等宽、等距和平行排列的狭缝,狭缝之间的间距称为光栅常数。应用透射光进行工作的称为透射光栅,应用反射光进行工作的称为反射光栅。如果在一块镀铝的光学玻璃毛坯上刻出一系列等宽、等距而平行的狭缝就是透射光栅。如在一块镀铝的光学玻璃毛坯上刻出一系列剖面结构像锯齿形状、等距而平行的刻线的就是反射光栅。本实验所用的光栅为平面透射光栅。

光栅和棱镜一样,是重要的光学分光元件,广泛应用在单色仪、摄谱仪等光学仪器中,在计量、光通信、信息处理等方面也有重要的应用。

[实验目的]

(1)进一步熟悉分光计的使用。

(2)了解透射光栅的分光原理。

(3)用透射光栅测定光栅常量、光波波长和光栅角色散。

[实验仪器]

分光计、平面透射光栅、钠灯、汞灯。

[实验原理]

设有一光栅常数 $d=AB$ 的光栅 G。有一束平行光与光栅法线成角度 i，入射于光栅上产生衍射，如图 4-13-1 所示。从 B 点作 BC 垂直于入射线 CA，作 BD 垂直于衍射线 AD，AD 与光栅法线所成的夹角为 φ。如果在这个方向上，由于光振动加强而在 F 处产生了一个明条纹，则光程差 $(CA+AD)$ 必等于波长的整数倍，即

$$d(\sin\varphi \pm \sin i)=m\lambda \quad (m=0,\pm1,\pm2,\pm3,\cdots) \tag{4-13-1}$$

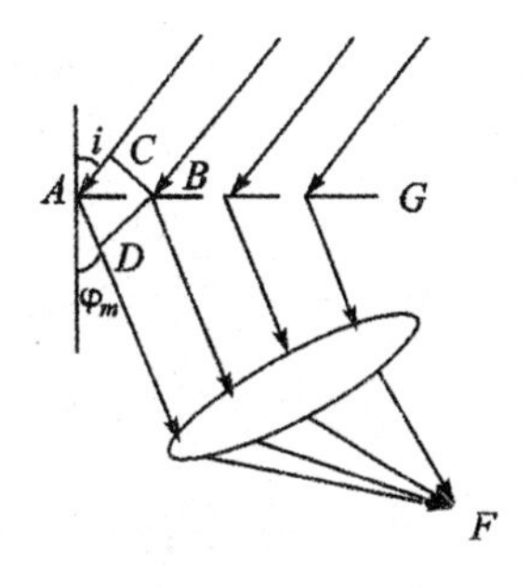

图 4-13-1

入射光线和衍射光线都在光栅法线的同侧时，(4-13-1)式左边括号内取正号，两者分居法线异侧时取负号。式中的 m 为衍射光谱的级次。m 的符号取决于光程差的符号，与(4-13-1)式等号左边括号内结果的符号一致。

在光线正入射的情形下，$i=0$，则式(4-13-1)变成

$$d\sin\varphi_m=m\lambda \tag{4-13-2}$$

式中，φ_m 为第 m 级谱线的衍射角。据此，可用分光计测出衍射角 φ_m，根据已知波长可以测出光栅常数 d；反之，如果已知光栅常数 d，则可以测出波长 λ。

由公式(4-13-2)对 λ 微分，可得光栅的角色散

$$D=\frac{\mathrm{d}\varphi}{\mathrm{d}\lambda}=\frac{m}{d\cos\varphi} \tag{4-13-3}$$

角色散是光栅、棱镜等分光元件的重要参数，它表示单位波长间隔内两单色谱线之间的角间距，由式(4-13-3)可知，光栅常量 d 越小，角色散 D 越大。此外，光谱的级次越高，角色散也越大，而且光栅衍射时，如果衍射角不大，则 $\cos\varphi$ 几乎不变，光谱角色散几乎与波长无关，即光谱随波长的分布比较均匀，这和棱镜的不均匀色散有明显的不同。

[实验内容及步骤]

1. 分光计的调节(参照第四部分实验十一分光计的调整及使用)

(1)望远镜适应平行光(对无穷远调焦)。

(2)望远镜、准直管主轴均垂直于仪器主轴。

(3)准直管发出平行光。

2. 光栅位置的调节

(1)使望远镜对准准直管，从望远镜中观察被照亮的准直管狭缝的像，使其和叉丝的竖直线重合，固定望远镜。

(2)光栅如图 4-13-2 所示放置于载物台，并使之固定(夹紧)。关闭或移走狭缝照明光源，点亮目镜叉丝照明灯，左右转动载物平台，以光栅面作为反射面，看到反射的“绿十

字”,调节 B 和 C 使“绿十字”反射像位于叉丝上方交点(图 4-13-3),这时光栅面已垂直于入射光。

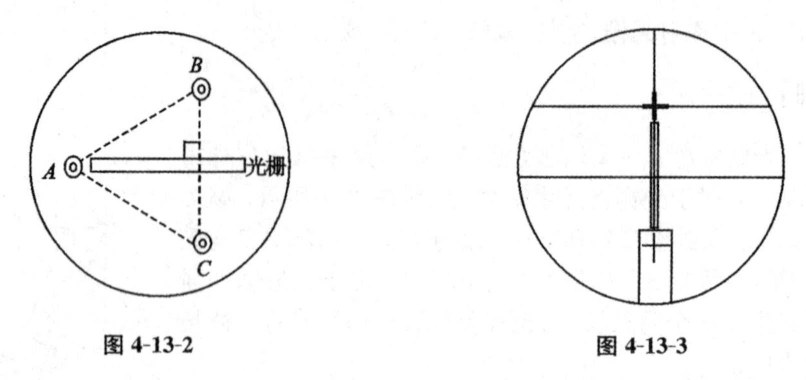

图 4-13-2　　图 4-13-3

(3)用汞灯照亮准直管的狭缝,转动望远镜观察光谱,如果左、右两侧的光谱线相对于目镜中叉丝的水平线高低不等时(图 4-13-4),说明光栅的衍射面和观察面不一致,这时可调节载物平台螺钉 A 使它们一致。

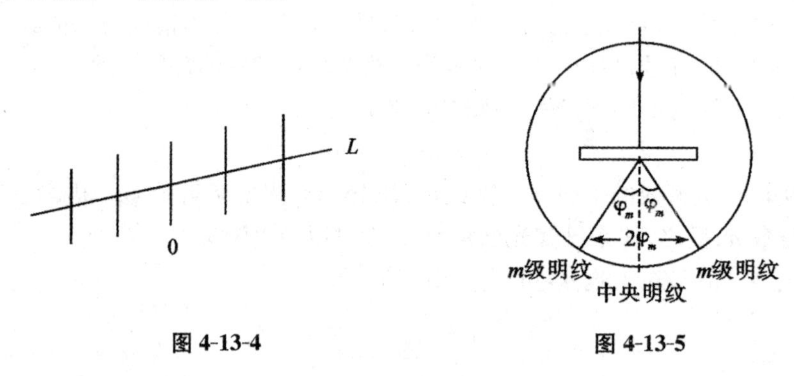

图 4-13-4　　图 4-13-5

3. 测量光栅常量 d

根据公式(4-13-1),当 $i=0$,即光栅平面与入射光垂直时,只要测出第 m 级光谱中波长 λ、已知的谱线的衍射角 φ_m,就可以求出 d 值。经过上述调节,光栅平面已与平行光管的光轴垂直。

(1)测定 φ_m。光线垂直于光栅平面入射时,对于同一波长的光,对应于同一 m 级左、右两侧的衍射角是相等的。为了提高精度,一般是测量零级左、右两侧各对应级次的衍射线的夹角 $2\varphi_m$,如图 4-13-5 所示。

(2)求解光栅常数。已知汞灯绿线的波长 546.07 nm,由测出的绿线衍射角 φ_m 求出光栅常数 d。

4. 测量未知波长 λ

(1)测量汞灯的同一级的双黄线和一条最亮的紫线波长的衍射角,根据上一步计算出的光栅常数 d,计算出这三条谱线的波长。

(2)测量钠灯的两条黄线的衍射角,计算波长。

5. 测量光栅的角色散

(1)用钠灯作光源,测量其 2 级光谱中双黄线的衍射角,双黄线的波长差为 0.597

nm，结合测得的衍射角之差 $\Delta\varphi=(\varphi_1-\varphi_2)$，即可求出角色散 D。

(2)换汞灯作光源，测量其 2 级光谱中双黄线的衍射角，汞灯所发出的双黄线的波长差 $\Delta\lambda=2.06$ nm，结合测得的衍射角之差，即可求出角色散 D。

[数据记录与处理]

1. 测量光栅常量 d、未知光波长 λ、光栅角色散 D

波长/nm	汞灯绿线		汞灯黄线 1		汞灯黄线 2		汞灯紫线	
衍射光谱级次 m								
游标	α	β	α	β	α	β	α	β
左侧衍射光方位 $\varphi_{左}$								
右侧衍射光方位 $\varphi_{右}$								
$2\varphi_m=\varphi_{左}-\varphi_{右}$								
$\overline{2\varphi_m}$								
$\overline{\varphi_m}$								

2. 用钠灯测量光栅的角色散

波长/nm	钠灯黄线 1		钠灯黄线 2	
衍射光谱级次 m				
游标	α	β	α	β
左侧衍射光方位 $\varphi_{左}$				
右侧衍射光方位 $\varphi_{右}$				
$\Delta\varphi_m=\varphi_{左}-\varphi_{右}$				
$\overline{\Delta\varphi_m}$				

[注意事项]

(1)汞灯和钠灯在使用过程中不要频繁启闭，否则会降低其寿命。

(2)汞灯和钠灯发出的光很强，不可直视。

(3)光栅、镜头为精密仪器，不可用手触摸或用其他物品摩擦，以免划伤。

(4)分光计各部分的调节螺钉较多，在不清楚这些螺钉的作用与用法前，请不要乱旋乱扳，以免损坏仪器。

附　录

表 1　20℃时常见固体和液体的密度

物质	密度 ρ/kg · m^{-3}	物质	密度 ρ/kg · m^{-3}
铝	2 698.9	窗玻璃	2 400～2 700
铜	8 960	冰(0℃)	800～900
铁	7 874	石蜡	792
银	10 500	有机玻璃	1 200～1 500
金	19 320	甲醇	792
钨	19 300	乙醇	789.4
铂	21 450	乙醚	714
铅	11 350	汽油	710～720
锡	7 298	氟利昂-12	1 329
水银	13 546.2	变压器油	840～890
钢	7 600～7 900	甘油	1 260
石英	2 500～2 800	食盐	2 140
水晶玻璃	2 900～3 000		

表 2　标准大气压下不同温度的纯水密度

温度 t/℃	密度 ρ/kg · m^{-3}	温度 t/℃	密度 ρ/kg · m^{-3}	温度 t/℃	密度 ρ/kg · m^{-3}
0	999.841	17.0	998.774	34.0	994.371
1.0	999.900	18.0	998.595	35.0	994.031
2.0	999.941	19.0	998.405	36.0	993.68
3.0	999.965	20.0	998.203	37.0	993.33
4.0	999.973	21.0	997.992	38.0	992.96
5.0	999.965	22.0	997.770	39.0	992.59
6.0	999.941	23.0	997.538	40.0	992.21
7.0	999.902	24.0	997.296	41.0	991.83
8.0	999.849	25.0	997.044	42.0	991.44
9.0	999.781	26.0	996.783		
10.0	999.700	27.0	996.512	50.0	988.04
11.0	999.605	28.0	996.232	60.0	983.21
12.0	999.498	29.0	995.944	70.0	977.78
13.0	999.377	30.0	995.646	80.0	971.80
14.0	999.244	31.0	995.340	90.0	965.31
15.0	999.099	32.0	995.025	100.0	958.35
16.0	999.943	33.0	994.702		

表 3 部分液体的黏滞系数

液体	温度 t/℃	η/μPa·s	液体	温度 t/℃	η/μPa·s
汽油	0	1 788	甘油	−20	134×10^6
	18	530		0	121×10^6
甲醇	0	817		20	$1\,499\times10^3$
	20	584		100	12 45
乙醇	−20	2 780	蜂蜜	20	650×10^4
	0	1 780		80	100×10^3
	20	1 190	鱼肝油	20	45 600
乙醚	0	296		80	4 600
	20	243	水银	−20	1 855
变压器油	20	19 800		0	1 685
蓖麻油	10	242×10^4		20	1 554
葵花子油	20	5 000		100	1 224

表 4 水的黏滞系数和同空气接触面的表面张力系数

温度 t/℃	表面张力系数 α/mN·m^{-1}	黏滞系数 η/μPa·s	温度 t/℃	表面张力系数 α/mN·m^{-1}	黏滞系数 η/μPa·s
0	75.62		19	72.89	
5	74.90		20	72.75	1 004.2
6	74.76		22	72.44	
8	74.48		24	72.12	
10	74.20	1 787.8	25	71.96	
11	74.07		30	71.15	801.2
12	73.92		40	69.55	653.1
13	73.78		50	67.90	549.2
14	73.64	1 305.3	60	66.17	496.7
15	73.48		70	64.41	406.0
16	73.34		80	62.60	355.0
17	73.20		90	60.74	314.8
18	73.05		100	58.84	282.5

表 5 海平面上不同纬度处的重力加速度

纬度 φ/(°)	g/m・s^{-2}	纬度 φ/(°)	g/m・s^{-2}
0	9.780 49	50	9.810 79
5	9.780 88	55	9.815 15
10	9.782 04	60	9.819 24
15	9.783 94	65	9.822 94
20	9.786 52	70	9.826 14
25	9.789 69	75	9.828 73
30	9.793 38	90	9.830 65
35	9.797 46	85	9.831 82
40	9.801 80	90	9.832 21
45	9.806 29		

注:表中的数值根据公式 $g=9.780\ 49(1+0.005\ 288\varphi)$求得,式中 φ 为纬度。

表 6 20℃时部分金属的杨氏弹性模量

金属名称	杨氏模量 E/GPa
铝	69～70
钨	407
铁	186～206
铜	103～127
金	77
银	69～80
锌	78
镍	203
铬	235～245
合金钢	206～216
碳钢	169～206
康铜	160

注:杨氏模量值尚与材料结构、化学成分、加工方法关系密切。实际材料可能与表列数值不尽相同。

表 7　部分物体的线膨胀系数

物质	温度或温度范围 t/℃	线膨胀系数 $\alpha/\times10^{-6}C^{-1}$
铝	0～100	23.8
铜	0～100	17.1
铁	0～100	12.2
金	0～100	14.3
银	0～100	19.6
钢	0～100	12.0
康铜	0～100	15.2
铅	0～100	29.2
锌	0～100	32
铂	0～100	9.1
钨	0～100	4.5
石英玻璃	20～200	0.56
花岗石	20	6～9
瓷器	20～700	3.4～4.1
玻璃	20～200	9.5

表 8　部分金属和合金的电阻率 ρ 及电阻温度系数 α

金属、合金	t/℃	$\rho/\times10^{-8}\Omega\cdot m$	$\alpha/\times10^{-3}C^{-1}$
铝	20	2.69	4.2
金	20	2.065	4.5
银	20	1.47	4.0
铅	20	20.6	3.4
铜	20	1.67	4.3
锰铜	20	48	0.03
镍	20	6.8	6.0
铁	20	9.7	6.5
康铜	20	45～50	0.01
钨	20	5.5	4.6
铱	20	5.3	4.9
钴	20	6.2	6.0
铂	0	9.8	3.9
汞	20	95.8	0.89
锌	20	5.9	4.2

表9　铜-康铜热电偶分度表(参考端温度为0℃)

温度 t/℃	0	1	2	3	4	5	6	7	8	9	10	温度 t/℃
	热电动势(mV)											
0	0.000	0.039	0.078	0.117	0.156	0.195	0.234	0.273	0.312	0.351	0.391	0
10	0.391	0.430	0.470	0.510	0.549	0.589	0.629	0.669	0.709	0.749	0.789	10
20	0.789	0.830	0.870	0.911	0.951	0.992	1.032	1.073	1.114	1.155	1.196	20
30	1.196	1.237	1.279	1.320	1.361	1.403	1.444	1.486	1.528	1.569	1.611	30
40	1.611	1.653	1.695	1.738	1.780	1.822	1.865	1.907	1.950	1.992	2.035	40
50	2.035	2.078	2.121	2.164	2.207	2.250	2.294	2.337	2.380	2.424	2.467	50
60	2.467	2.511	2.555	2.599	2.643	2.687	2.731	2.775	2.819	2.864	2.908	60
70	2.908	2.953	2.997	3.042	3.087	3.131	3.176	3.221	3.266	3.312	3.357	70
80	3.357	3.402	3.447	3.493	3.538	3.584	3.630	3.676	3.721	3.767	3.813	80
90	3.813	3.859	3.906	3.952	3.998	4.044	4.091	4.137	4.184	4.231	4.277	90
100	4.277	4.324	4.371	4.418	4.465	4.512	4.559	4.607	4.654	4.701	4.749	100
110	4.479	4.796	4.844	4.891	4.939	4.987	5.035	5.083	5.131	5.179	5.227	110
120	5.227	5.275	5.324	5.372	5.420	5.469	5.517	5.566	5.615	5.663	5.712	120
130	5.712	5.761	5.810	5.859	5.908	5.957	6.007	6.056	6.105	6.155	6.204	130
140	6.204	6.254	6.303	6.353	6.403	6.452	6.502	6.552	6.602	6.652	6.702	140
150	6.702	6.753	6.803	6.853	6.903	6.954	7.004	7.055	7.106	7.156	7.207	150
160	7.207	7.258	7.309	7.360	7.411	7.462	7.513	7.564	7.615	7.666	7.718	160
170	7.718	7.769	7.821	7.872	7.924	7.975	8.027	8.079	8.131	8.183	8.235	170
180	8.235	8.287	8.339	8.391	8.443	8.495	8.548	8.600	8.652	8.705	8.757	180
190	8.757	8.810	8.863	8.915	8.968	9.021	9.074	9.127	9.180	9.233	9.286	190
200	9.286	9.339	9.392	9.446	9.499	9.553	9.606	9.659	9.713	9.767	9.830	200

表 10 部分金属和液体的平均比热容

物质	适用温度/℃	比热容/$kJ \cdot kg^{-1} \cdot K^{-1}$
铝	17～100	0.90
铁	18～100	0.46
铜	15～100	0.39
银	5～100	0.23
铅		0.13
水银	20	0.14
玻璃		0.84
砂石		0.92
乙醇	0	2.30
	20	2.47
甲醇	0	2.43
	20	2.47
水	0	4.220
	20	4.182
汽油	10	1.42
	50	2.09
变压器油	0～100	1.88

参考文献

1. 胡连军,等. 大学物理实验[M]. 济南:山东大学出版社. 1995
2. 严燕来，叶庆好. 大学物理拓展与应用[M]. 北京:高等教育出版社. 2002
3. 陈守川 . 大学物理试验教程[M]. 杭州:浙江大学出版社. 1995
4. 管立,等. 大学物理实验[M]. 济南:山东科学技术出版社. 2001
5. 管立,等. 实验的误差与数据处理[M]. 济南:山东科学技术出版社. 2001
6. 王云才，李秀燕. 大学物理实验教程[M]. 北京:科学出版社. 2003
7. 任明放，陈金全. 大学物理实验[M]. 重庆:重庆大学出版社. 2002
8. 王荣. 大学物理实验[M]. 长沙:国防科技大学出版社. 2002
9. 徐志东，陈世涛. 大学物理实验[M]. 成都:西南交通大学出版社. 2003
10. 杜义林. 实验物理学[M]. 合肥:中国科学技术大学出版社. 2006
11. 李长江. 物理实验[M]. 北京:化学工业出版社. 2002
12. 熊永红. 大学物理实验[M]. 武汉:华中科技大学出版社. 2004
13. 朱俊孔,等. 普通物理实验[M]. 济南:山东大学出版社. 2001
14. 刘子臣. 大学基础物理实验[M]. 天津:南开大学出版社. 2001
15. 吴凤英. 大学物理实验[M]. 长沙:湖南大学出版社. 2000
16. 刘启华,陈勇. 大学物理实验[M]. 北京:国防工业出版社. 1995
17. 唐远林，朱肖平. 新编大学物理实验[M]. 重庆:重庆大学出版社. 2001
18. 郭奎生,智爱娣,等. 普通物理实验[M] :郑州:中原农民出版社. 1994
19. 张山彪,等. 基础物理实验[M]. 北京:科学出版社. 2009
20. 李秀燕. 大学物理实验[M]. 北京:科学出版社. 2001
22. 李学慧. 大学物理实验[M]. 北京:高等教育出版社. 2005
23. 赵家风. 大学物理实验[M]. 北京:科学出版社. 1999
24. 陆廷济. 物理实验教程[M]. 上海:同济大学出版社. 2000
25. 江影. 普通物理实验[M]. 哈尔滨:哈尔滨工业大学出版社. 2002
26. 张山彪,等. 普通物理实验[M]. 北京:科学出版社. 2009
27. 杨述武,赵立竹,沈国土. 普通物理实验[M]. 北京:高等教育出版社. 2007